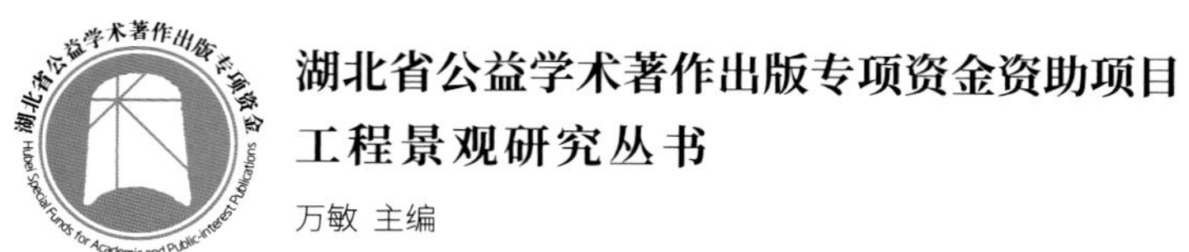

湖北省公益学术著作出版专项资金资助项目

工程景观研究丛书

万敏 主编

基于地质景观保护的地质公园规划设计研究

Research on Geopark Planning and Design Based on Geological Landscape Features Protection

赵梅红 汤畅 著

華中科技大學出版社
http://press.hust.edu.cn
中国·武汉

图书在版编目(CIP)数据

基于地质景观保护的地质公园规划设计研究/赵梅红,汤畅著.—武汉:华中科技大学出版社,2023.10
(工程景观研究丛书)
ISBN 978-7-5772-0223-5

Ⅰ.①基… Ⅱ.①赵… ②汤… Ⅲ.①地质-国家公园-规划-研究 Ⅳ.①S759.93

中国国家版本馆 CIP 数据核字(2024)第 001560 号

基于地质景观保护的地质公园规划设计研究 赵梅红 汤 畅 著
Jiyu Dizhi Jingguan Baohu de Dizhi Gongyuan Guihua Sheji Yanjiu

策划编辑:易彩萍
责任编辑:易彩萍
封面设计:张 靖
责任监印:朱 玢
出版发行:华中科技大学出版社(中国·武汉) 电话:(027)81321913
武汉市东湖新技术开发区华工科技园 邮编:430223
录 排:华中科技大学惠友文印中心
印 刷:湖北金港彩印有限公司
开 本:787mm×1092mm 1/16
印 张:19
字 数:496 千字
版 次:2023 年 10 月第 1 版第 1 次印刷
定 价:198.00 元

作者简介 | About the Authors

赵梅红

中原工学院环境设计专业教授，硕士生导师。华中科技大学建筑与城市规划学院城乡规划学(风景园林规划与设计)专业博士，英国曼彻斯特城市大学访问学者。河南省自然环境保护与地学旅游发展促进会理事、河南省美术家协会会员、河南省工业协会会员。

主要研究方向为自然环境保护与规划设计，多年来一直从事绿色建筑、城乡规划、文化与自然遗产的保护与规划设计工作。发表论文数十篇，主编省级研究生精品教材一部、本科生教材两部，主持多项国家级和省部级科研项目，设计作品多次获省部级以上奖励。

汤畅

清华大学美术学院环境艺术系硕士研究生，研究方向为人文关怀、遗产保护、灾难应急避难场所与设施设计等，本科及硕士研究生阶段多次参与地质景观保护规划、废弃矿山生态修复及景观设计等项目的规划设计工作，发表相关论文 10 篇，多次在国际及国家级设计大赛中获奖。

前　　言

自 1984 年我国建立第一个国家级地质保护区，对地质景观进行保护与利用以来，笔者对地质景观进行了十余年的动态跟踪，并主持或参与过 20 余项地质公园的规划设计任务。在实际操作中发现，地质景观游线及周边的服务设施往往距地质景观最近，其工程建设对地质景观产生的负面影响也最大。鉴于当前国内对该方面问题的研究尚处于碎片化的初始阶段，而国外受严格保护思想的限制，在地质景观区又实行禁建制度，地质景观区的有关设施建设缺乏标准与衡量依据。本书通过对该类破坏地质景观的建设设施进行对比，摸查出 6 个大类、45 个小类的清单，并提出用游线基础设施门类给予概括，以此探讨基于特性保护的选址、布局、功能、视线、材料运用等的规划设计内涵。

地质景观保护主要体现在特性保护上，一般包含科学性、稀有性、自然性、观赏性保护，结合本书研究提出的脆弱性保护，本书以这 5 种特性保护为立足点，展开游线基础设施规划设计的经验总结与规律探讨。由于地质景观的稀有性，其具有很高的科学价值，而其观赏性又离不开自然，故本书对 5 种特性进行属性归并，并形成核心的第五章、第六章、第七章。

首先，本书介绍了有关游线基础设施对地质景观科学性、稀有性的保护性规划设计。以《国家地质公园验收标准》规定的地质博物馆、地质科普广场、地质科普旅行线路、地质标识与解说系统为纲，总结了地质博物馆及地质科普广场的原址保护、异位保护、综合保护 3 种方式，认为其选址、外观及环境均需与上述 3 种方式遴选适配，并提出地质博物馆与地质科普广场建设规律为原址优先、移置次之，保护当先、综合补偿等主要观点。此外还围绕优秀地质博物馆的造型手法，室内的陈展特点，科普旅行线路的布局规律、标识与科普解说系统的价值内涵等进行了经验总结。

其次，本书介绍了有关游线基础设施对地质景观自然性、观赏性的保护性规划设计。以反映地质景观自然性的原真、完整、协调这 3 大属性为纲，以地质景观的山岳、峡谷、洞穴、微型景观、沙漠海岸 5 大类别为线索，分别进行经验总结与规律探索。提出了自然原真性保护应秉持举轻若重、原汁原味、点到即止的观点，而自然完整性保护应秉持精华禁建、整体呈现、轻描淡写、防微杜渐的理念；归纳了其观赏保护的仰视、俯视、平视、360°环视以及其他创新型的观赏方式、观赏角度、观景点的规划设计规律。

最后，本书介绍了有关游线基础设施对地质景观脆弱性的保护性规划设计。分别从地质景观的稳固性及对外部环境的不适应性两方面，总结其脆弱性保护的规划设计经验与规律。提出地质景观稳固性的保护应秉承道路强制引导、安全设施防护、环境容量控制这 3 种规划设计模式，总结地质景观稳固性的主动防护应秉承对崩塌防治保护的主动排险清渣治理、防护网防护 2 种方式；并针对地质景观环境不适应性的保护提出了道路强制引导、安全防护、温湿控制、科普警示 4 种保护方法，以及容量控制、卡口控制、安全防护 3 种承载力不适应的保护手段。

本书的研究还依据地质景观综合性与脆弱性评价，分别将地质景观保护划分为相应的四级，以此形成制约其游线基础设施规划设计的依据。提出游线基础设施要以地质景观评价为依据来确定其建设的强度，并以此为原则，结合运用至地质景观各特性的保护性规划设计中。

由于笔者长期从事地质景观规划设计实务，故而本书的创作秉承从设计中来、到设计中去的理念，而这也是当前地质景观规划设计领域比较欠缺的研究方面，因此归纳总结方法便成为本书方法论的核心。此外本书的研究还运用了情景模拟、田野调查及地质景观评价等方法。

本书的创新有 3 点：①针对地质景观的贴身破坏，提出了游线基础设施门类的概念，并归结出 6 个大类、45 个小类的清单；②首次以地质景观特性保护为视角，考察其游线基础设施的规划设计；③较系统地总结了地质景观特性保护的游线基础设施规划设计经验和规律，这在全国还不多见。

目　　录

第一章　概　　述

第一节　研究背景、意义及目的

地质景观是大自然赐予我们的宝贵而又不可再生的遗产，代表了地球发展的不同篇章，它既是国家的宝贵财富，又是生态环境的重要组成，而且还具有不可估价的地质科学价值。我国地域辽阔，地质地理条件复杂，神奇的大自然形成了许许多多独特甚至是世界上罕见的地质景观。在全国 2740 处自然保护区中[①]，含地质景观内容的自然保护区超过 1000 处。在国家公布的 962 个国家级风景名胜区中[②]，许多风景名胜区以名山、名湖、河流峡谷、岩溶洞穴、飞瀑流泉、海滨海岛等地质景观命名。我国已有的 9 类森林公园的地貌主体皆与地质景观密切相关[③]。

近年来，地质遗迹与地质景观的重要性得到了世界各国的高度重视。到目前为止，中国已批准建立国家地质公园 189 处。此外，被联合国教科文组织列入世界地质公园的中国国家地质公园共计 33 处。

我国从 1985 年开始对天津蓟县（今蓟州区）的地质遗迹进行保护，2001 年 4 月评出第一批国家地质公园名单。随着对地质景观保护的不断重视与深化，我国也造就了一批地质景观领域卓有成就的专家学者。然而在地质公园及其景观的规划设计方面人才相对缺乏，而与本书内容相关的基于地质景观特性保护的游线基础设施规划设计研究方面的人士更是凤毛麟角。

游线基础设施是最贴近地质景观规划建设的核心内容，也是当前破坏性建设的主体。故而在地质公园及其景观的建设前期，亦即其规划设计阶段便开始进行地质景观特性的保护具有至关重要的作用。这也是本书选题的价值与针对所在。

当前，游线基础设施设置在地质景观特性的保护方面还存在一些问题，主要体现在以下 3 个大类。

1. 对地质景观的不当利用造成地质景观特性的破坏

（1）对地质景观盲目利用造成地质景观特性的破坏。

当前许多地区的政府有关部门在开发地质景观资源时，缺乏深入的调查研究和全面的科学论证、评估与规划，匆忙开发、随想随建；重旅游开发，轻遗迹保护，致使很多珍贵地质遗迹的价值

---

① 陈吉宁. 国务院关于自然保护区建设和管理工作情况的报告[R/OL]. (2016-7-1)[2023-09-02]. http://www.npc.gov.cn/npc/xinwen/2016-07/01/content_1992679.htm.

② 国家发展改革委，国家旅游局. 国家发展改革委 国家旅游局关于印发《全国生态旅游发展规划（2016—2025 年）》的通知[EB/OL]. (2016-8-22)[2023-09-02]. http://www.ndrc.gov.cn/zcfb/zcfbtz/201609/t20160906_817702.html.

③ 穆欣. 我国森林公园的几种类型[J]. 国土绿化，2004(4)：42.

未能得到应有的体现，甚至遭受破坏，导致地质景观资源利用缺乏可持续性；盲目开发与过度发展导致旅游业成了这些"景区"的负担。

（2）游线基础设施空间容量的失控造成地质景观的破坏。

当前国内很多地质景观保护区在地质景观利用过程中，不注重游线基础设施的空间环境容量及其承载能力。部分景区在节假日游客高峰期对景区周边交通管控、区内停车控制、景区公交调度控制、进入核心景区游客流量错峰接待等方面做得不到位，造成景区游客拥堵，导致大量的游客涌进景区，人流量超出景区承载负荷，以致游客随意践踏地质景观，从而对其产生破坏。

（3）对地质景观资源的泛滥利用造成地质景观特性的破坏。

个别地质景观保护区对地质景观资源的利用没有计划，竭泽而渔。例如许多因火山爆发等地质活动形成的地质遗迹景观，其地下多有温泉，由此产生了众多温泉疗养院等不利于地质景观特性保护的所谓旅游设施充斥其间；温泉水的大量取用不仅破坏了地质景观的水文环境，而这些旅游设施本身"逼近"地质景观，也易对地质景观环境产生胁迫。另外，我国海岸的一些重要地质遗迹如沙滩、峡湾、岛礁等也存在因旅游逐利而盲目建设造成的破坏问题。

2. 部分景区的游线基础设施对地质景观造成破坏

（1）道路及观景平台对地质景观造成破坏。

部分地质景观保护区的开发商为提高景区经济收入，在地质景观保护区内修建滑道或盘山公路，有的还在景区心脏地带劈山造地，修建与地质景观科普不相干的其他大型娱乐设施。这些建设项目很少尊重专家特别是地质学家的意见，对地质景观造成严重破坏。如直达长白山天池的盘山公路的修建，造成了高山苔原区植被的大面积破坏。观景平台是地质景观游线基础设施中可供人们休憩观光的节点，但其位置设置不合理也会对地质景观造成破坏。例如河南省平顶山矿山公园中便有一条十几米宽的台阶从山底直通山顶观景平台，该道路和平顶山市区主要公路连成一线，观景平台和道路把整个矿山劈为两半，严重破坏了该矿山公园地质景观的完整性。

（2）索道、观光电梯严重破坏地质景观。

在围绕地质景观的游线基础设施中，索道和观光电梯是两种特殊的交通工具。索道和观光电梯一方面能够方便、快捷地运送游客到达观光目的地，但另一方面施工期间会有劈山炸石、砍伐树木、修建上下站房、立支架、埋电缆等挖空或破坏山体的行为，这对地质景观保护也有严重影响。例如在泰山中天门至南天门索道的建设施工过程中，因建设索道服务站台，把月观峰炸掉了将近一半；劈山建站炸毁的碎石随意堆放，又大面积破坏了月观峰的环境。远远望去，山头一派破败景象①。张家界武陵源风景区的百龙天梯，目前是世界上最高的电梯，该电梯处于易风化的山体之中，其下部的157米是埋在山体中的，上部的170多米裸露在山外；钢架、竖井使山体岩层更易剥落，这对地质景观也造成了很大破坏，世界遗产组织曾对该错误的建设方式出示了"黄牌"进行警告②。

（3）停车场和服务设施的选址不当也严重影响着地质景观。

停车场及服务设施是地质景观游线基础设施的必要组成部分，但若选址不当，如在地质景观

---

① 谢凝高.索道对世界遗产的威胁[J].旅游学刊，2000，15(6)：57-60.

② 刘思敏，温秀.张家界观光电梯拆与留的悬念[N].中国旅游报，2002-10-30.

核心区建设停车场及其他服务设施，将会严重破坏地质景观环境。例如云台山世界地质公园在其入口大门前建设了一处大规模的停车场，而该处又恰好是地质景观的核心位置，该选址建设方式对原始地质景观造成了不可逆转的破坏。

(4) 照明系统存在问题，对地质景观造成破坏。

在一些地质景观保护区，照明系统设计不合理也会对地质景观产生负面影响。例如一些溶洞或者古生物化石群的地质景观，对光照以及温度、湿度，甚至空气中的二氧化碳、氧气的含量变化都非常敏感。政府管理部门或开发商为了突出地质景观的亮点，在上面布置五颜六色甚至很强烈的灯光照明，会对地质景观便产生光污染，在安装使用过程中还会引起环境的恶化。再如广西巴马的百魔洞，钟乳石周围布满各种彩色灯光，这使溶洞内地质景观失去原真神秘性，同时也对洞穴地质景观造成光污染，破坏了原有环境的平衡。

3. 地质景观的国家精神作用不够彰显

当前部分开发商及当地政府管理部门把地质景观作为盈利的工具，缺少地质遗产保护意识。将珍贵的地质遗产混同于一般的旅游资源与经济资源，片面追求经济利益，未能深刻认识到地质景观重要的科学研究及教育价值，而国家意识培养的功能常常被忽视。同时，地质景观资源被认为是地方资产，忽视其国家所有的重要性，以及作为全球重要自然遗产资源的珍贵性，难以产生国家的概念，直接导致管理利用的偏差。

此外还有土地权属问题、矿权问题、管理交叉问题等，但与本书的研究无关。在以上所有问题中，第二大类的问题最为严重。

本书把对地质景观保护具有直接威胁的设施建设行为归结成游线基础设施大类，并探讨其对地质景观的保护利用功效，进而总结游线基础设施对地质景观特性保护的规划设计规律。

第二节　相关概念阐述及研究范围的界定

一、相关概念阐述

(一) 自然景观、地质遗迹、地质景观

1. 自然景观(natural landscape)

《中国大百科全书:地理学》将自然景观定义为天然景观和人文景观自然方面的总称。天然景观是只受到人类间接、轻微或偶尔影响而原有自然面貌未发生明显变化的景观，如极地、高山、大荒漠、大沼泽、热带雨林以及某些自然保护区等。人文景观指人类直接影响和长期作用使自然面貌发生明显变化的景观，如乡村、工矿、城镇等地区①。

自然景观具有原始自然的美，大自然的鬼斧神工塑造了壮美俊秀的高川大河。随着一年四

① 中国大百科全书第一版总编辑委员会. 中国大百科全书:地理学[M]. 北京:中国大百科全书出版社，2002.

季的季节更替，风雨雪霜的天气变化，大自然中的水流、云雾、光照、植被等万事万物也随之发生变化。春季的“竹外桃花三两枝，春江水暖鸭先知”，夏季的“小荷才露尖尖角，早有蜻蜓立上头”，秋季的“停车坐爱枫林晚，霜叶红于二月花”，冬季的“千山鸟飞绝，万径人踪灭”，都是一年四季自然景观的写照。

2．地质遗迹与地质景观(geological relics and geological landscape)

1995 年，原地质矿产部颁布《地质遗迹保护管理规定》，明确提出了地质遗迹的概念，认为地质遗迹是在地球演化的漫长地质历史时期，由于各种内外动力地质作用形成、发展并保留下来的能反映地质作用及其环境特点的，具有典型科学意义、景观美学价值及其他价值的自然地质体或地质现象，是珍贵的、不可再生的地质自然遗产[①]。这一概念随后得到广泛运用。同时，有些专家也从各自研究的视角对地质遗迹内涵进行了补充与丰富。

胡能勇提出，重要的地质遗迹是全人类的宝贵财富，是生态环境的重要组成部分[②]；杨涛、戴塔根、武国辉提出，地质遗迹资源是指在地球演化的漫长地质历史时期中，由于内外动力的地质作用而形成、发展并保存下来的珍贵的、不可再生的并能在现在和可预见的将来供人类开发利用并产生经济价值，以提高人类当前和将来福利的自然遗产[③]；赵汀、赵逊提出，地质遗迹是指地质历史时期保存遗留下来，可用以追索地球演化历史的重要地质现象[④]。

《中国大百科全书》对地质遗迹的定义：地质遗迹是指地球在 46 亿年的演化过程中，遗留下来的记录和不可再生的地质自然遗产。在漫长的历史时期内，孕育了生命，形成了丰富多彩的地形地貌及保存在地层中的古生物化石和各种类型的地质构造[⑤]。本书即是引用该概念展开研究的。

2000 年，原地质矿产部颁布了《国家地质公园总体规划指南》(试行)，地质遗迹景观相关内容包括以下几个部分。

(1) 对追溯地质历史具有重大科学研究价值的典型层型剖面(含副层型剖面)、生物化石组合带地层剖面、岩性岩相建造剖面及典型地质构造剖面和构造形迹。

(2) 对地球演化和生物进化具有重要科学文化价值的古人类和古脊椎动物、无脊椎动物、微体古生物、古植物等化石及产地以及重要古生物活动遗迹。

(3) 具有重大科学研究和观赏价值的岩溶、丹霞、黄土、雅丹、花岗岩奇峰、石英砂岩峰林、火山、冰川、陨石、鸣沙、海岸等奇特地质景观。

(4) 具有特殊学科研究和观赏价值的岩石、矿物、宝玉石及其典型产地。

(5) 有独特医疗、保健作用或科学研究价值的温泉、矿泉、矿泥、地下水活动痕迹以及有特殊地质意义的瀑布、湖泊、奇泉。

(6) 具有科学研究意义的典型地震、地裂、塌陷、沉降、崩塌、滑坡、泥石流等地质灾害遗迹[⑥]。

---

① 地质矿产部．地质遗迹保护管理规定[S/OL]．(1995-5-4)[2023-09-02]．http://f.mlr.gov.cn/201702/t20170206_1436676.html.

② 胡能勇．地质遗迹、地质公园、旅游地质学的概念[J]．湖南地质，2002(12)：244.

③ 杨涛，戴塔根，武国辉．地质遗迹资源的概念[J]．中国国土资源经济，2007(12)：25-27，47.

④ 赵汀，赵逊．地质遗迹分类学及其应用[J]．地球学报，2009，30(3)：309-324.

⑤ 中国大百科全书第二版总编辑委员会．中国大百科全书[M]．2 版．北京：中国大百科全书出版社，2009.

⑥ 国土资源部地质环境司．中国国家地质公园建设工作指南[M]．北京：中国大地出版社，2006.

由此可知，在我国的官方层面，地质景观与地质遗迹景观并未作区分，两者的概念内涵是一致的。然而，此后的相关研究却对地质景观与地质遗迹景观(简称为地质遗迹)提出了内涵与外延上的区别。

陈安泽认为，地质景观是地质历史时期中，在内外地质应力的作用下，形成的具有观赏价值的地表形态和有重大科学价值的保留在岩层中的生命遗迹及地质构造遗迹①。范晓提出了地质景观分类系统，认为地质遗迹和地质景观是具有不同地质科学类型的两个概念②。由此，便明确了地质景观隶属于地质遗迹，且属地质遗迹中具有外在审美价值的内涵。

综上所述，本书将地质景观定义为在地球历史演变过程中，受其自身内部地质运动和外界自然因素及人为因素的影响形成的具有很高观赏价值和科学研究价值的、典型的地质遗迹。不是所有的地质遗迹都具有很高的观赏性，本书所指地质景观是地质遗迹的观赏性、科学性都极强的精华部分，是地质遗迹中的极品。但这类地质景观具有一定的脆弱性和不可再生性等特性，这也是本书定位于地质景观特性研究的重要原因。

（二）地质景观特性(geological landscape features)

李翠林在《新疆地质遗迹景观资源保护开发研究》一文中，指出地质景观资源具有观赏性、科学性、稀有性、自然性 4 个特点③。国家地质公园申报要求也把这 4 个特点作为地质公园申报的必备条件。

笔者在长期从事地质公园规划设计的过程中发现，有关地质景观特性的内涵构成除上述 4 点以外，很少有人关注到其脆弱性问题，而笔者在长期的工作实践中却感受到关注地质景观脆弱性的重要性。地质景观除经受长期的风化侵蚀、地球运动的作用等自然因素影响外，还会受到人类的破坏，故地质景观有极强的脆弱性。

地质景观在漫长的地质历史时期中，经历了地球运动、自然界和人类的外力作用，形成了奇峰绝壁、峰峦叠嶂、怪石嶙峋等千奇百怪的山地，汹涌澎湃、波澜壮阔的江河，黄沙漫漫、大漠孤烟、连绵不绝的沙漠戈壁等自然景观。笔者从这些不同的地质景观现象中对其特性归纳概括，地质景观均有极强的自然性、观赏性和稀有性等复杂多样性。

综上所述，本书将地质景观的特性定义为地质景观因受内部的自身运动和外部的自然环境、人为环境的作用而形成的地质景观的复杂多样性，主要体现在观赏性、科学性、稀有性、自然性、脆弱性 5 个方面。

（三）自然保护区、国家公园、风景名胜区、地质公园、矿山公园

自然保护区、风景名胜区、地质公园、矿山公园都有国务院颁布的条例作为依据，都突出强调“保护第一”的原则。2011 年之前，上述各类公园园区的边界范围都是相互交错重叠的。但自 2011 年开始，国家规定了上述各类公园园区的边界范围需各自独立，不得再有重叠，后期的国家

---

① 陈安泽. 中国地质景观论[C]//全国第十二届旅游地学年会暨山岳景观、皖西南旅游资源开发研讨会论文集. 1997.

② 范晓. 论中国国家地质公园的地质景观分类系统[C]//全国第 17 届旅游地学年会暨河南修武旅游资源开发战略研讨会论文集. 2002.

③ 李翠林. 新疆地质遗迹景观资源保护开发研究[D]. 乌鲁木齐:新疆大学,2011.

公园也应遵循此规定。

1. 自然保护区(nature reserve area)

1994 年 10 月 9 日我国发布了《中华人民共和国自然保护区条例》(中华人民共和国国务院令第 167 号)。条例中指出应当建立自然保护区的第十条,其中包括具有特殊保护价值的海域、海岸、岛屿、湿地、内陆水域、森林、草原和荒漠;具有重大科学文化价值的地质构造、著名溶洞、化石分布区、冰川、火山、温泉等自然遗迹①。

《中国大百科全书》将自然保护区定义为主要致力于生物多样性及其他有关自然和文化资源的保护,并通过法律和其他有效手段进行管理的陆地和海域②。自然保护区分为 5 大类,即典型代表性的生态系统、某类特有生态系统、珍贵稀有动植物资源、特殊的自然风景、特殊自然历史遗迹的自然保护区。

2. 国家公园(national park)

1832 年,美国艺术家乔治·卡特林(Geoge Catlin)最先提出"国家公园"这一概念。世界最早的国家公园是 1872 年美国建立的黄石国家公园。从 1872 年至今,世界上已经有 200 多个国家建立了自己的国家公园,并各自确立了其保护地位。1949 年,英国通过《国家公园和乡村通道法》,建立了英格兰和威尔士的国家公园系统,虽然也是以美国模式为基础,但突出了协调保护和维持地区居民生活之间矛盾的特色。1974 年,《世界各国国家公园及同等保护区名册》由国际自然保护联盟(IUCN)出版,对国家公园保护区域的面积、保护对象、保护手段及保护目的又做了详细规定。规定指出,国家公园面积不得小于 1000 公顷,且是未开发的自然区域;国家最高机构应采取措施禁止在国家公园里开发建设。

我国的首个国家公园是云南省的普达措国家公园,于 2006 年成立,2008 年开始试行国家公园试点单位的模式,2009 年又暂停。直到 2014 年,我国首次召开了国家公园建设研讨会,明确了国家公园的概念,并提出国家公园是由政府划定管理的具有重要保护意义的自然或者人文资源,且能供科研、教育利用的区域。

《中国大百科全书》将国家公园定义为一国政府对某些在天然状态下具有独立代表性的自然环境区划出一定范围而建立的公园,属国家所有并由国家直接管辖,旨在保护自然生态系统和自然地貌的原始状态,同时又作为科学研究、科学普及和供公众科学旅游娱乐、了解和欣赏大自然神奇景观的场所③。

3. 风景名胜区(landscape and famous scenery area)

国外没有"风景名胜区"这一政府法定概念。我国对风景区的称谓比较多样,通常是在风景区的前面加上要表达的事物的定语,例如自然风景区、旅游风景区等。《风景名胜区管理暂行条例》于 1985 年颁布,规定了"风景名胜区"的相关内容,指出风景名胜区是由国家依法进行保护的具有优美环境的、公益性的供人们观赏、娱乐的具有国家代表性的自然和文化资源的活动场所。1999 年,在由原中华人民共和国建设部颁发的《风景名胜区规划规范》(GB 50298—1999)中,风景

① 中华人民共和国国务院. 中华人民共和国自然保护区条例[S/OL]. (1994-10-9)[2023-09-02]. http://www.gov.cn/flfg/2005-09/27/content_70636.htm.

② 唐芳林,方震东,彭建生,等. 国家公园,自然给人类的馈赠[J]. 森林与人类,2014(5):28-35.

③ 边远. 张掖市旅游资源法律保障问题研究[D]. 兰州:兰州大学,2013.

名胜区是指具有观赏、文化或科学价值的山河、湖海、地貌、森林、动植物、化石、特殊地质、天文气象等自然景物和文物古迹，革命纪念地、历史遗址、园林、建筑、工程设施等人文景物和它们所处的环境以及风土人情等①。

4. 地质公园(geopark)

《中国大百科全书》对地质公园所下的定义为具有重大地球科学意义，以稀有的具美学观赏价值的地质遗迹为核心内容，并融合其他自然景观的天然区域②。

"地质公园"一词是由我国的殷维翰于 1983 年率先提出的。陈安泽在中国旅游地学研究会成立会上提出了"地学科学公园"一词。《地质自然保护区区划和武陵源科学考查文集汇编》首次提出"国家地质公园"(national geopark)的概念。联合国教科文组织地学部主任伊德博士提出以"geopark"作为地质公园的英译③。联合国教科文组织对地质公园的定义和内涵进行了辨析。地质公园是以具有特殊地质科学意义、稀有的自然属性、较高的美学观赏价值，具有一定规模和分布范围的地质遗迹景观为主体，并融合其他自然景观与人文景观而构成的一种独特的自然区域。它既是为人们提供具有较高科学品位的观光旅游、度假休闲、保健疗养、文化娱乐空间的场所，又是地质遗迹景观和生态环境的重点保护区，地质科学研究与普及的基地④。

5. 矿山公园(mine park)

矿山公园的概念来自对废弃矿山的治理。早在 20 世纪 40 年代，国外已经开始对废弃矿山进行生态景观恢复治理，例如德国科特布斯露天矿区的生态修复、杜伊斯堡风景公园等。

我国于 1980 年开始对矿山景观进行恢复治理。2004 年 11 月，原国土资源部下发了《国土资源部关于申报国家矿山公园的通知》，将矿山公园定义为以展示人类矿业遗迹景观为主体，体现矿业发展历史内涵，具备研究价值和教育功能，可供人们游览观赏、进行科学考察与科学知识普及的特定的空间地域。该文件还将矿业遗迹按其典型性、稀有性、观赏性、科学和历史文化价值及开发利用功能等分级⑤，并规定了矿山公园必须具备的基本条件。

本书将矿山公园定义为对资源枯竭的矿区进行景观生态恢复，保护矿业开采遗迹和矿业生产遗迹的园区。矿山公园是由矿业开采遗迹、矿业生产遗迹与人文资源和自然资源相结合构建起来的。矿山公园具有矿业遗迹的典型性和稀缺性。矿山公园是第二产业的矿业开采转向第三产业的矿业旅游的重要标志物。

(四) 地质景点与地质景区

1. 地质景点(geological attractions)

地质景点是由一个或若干个地质景观群组成的。地质景点的内容包括具有观赏价值及审美

---

① 陈海滨，张黎，胡洋，等. 风景区生活垃圾特性及产生量预测研究[J]. 环境卫生工程，2011，19(4)：21-22.

② 李翠林. 新疆地质遗迹景观资源保护开发研究[D]. 乌鲁木齐：新疆大学，2011.

③ EDER W. "UNESCO GEOPARKS"-A new initiative for protection and sustainable development of the Earth's heritage[J]. La Tunisie Médicale，1999，61(4).

④ 李翠林. 新疆地质遗迹景观资源保护开发研究[D]. 乌鲁木齐：新疆大学，2011.

⑤ 何原荣，李丰生，朱晓媚，等. 中国矿山公园建设及其生态学意义之思考[J]. 资源环境与工程，2007，21(2)：212-215.

价值较高的地质遗迹景观、较好的自然生态景观及其周边配套服务设施等。地质景点具有典型的地质地貌特征，在地质景区中具有较为完整的独立性。它可以是单个的地形地貌独特、地质特性鲜明的地质遗迹点，也可以是几个具有相同或者不同特色的地质遗迹景观群组合而成的一个单元。

2. 地质景区(geological scenic spot)

地质景区是由一个或者若干个地质景观特性鲜明的地质景点、浓厚的人文资源、良好的生态环境所组合而成的，能够为人们提供一个地质文化特色突显的优美的自然环境，供人们在此科研、学习、休憩娱乐。地质景区景物的地质科学性较强，是以保护地质景观、彰显地质文化为主题的综合性服务空间。

笔者认为，从地质景观保护区整体来看，地质景点与地质景区在空间关系上是点与面的关系，地质景区是由若干个地质景点组成的区域。从尺度大小区分，地质景点的空间尺度小于地质景区。

（五）游线、游路

1. 游线(tour line)

旅游学将游线通常理解为旅游线路(tourist route)。旅游线路对游客具有一定的空间和时间的制约性，旅游线路的设计目标是对景点游览线路的行程组织，包括行经的地点、观看的景点、乘坐的车辆及其所花的时间。而本书所提的游线则与此不同。本书的游线和旅游学的旅游线路相比，都具有连接景点的性质，但不同的是，本书的游线没有“时间”，也不包括从旅游出发地到地质景区的行程。本书提出该概念的目的便是使研究单纯化，即专门针对地质景观特性的保护，探讨与地质景观特性保护相协调的人工基础设施的规划设计方式，而不纠缠于这些设施以外的诸如逗留时间、交通车辆、饮食住宿等问题。

据此，本书给游线所下的定义便是：地质景观保护区内部各景点的连线，即游客以不同方式从一个景点到另一个景点的游径，其中包括绿色低碳的电瓶车道、自行车道、步道、汀步、景观桥、游船、码头、索道、观光电梯等组成的游线基础设施。

2. 游路(tour route)

原粉川(2001)认为，旅游道路可以被定义为通达或联系旅游景点，主要供旅游车辆和行人通行的工程设施，按其作用不同分为旅游干线道路、旅游点联络线路、旅游区专线[①]。张慧等也相继提出了与原粉川类似的理解。贺敏等(2008)认为风景区公园式道路是具有交通、景观、历史、文化、生态、游憩等多种功能价值的，能够连接景区、历史遗迹地等的开放性通道，并且强调了不同旅游道路的具体要求。朱止波(2014)强调了旅游道路的景观性、舒适性、安全性问题。

本书对“游路”概念的理解：游路是游线的重要组成部分，也是游线的物质基础与载体，其呈网状布局，方便游客流动，具有交通运输和景观欣赏双重功能。

---

① 张秀海.山区旅游专用道路规划设计与开发思路[J].山西科技,2002(3):52-53.

(六) 游览设施、游线基础设施

1. 游览设施(tour facilities)

游览设施,顾名思义,是指旅游目的地满足游客生活需求的最基本的物质设施。游览设施从广义方面讲,是旅游目的地的所有生活基础设施,包含地上服务设施和地下基础设施;从狭义方面讲,是旅游目的地的地上满足游客生活需求的服务设施,例如住宿、餐饮、交通、道路、娱乐等方面的设施。2000 年,原中华人民共和国建设部发布的《风景名胜区规划规范》(GB 50298—1999)第 4 章第 4.4 节规定:游览设施配备应包括旅行、游览、饮食、住宿、购物、娱乐、保健和其他 8 个大类、40 个中类、95 个小类的设施(表 1-1)。

表 1-1 游览设施与旅游基地分级配置表[①]

设施类型	设施项目	服务部	旅游点	旅游村	旅游镇	旅游城	备注
一、旅行	1. 非机动交通	▲	▲	▲	▲	▲	步道、马道、自行车道、存车、修理
	2. 邮电通信	△	△	▲	▲	▲	话亭、邮亭、邮电所、邮电局
	3. 机动车船	×	△	△	▲	▲	车站、车场、码头、油站、道班
	4. 火车站	×	×	×	△	△	对外交通,位于风景区外缘
	5. 机场	×	×	×	×	△	对外交通,位于风景区外缘
二、游览	1. 导游小品	▲	▲	▲	▲	▲	标示、标志、公告牌、解说图片
	2. 休憩庇护	△	▲	▲	▲	▲	座椅桌、风雨亭、避难屋、集散点
	3. 环境卫生	△	▲	▲	▲	▲	废弃物箱、公厕、盥洗处、垃圾站
	4. 宣讲咨询	×	△	△	▲	▲	宣讲设施、模型、影视、游人中心
	5. 公安设施	×	△	△	▲	▲	派出所、公安局、消防站、巡警

① 中华人民共和国建设部.风景名胜区规划规范:GB 50298—1999[S].北京:中国建筑工业出版社,2008.

续表

设施类型	设施项目	服务部	旅游点	旅游村	旅游镇	旅游城	备注
三、饮食	1. 饮食点	▲	▲	▲	▲	▲	冷热饮料、乳品、面包、糕点、糖果
	2. 饮食店	△	▲	▲	▲	▲	包括快餐、小吃、野餐烧烤点
	3. 一般餐厅	×	△	△	▲	▲	饭馆、饭铺、食堂
	4. 中级餐厅	×	×	△	△	▲	有停车车位
	5. 高级餐厅	×	×	△	△	▲	有停车车位
四、住宿	1. 简易旅宿点	×	▲	▲	▲	▲	包括野营点、公用卫生间
	2. 一般旅馆	×	△	▲	▲	▲	六级旅馆、团体旅舍
	3. 中级旅馆	×	×	▲	▲	▲	四、五级旅馆
	4. 高级旅馆	×	×	△	△	▲	二、三级旅馆
	5. 豪华旅馆	×	×	△	△	△	一级旅馆
五、购物	1. 小卖部、商亭	▲	▲	▲	▲	▲	
	2. 商摊集市	×	△	△	▲	▲	集散有时、场地稳定
	3. 商店	×	×	△	▲	▲	包括商业买卖街、步行街
	4. 银行、金融	×	×	△	△	▲	储蓄所、银行
	5. 大型综合商场	×	×	×	△	▲	
六、娱乐	1. 文博展览	×	△	△	▲	▲	文化、图书、博物、科技、展览等场馆
	2. 艺术表演	×	△	△	▲	▲	影剧院、音乐厅、杂技场、表演场
	3. 游戏娱乐	×	×	△	△	▲	游乐场、歌舞厅、俱乐部、活动中心
	4. 体育运动	×	×	△	△	▲	室内外各类体育运动健身竞赛场地
	5. 其他游娱文体	×	×	×	△	△	其他游娱文体台站团体训练基地

续表

设施类型	设施项目	服务部	旅游点	旅游村	旅游镇	旅游城	备注
七、保健	1. 门诊所	△	△	▲	▲	▲	无床位、卫生站
	2. 医院	×	×	△	▲	▲	有床位
	3. 救护站	×	×	△	△	▲	无床位
	4. 休养度假	×	×	△	△	▲	有床位
	5. 疗养	×	×	△	△	▲	有床位
八、其他	1. 审美欣赏	▲	▲	▲	▲	▲	景观、寄情、鉴赏、小品类设施
	2. 科技教育	△	△	▲	▲	▲	观测、试验、科教、纪念设施
	3. 社会民俗	×	×	△	△	▲	民俗、节庆、乡土设施
	4. 宗教礼仪	×	×	△	△	△	宗教设施、坛庙堂祠、社交礼制设施
	5. 宜配新项目	×	×	△	△	△	演化中的德智体技能和功能设施

注:×—禁止设置;△—可以设置;▲—应该设置。

此外的研究还有:朱瑞将游览设施引申为游览服务设施,认为是风景区的重要组成部分①;杨丽将旅游设施定义为在旅游区的地域范围乃至外围保护地带内,为游客的旅游活动提供饮食、住宿、交通、游览、购物及文娱等的设施②。

2. *游线基础设施*(tour line infrastructure)

鉴于本书所指的游线是在地质景区内部,本书将游线基础设施定义为在旅游目的地内部的行径路线上及其周边串联的服务设施。游线基础设施布局是沿着节点与节点之间连接的线路,一般随旅游线路呈网状格局分布。

在地质景观保护区的基础设施建设中,游线基础设施最贴近地质景观,因此其工程建设对地质景观产生的破坏最大。本书以 2000 年原中华人民共和国建设部发布的《风景名胜区规划规范》(GB 50298—1999)第 4 章第 4.4 节对景区游览设施的分类(8 个大类、40 个中类、95 个小类)为依据,针对地质景观特性保护的需求,来定义游线基础设施的内涵,提取整合了游线基础设施的门类(6 个大类、14 个中类、45 个小类),明确了每一类基础设施的功能及其特征。

本书首次提出了游线基础设施这一新的概念及其新的分类体系。游览设施是指整个园区的所有基础设施,而本书的游线基础设施是指在地质景观保护区门区以内的,位于地质景观保护区内部的行径路线上及其周边串联的服务设施。其分类也是在地质景观特性保护的前提下进行

① 朱瑞. 风景名胜区游览服务设施规划与设计研究[D]. 武汉:华中科技大学,2006.

② 杨丽. 旅游设施的生态性评价与规划设计研究[D]. 上海:同济大学,2007.

的。对于地质景观保护区门区以外的，或者距游线远的基础设施不在本书的研究范围内(表1-2)。

表1-2　游线基础设施从游览设施与旅游基地分级配置表所删减的内容

设施类型	设施项目	备　注
一、旅行	2. 邮电通信	邮电所、邮电局
	3. 机动车船	车站、车场、码头、油站、道班
	4. 火车站	对外交通，位于风景区外缘
	5. 机场	对外交通，位于风景区外缘
三、饮食	3. 一般餐厅	饭馆、饭铺、食堂
	4. 中级餐厅	有停车车位
	5. 高级餐厅	有停车车位
四、住宿	2. 一般旅馆	六级旅馆、团体旅舍
	3. 中级旅馆	四、五级旅馆
	4. 高级旅馆	二、三级旅馆
	5. 豪华旅馆	一级旅馆
五、购物	2. 商摊集市	集散有时、场地稳定
	3. 商店	包括商业买卖街、步行街
	4. 银行、金融	储蓄所、银行
	5. 大型综合商场	
六、娱乐	1. 文博展览	文化、图书、科技等场馆
	2. 艺术表演	影剧院、音乐厅、杂技场、表演场
	3. 游戏娱乐	游乐场、歌舞厅、俱乐部、活动中心
	4. 体育运动	室内外各类体育运动健身竞赛场地
	5. 其他游娱文体	其他游娱文体台站团体训练基地
七、保健	1. 门诊所	无床位、卫生站
	2. 医院	有床位
	3. 救护站	无床位
	4. 休养度假	有床位
	5. 疗养	有床位
八、其他	1. 审美欣赏	景观、寄情、鉴赏、小品类设施
	2. 科技教育	观测、试验、科教、纪念设施
	3. 社会民俗	民俗、节庆、乡土设施
	4. 宗教礼仪	宗教设施、坛庙堂祠、社交礼制设施
	5. 宜配新项目	演化中的德智体技能和功能设施

由游线基础设施从游览设施与旅游基地分级配置表所删减的内容中可以看出，被删减掉的基础设施均规模较大，即建筑占地面积大、人流量大且人流相对集中，如果这些基础设施建设在地质景观保护区内部的游线上及其附近，其工程建设对地质景观造成的伤害最大，同时，大规模的基础设施建设也会对地质环境造成极大的破坏。

由此在游览设施类别的基础上提取整合，归纳总结出了游线基础设施的6个大类、14个中类以及45个小类清单(图1-1、表1-3)。

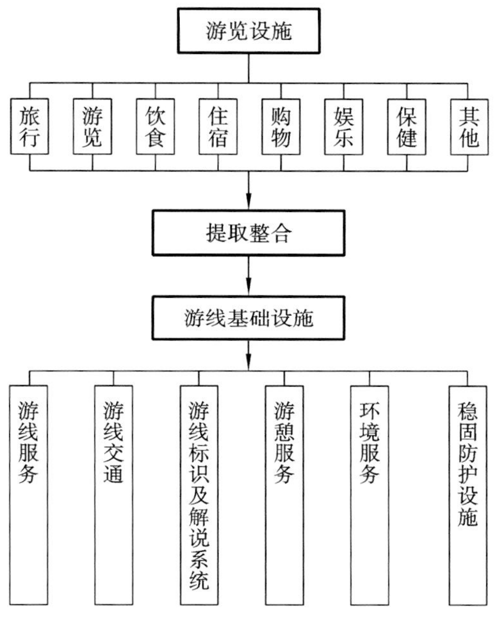

图1-1　游线基础设施类别的提取整合

表1-3　游线基础设施分类

设施类型	设施项目	备注
一、游线服务	1.游客服务中心	售票、话亭、邮亭、公安设施、停车场
	2.地质博物馆	宣讲设施、模型、影视馆、博物馆
	3.服务点	小卖部、商亭、自助银行、卫生站
二、游线交通	1.环保交通	电瓶车道、消防通道
	2.慢行交通	自行车道、步道、汀步、景观桥、游船、码头
	3.其他交通	高架桥、索道、观光电梯
三、游线标识及解说系统	1.标识系统	标示、标志、公告牌、警示牌、导游宣传册等
	2.解说系统	解说牌、电子解说器
四、游憩服务	1.休憩庇护	风雨亭、避难屋等
	2.观景	观景平台

续表

设施类型	设施项目	备　注
五、环境服务	1. 照明	户内照明、户外照明
	2. 家具	户内家具、户外家具
	3. 环境卫生	垃圾箱、公厕、盥洗处
六、稳固防护设施	1. 安全防护	护网、护栏、护窗、桩柱

二、研究范围的界定

本书所研究的内容范围界定于以下3个方面。

1. 地质景观特性的界定

本书研究将紧密围绕地质景观的科学性、观赏性、稀有性、自然性、脆弱性5种特性的保护展开。根据不同地域地质景观特性的保护特点，探讨地质公园的规划设计规律。

2. 游线基础设施的范围界定

游线基础设施是指旅游目的地内部的行径路线上及其周边串联的服务设施，主要包括游线服务、游线交通、游线标识及解说系统、游憩服务、环境服务、稳固防护设施6个大类，分为14个中类、45个小类。本书的研究重点围绕上述内涵进行。

3. 规划设计的界定

本书着重于有利于地质景观特性保护的地质公园规划设计，对与上述无关的规划设计内涵则少有涉及。

第三节　国内外相关理论研究综述

一、国外方面的研究

（一）国外地质景观保护的相关法律和政策

1. 联合国教科文组织的相关法规

1972年10月17日至1972年11月21日，联合国教科文组织大会第17届会议在巴黎通过了《保护世界文化和自然遗产公约》(*Convention Concerning the Protection of the World Cultural and Natural Heritage*)。公约第二条界定了自然遗产的含义：①从审美或科学角度看，具有突出的普遍价值的由物质和生物结构或这类结构群组成的自然面貌；②从科学或保护角度看，具有突出的普遍价值的地质和自然地理结构以及明确划为受威胁的动物和植物生态区；③从科学、保护或自然美角度看，具有突出的普遍价值的天然名胜或明确划分的自然区域[①]。上述 3 条规定均包含丰富的地质景观资源，故亦可视为对地质景观具有约束价值的世界公约。事实上，所有地质景观均属自然遗产的一部分，而能进入世界遗产名录的地质景观是有限的，故而，地质景观的保护任重而道远。

1994 年 11 月，联合国教科文组织世界遗产委员会(UNESCO World Heritage Committee)在日本召开会议，发布了《奈良真实性文件》。在该文件第十三款详细解释了其原真性[②]，1977 年，联合国教育、科学与文化组织，保护世界文化与自然遗产的政府间委员会，世界遗产中心颁布了关于实施《保护世界文化与自然遗产公约》的操作指南，第Ⅱ条《世界遗产名录》的Ⅱ.E 完整性和/或真实性，对自然遗产的原真性和真实性进行了详细的界定。

国际上对地质景观的保护方式是建立国家公园，通过制定严格的法律体系对地质景观进行保护。

2. 美国的相关法规和政策

美国是建立国家公园较早的国家之一，1872 年建立了世界上第一个国家公园，即黄石国家公园，创立了完整的法律、法规、管理体制和运行机制。1935 年至 1936 年，分别通过了《历史地段法》和《公园、风景路和休闲地法》[③]，确定了全国的统一管理机构——内务部国家公园管理局，以及公园经费来源、人员任命、规划设计等一系列管理办法，形成了国家公园中央管理体制。国家管理局、地区管理局、基层管理局三级管理机构实行垂直管理。国家管理局负责国家公园的资源保护、参观游览、教育科研等项目的开展及特许经营合同出租。国家公园体系运营和保护的主要资金是国会财政拨款，占 90%，公园依靠特许经营、门票和其他收入实现部分自谋收入。这种以中央集权为主，自上而下实行的三级垂直管理并辅以其他部门合作和民间机构协助的管理体制，职责明确，避免与地方产生扯皮等矛盾现象。1965 年，美国国会通过了《国家公园管理局特许事业决议法案》，规定公园的餐饮、住宿等旅游服务设施及旅游纪念品的经营必须以公开招标的形式征招经营者；特许经营收入除了上缴国家公园管理局以外，必须全部用于改善公园管理。界定公园资源经营权的界限，是提供与消耗性的公园核心资源无关的后勤服务，做到了管理者和经营者分离，避免了重经济效益、轻资源保护的倾向。有利于筹集管理经费，提高服务效率和服务水平[④]。

美国的国家公园制度几乎囊括了自然遗产的方方面面，其中的保护主体均是以地质景观为对象或载体的，故而，美国的国家公园法规亦可等同视为其地质景观保护与管理制度。

3. 加拿大的相关法规和政策

1889 年，加拿大政府颁布了《落基山公园法》；1991 年颁布了《自治地质保护区和公园法》；1930 年颁布了《加拿大国家公园法》，明确了建立公园是为加拿大人民服务的目的，规定了公园建

---

① 联合国教育、科学及文化组织. 保护世界文化和自然遗产公约[S/OL]. (1972-11-23)[2023-09-02]. http://whc.unesco.org/archive/convention-ch.pdf.

② 联合国教育、科学及文化组织，国际文化资产保存与修复中心，国际文化纪念物与历史场所委员会. 奈良真实性文件[S/OL]. (1994-11-6)[2023-09-02]. http://ctv.wodtech.com/protection/tszs/20130415/95430.shtml.

③ 美国国会. 公园、风景路和休闲地法[S]. 1936.

④ 美国国会. 国家公园管理局特许事业决议法案[S]. 1965.

立的程序。国家公园的建立、撤销或边界变化必须经议会上院、下院立法通过，而且需在国家媒体上公布。加拿大政府制定了政策计划，要求部长对每一个国家公园有一份官方管理计划，并且部长每两年向议会报告公园状况及建立新国家公园的进展情况；同时制定了国家公园的管理办法。1913 年制定了《省立公园法》；此外还设立了《国家公园局法》和《遗产部法》；1954 年，政府在土地和地质部内设公园管理部门。国家公园管理局 80% 的职员为联邦政府固定职员，除在首都渥太华设总部外，还分别在另外 7 处设立办事机构。

（二）地质景观评价方法的相关研究

在 20 世纪 50 年代，欧美发达国家例如英、法、德、美等运用了视觉定量数学模型对景观资源进行量化评价。从 20 世纪 60 年代开始，美国的 Daniel 提出了景色美评估方法（scenic beauty evaluation），David 提出了独特比值法（uniqueness ratio），Buhyoff 提出了比较评判法（law of comparative judgment）。

（三）游线基础设施的相关研究

1993 年，美国历史学家琳达·弗林特·麦克勒兰德（Linda Flint McClelland）在《建设国家公园：历史景观设计与施工》一书中，对国家公园中的建筑景观及施工做了系统的研究；并针对美国黄石国家公园、科罗拉多大峡谷的道路、建筑等景观设计进行了分析；提出在保护自然的前提下进行道路及建筑景观设计的要求①。1988 年，英国地质学家马瑞·格蕾（Murray Gray）在《地质多样性评价与非生物自然保护》一文中，对英国、美国、加拿大等国家的国家公园地质遗迹景观保护工作进行了调研考察，在地形设计一章中，对地质多样性地区的道路、建筑进行分析研究，归纳总结出道路、建筑设计应尊重与保护地质景观的多样性②。2008 年，保罗·格博斯特（P. H. Gobster）在《黄石公园美丽的风景热点的生态和景观审美体验的反思》一文中，利用车行、人行、休憩的形式进行移动式模拟实验，体验人在黄石国家公园不同道路上对景观的感知③。2002 年，罗伯特·伊丹（Robert M. Itami）在《行人步道和观景平台容量的评估》一文中，以澳大利亚维多利亚州的坎贝尔港国家公园为实验场地，在自然景观保护的前提下，对行人步道和观景平台的容量进行测试评估，提出对国家公园每天的游人数量进行限定，以更好地保护国家公园的自然景观④。

以上诸研究均属本书涉及的地质公园范畴，只不过尚未有学者将这些对地质景观有贴身保护的设施视为大类进行综合研究，这也体现了本书选题定位的先导性。

① PRITCHARD J A，CARR E，MCCLELLAND L F. Building the national parks：Historic landscape design and construction [M]. Baltimore：Johns Hopkins Univesity Press，1998.

② GRAY M. Geodiversity and geoconservation：What，why，and how? [J]. George Wright Forum，2005，22(3)：151-155.

③ GOBSTER P H. Yellowstone hotspot：Reflections on scenic beauty，ecology，and the aesthetic experience of landscape[J]. Landscape Journal，2008，27(2)：291-308.

④ ITAMI R M. Estimating capacities for pedestrian walkways and viewing platforms[J]. A Report to Parks Victoria，2002.

二、国内方面的研究

（一）国内地质景观保护的相关法律和政策

根据《中华人民共和国宪法修正案》第九条，国家保障自然资源的合理利用，禁止任何组织或者个人用任何手段侵占或者破坏自然资源[①]。而《中华人民共和国自然保护区条例》第十条则提出“具有特殊保护价值的海域、海岸、岛屿、湿地、内陆水域、森林、草原和荒漠，具有重大科学文化价值的地质构造、著名溶洞、化石分布区、冰川、火山、温泉等自然遗迹”[②]均属保护范畴。《地质遗迹保护管理规定》第七条界定了地质景观的保护分类体系；第八条界定了国家级、省级、县级地质遗迹保护三级分区的方式；第十条阐述了地质遗迹保护区的申报和审批程序，国家级地质遗迹保护区的建立，由国务院地质矿产行政主管部门或地质遗迹所在地的省、自治区、直辖市人民政府提出申请，经国家级自然保护区评审委员会评审后，由国务院环境保护行政主管部门审查并签署意见，报国务院批准、公布；第十二条、第十三条、第十四条诠释了地质遗迹保护区的管理程序；第二十条明确了破坏地质遗迹所要承担的法律责任。2002 年 7 月 29 日，原国土资源部颁发了《古生物化石管理办法》，详细解释了古生物化石的保护管理办法。2010 年，原国土资源部颁发了《国家地质公园规划编制技术要求》，详细解释了地质景观规划设计的要求。

（二）地质景观评价方法的相关研究

当前国内对地质景观评价常用的方法有 3 种：①调查问卷，首先对景观资源因子进行分类，确定评价指标体系，然后通过一定的调查问卷进行数据综合分析，从而定量评价；②因子描述法，对景观各影响因子进行描述性综合分析，从而对景观质量定性评价；③景观审美体验法，根据景观体验，利用美学与心理学的理论与方法，对景观进行体验测定，构建统计学模型定量研究。

（三）国内游线基础设施的相关研究

近年来，国内学者立足各自不同的研究领域对各类游线基础设施，以及本书所概括的游线基础设施部分，进行了相关研究。笔者从以下几个方面进行了考察。

1. 交通设施对地质景观保护的相关研究

近年来，关于交通设施对地质景观保护的研究逐渐增多，专家学者从各自专业的角度有一定认识。

(1) 道路对地质景观保护的相关研究。

有关道路对地质景观的影响及其保护的论文很少，而围绕地质景观科普线路的文章有 4 篇（表 1-4），其中涉及地质景区道路规划建设的研究更是少之又少。这也从局部反映出本书选题定位研究的价值。

---

① 中华人民共和国全国人民代表大会. 中华人民共和国宪法修正案[S/OL]. (1988-4-12)[2023-09-02]. http://www.npc.gov.cn/wxzl/wxzl/2000-12/05/content_4498.htm.

② 中华人民共和国国务院. 中华人民共和国自然保护区条例[S/OL]. (1994-10-9)[2023-09-02]. http://www.gov.cn/flfg/2005-09/27/content_70636.htm.

表 1-4　地质科普线路对地质景观保护的相关研究

时间	研究者	文章名称	相关研究内容	出版社或报纸杂志
2010/11	梁会娟、张忠慧	《嵩山地质科普旅游线路规划设计》	根据嵩山地质景观的特性，综合分析嵩山的地质景观整体分布特点，对嵩山地质科普线路的规划布局进行布局规划	《中国地质学会旅游地学与地质公园研究分会第25届年会暨张家界世界地质公园建设与旅游发展战略研讨会论文集》
2013/9	罗能辉、郭福生、黄宝华	《龙虎山世界地质公园"生命进化史"科普线路设计理念与教育意义》	以龙虎山世界地质公园"生命进化史"地质科普线路实证研究古生物化石按照生命进化的地质年代顺序进行的科普线路布局	《华东理工大学学报(社会科学版)》
2013/9	张晓瑞	《基于模糊数学和Dijkstra算法的神农架地质科普旅游线路设计》	论文以神农架国家地质公园为研究对象，把该公园地质景观分为六类，运用Yaahp、Excel软件，对景区地质遗迹的资源综合评判，利用Dijkstra最短路径算法，最终确定了地质公园最优的地质科普旅游线路	湖北大学硕士学位论文
2010/5	施广伟	《基于模糊数学和Dijkstra算法的地质公园地质科普旅游线路设计》	论文从地质科学科普展示入手，以层次分析法构建地质遗迹价值评价权重体系；以模糊数学方法计算地质遗迹价值；通过专家问卷分析辛苦度指标；运用运筹学最优路径算法计算出最优地质科普旅游线路①	长安大学硕士学位论文

(2) 索道对地质景观特性破坏的相关研究。

随着我国旅游事业发展的蒸蒸日上，近年国内的地质景观保护区的一些管理机构，为了方便游客快速到达景观目的地，在主要地质景点炸山劈石，建设索道，对地质景观特性造成极大破坏。

① 施广伟. 基于模糊数学和Dijkstra算法的地质公园地质科普旅游线路设计[D]. 西安：长安大学，2010.

为此,专家学者从索道建设的利与弊的角度出发进行了一定的分析探讨(表1-5)。但该类探讨为数不多,这也可突显本书的研究价值。

表1-5 索道对地质景观特性破坏的相关研究

时间	研究者	文章名称	相关研究内容	出版社或报纸杂志
2000/11	谢凝高	《索道对世界遗产的威胁》	指出泰山、黄山等地索道建设严重破坏了地质景观	《旅游学刊》
2000/3	解传付	《对中国风景旅游区客运索道建设若干问题的思考》	对自然保护区修建索道进行了辩证,并建议索道建设要服从自然风景区保护,和风景区自然景观协调建设	《淮南工业学院学报(社会科学版)》
2000/8	侯仁之、吴良镛、谢凝高等	《保护泰山,拆除中天门—岱顶索道》	从多方面列举了泰山中天门—岱顶索道对泰山自然景观的破坏,强烈要求拆除索道,保护泰山自然景观	《中国园林》
2000/10	程晓非、张玫	《泰山索道引爆保护与开发话题》	从泰山索道建设炸山引爆的角度探讨了炸山对自然景观保护和景点旅游开发造成的影响	《中国旅游报》
2001/4	吴东晓	《对泰山风景区内修建索道的几点思考》	对泰山索道的修建进行了利与弊的分析,指出了索道建设对自然景观的影响弊大于利	《中国园林》

(3)观光电梯对地质景观破坏的相关文章。

关于观光电梯对于地质景观特性保护的影响,笔者仅搜集到一篇文章。刘思敏、温秀在《中国旅游报》发表文章《张家界观光电梯拆与留的悬念》,报道了各个专家对张家界观光电梯建设的观点,指出张家界观光电梯建设对地质景观破坏严重①。由此足见游线基础设施的合理建设对地质景观保护的重要性及本书论题的意义。

2. *地质博物馆对地质景观保护的相关研究*

(1)地质博物馆建筑设计方面。

大多建筑师在进行地质博物馆设计时通常都是以地质景观保护为基础的。相关的设计研究期刊文章及硕士论文共计20篇,笔者将其归类为3类,即设计原理研究、个性设计方案研究、设计方法研究。

①设计原理研究。该方面的期刊文章及硕士论文共计11篇,其中王力的《窑洞式博物馆设

① 刘思敏,温秀.张家界观光电梯拆与留的悬念[N].中国旅游报,2002-10-30.

计研究》及曾忠忠的《窑洞涅槃——郑州邙山黄河黄土地质博物馆建筑设计案例研究》，运用流体分析软件(Phoenics)对设计模型进行动态模拟分析，验证设计中的通风、隔热等性能参数，为新窑洞博物馆生态设计提供了依据①；李保峰等在《王屋山世界地质公园博物馆》一文强调博物馆在设计中首先要保护云台山地质景观，利用本土材料及传统工匠进行设计，设计结合自然，彰显云台山地质特性②；何鹏、唐国安在《湖南省地质博物馆的方案设计》一文中指出地质博物馆建筑要注重重要部位与细节处理，传承建筑文脉；刘一玲在《浅谈地质公园博物馆建设——以南充嘉陵江地质博物馆公园为例》一文中阐述了地质博物馆建筑外观、展示内容和人员配套等方面的规划设计③；屈天鸣在《地质公园博物馆建筑设计相关问题研究》一文中强调建设既符合当代地域文化价值又具有高完成度的地质公园博物馆建筑④；李同德等在《“地质公园博物馆建筑-景观-展陈”一体化设计方法探讨》一文中指出地质博物馆设计要突破原有单一设计框架的固有思维模式，探索“地质公园博物馆建筑-景观-展陈”三位一体的全新设计理念⑤；杨汝俊等的《浅谈博物馆建筑设计中易忽视的要点》一文，指出促进文化设施的设计工作适应于现代文博事业发展的要求等⑥；孙潇在《基于地质公园博物馆建筑设计研究》一文中探讨地质博物馆建筑设计如何与地质公园景观相协调，从而对地质景观进行保护⑦。此外李春新、何鹏等也分别就地质博物馆的建筑设计提出不同的观点。

②个性设计方案研究。该方面的期刊文章及硕士论文共 4 篇，薛力、顾海燕的《环境对形式的作用，空间对流线的引导——以山西平顺天脊山地质博物馆的设计为例》一文指出了环境给予地质博物馆形式的作用以及空间对于流线的诱导⑧；张华、王倩在《层叠的历史——天津蓟县国家地质博物馆设计》一文中阐述了大地地质景观效果在山地建筑上的运用，充分体现天人合一、浑然质朴的设计理念⑨；王飞、王玮的《当代地质遗迹博物馆建筑形态设计理念探析》一文指出地质博物馆多维有机与时尚个性的设计⑩；李保峰等在《青龙山恐龙蛋遗址博物馆》一文中指出地质博物馆的形象表达、气候适应、地域建造、展示方式等个性设计方法⑪。

③设计方法研究。该方面的期刊文章及硕士论文共 5 篇，周晓夫等在《中国地质博物馆抗震鉴定与加固设计》一文中建议运用多种先进的加固手段以提高地质博物馆整体抗震能力和改善使用功能⑫；华炜、易俊在《复合展示元素 营造场所精神——永安国家地质博物馆展示空间的氛

---

① 王力. 窑洞式博物馆设计研究[D]. 武汉：华中科技大学，2006.

② 李保峰，赵逵，熊雁. 王屋山世界地质公园博物馆[J]. 建筑学报，2007(1)：49-51.

③ 刘一玲. 浅谈地质公园博物馆建设——以南充嘉陵江地质博物馆公园为例[J]. 四川地质学报，2009(4)：272-274.

④ 屈天鸣. 地质公园博物馆建筑设计相关问题研究[D]. 武汉：华中科技大学，2011.

⑤ 李同德，杨海明，谢平，等. “地质公园博物馆建筑-景观-展陈”一体化设计方法探讨[C]//中国地质学会旅游地学与地质公园研究分会第 28 届年会暨贵州织金洞国家地质公园建设与旅游发展研讨会论文集. 2013.

⑥ 杨汝俊，初兆升. 浅谈博物馆建筑设计中易忽视的要点[J]. 山东工业技术，2013(13)：156.

⑦ 孙潇. 基于地质公园博物馆建筑设计研究[D]. 西安：西安建筑科技大学，2014.

⑧ 薛力，顾海燕. 环境对形式的作用，空间对流线的引导——以山西平顺天脊山地质博物馆的设计为例[J]. 华中建筑，2008(2)：61-67.

⑨ 张华，王倩. 层叠的历史——天津蓟县国家地质博物馆设计[J]. 新建筑，2010(2)：51-54.

⑩ 王飞，王玮. 当代地质遗迹博物馆建筑形态设计理念探析[J]. 城市建筑，2011(7)：125-126.

⑪ 李保峰，丁建民，曾忠忠. 青龙山恐龙蛋遗址博物馆[J]. 城市建筑，2014(10)：68-73.

⑫ 周晓夫，程绍革，肖伟，等. 中国地质博物馆抗震鉴定与加固设计[J]. 工程抗震与加固改造，2006，28(2)：56-60.

围设计》一文中提出有艺术和文化氛围的博物馆设计不仅能够加强观众的互动性与参与性，也能产生很好的审美效应①；王芳、王力在《绿色生态策略在传统生土建筑改造中的应用——以郑州邙山黄河黄土地质博物馆建筑设计为例》一文中，提倡把太阳能、风压通风和可再生材料等应用到现代窑洞式博物馆建筑中②；田海鸥、柴培根在《宏大场域内的建筑设计策略初探——以可可托海国家地质公园博物馆设计为例》一文中指出地质博物馆融入自然设计的新视角③；赵鑫、吴展昊在《介入的态度——深圳大鹏半岛国家地质公园地质博物馆建筑设计》一文中，以基地为出发点，通过场所和功能相叠加的形式，体现开放式设计④；王言在《地质博物馆的内外展示空间设计初探》一文中，指出地质博物馆设计必须与时俱进，合理利用大众传播媒介、人际传播媒介、实物传播媒介、户外传播媒介、互联网信息技术⑤。

(2) 地质博物馆科普展示方面。

针对地质博物馆室内科普展示的相关研究期刊文章及硕士论文共 20 篇。概括起来有以下几个方面：①艺术设计原理探讨；②互动性的展示探讨；③陈展设计技术的探讨。

①艺术设计原理探讨。该方面的期刊文章及硕士论文共 9 篇，曹颖在《地质博物馆陈列艺术设计探析》一文中指出了地质景观的科普展示以色彩、造型、材质等方面营造地质博物馆科普展示氛围，探讨博物馆的室内布展⑥；黄伯裔在《中国的地质博物馆》一文中把地质博物馆分为综合型、专业型、专业遗址型等 5 个类型⑦；汤士东在《浅谈地质博物馆的展示空间设计》一文中，以地质景观的空间展示手段探讨地质博物馆的展示设计⑧；孟聪龄、赵姗在《浅析山西省地质博物馆展示空间设计》一文中探讨了地质博物馆的空间艺术效果对地质博物馆展示的作用⑨；章秉辰在《如何策划具有特色的地质博物馆——以郑州黄河国家地质公园地质博物馆为例》一文中，以黄土地质景观特性保护为例，提出利用地质剖面遗迹展示、地貌景观等内容展开博物馆设计⑩；黄明在《地质博物馆陈列展示定位研究——以成都理工大学博物馆新馆建设为例》一文中，探讨了地质博物馆的设计定位，提出展示是地质博物馆的目的，展示内容是地质博物馆的内容，展示形式是地质博物馆的效果⑪；刘世风在《知识社会学视域中的博物馆教育活动——以中国地质博物馆为例》一文中，从知识社会学的视角出发，探讨博物馆教育活动的深层脉络，探究体系化的学科知识与博物馆，对博物馆教育活动进行深层次内容结合方法论的探索⑫；李金玲等在《焦作市地质博物

① 华炜，易俊．复合展示元素 营造场所精神——永安国家地质博物馆展示空间的氛围设计[J]．新建筑，2010(3)：132-135.

② 王芳，王力．绿色生态策略在传统生土建筑改造中的应用——以郑州邙山黄河黄土地质博物馆建筑设计为例[J]．建筑科学，2014(2)：24-29.

③ 田海鸥，柴培根．宏大场域内的建筑设计策略初探——以可可托海国家地质公园博物馆设计为例[J]．建筑技艺，2015(5)：109-111.

④ 赵鑫，吴展昊．介入的态度——深圳大鹏半岛国家地质公园地质博物馆建筑设计[J]．建筑技艺，2016(9)：62-67.

⑤ 王言．地质博物馆的内外展示空间设计初探[D]．合肥：安徽大学，2016.

⑥ 曹颖．地质博物馆陈列艺术设计探析[D]．武汉：华中科技大学，2006.

⑦ 黄伯裔．中国的地质博物馆[J]．科普研究，2009(3)：89-92.

⑧ 汤士东．浅谈地质博物馆的展示空间设计[J]．美术观察，2009(7)：78-79.

⑨ 孟聪龄，赵姗．浅析山西省地质博物馆展示空间设计[J]．山西建筑，2010(29)：9-10.

⑩ 章秉辰．如何策划具有特色的地质博物馆——以郑州黄河国家地质公园地质博物馆为例[J]．价值工程，2012(6)：316-318.

⑪ 黄明．地质博物馆陈列展示定位研究——以成都理工大学博物馆新馆建设为例[J]．成都理工大学学报(社会科学版)，2012(6)：109-112.

⑫ 刘世风．知识社会学视域中的博物馆教育活动——以中国地质博物馆为例[J]．中国博物馆，2013(4)：41-46.

馆地方特色策划研究》一文中强调从注重空间利用方面，策划出一个有地方特色的地质博物馆①；陈艳在《湖南省地质博物馆发展科普旅游的问题及对策分析》一文中运用 SPSS17.0 数据分析软件分析湖南省地质博物馆所存在的问题，并针对性地提出发展策略②。

②互动性的展示探讨。该方面的期刊文章及硕士论文共 2 篇，李聪在《地质博物馆互动性展示设计研究——以河南洛阳黛眉山世界地质公园地质博物馆展示设计为例》一文中就互动性展示设计形式的引入，以博物馆与地质景观的互动产生的地质科普的氛围为研究主题，探讨地质博物馆的科普展示设计③；杜开元等在《地质博物馆吸引度浅析》一文中探讨了地质博物馆的布展形式，通过卡通、微缩景观、互动等展示手段以提高游客的视觉冲击力④。

③陈展设计技术的探讨。该方面的期刊文章及硕士论文共 9 篇，李勤美、朱杰勇等在《新型数字地质博物馆》一文中探讨了网络时代数字博物馆的发展趋势⑤；李雷在《基于 WEB GIS 的中南大学数字地质博物馆的建设模型分析及功能实现》一文中阐述了基于 WEB GIS 的建设思想，利用 ArcIMS、Microsoft、NET、数据库以及 IIS 等相关技术建立数字地质博物馆的整体模型⑥；王翔等在《基于 Flash 的数字地质博物馆》一文中，以 Flash MX 的数字地质博物馆为例，说明数字地质博物馆建设的可行性与必要性⑦；刘冕轩在《地质博物馆 4D 影院室内设计研究》一文中，从 4D 影院的总体室内设计、视觉设计和声学设计三个方面展开研究；陈媛媛在《从科技教育视角深化地质博物馆青少年社会教育——以中国地质博物馆为例》一文中，力求从科技教育的视角对地质博物馆青少年社会教育进行深化；疏梅在《基于儿童用户体验的地质博物馆数字化展示设计——以安徽地质博物馆为例》一文中，以安全为基础，探讨符合儿童的展示、解说、互动等内容，研究针对儿童科普的博物馆展示设计⑧；吴键涛在《雪峰湖国家地质博物馆情境空间营造》一文中指出了地质博物馆设计应自然艺术性与高超技术性、严谨科学性与多元趣味性有机结合⑨；韩盈盈等在《基于全景技术的虚拟地质博物馆系统设计——以湖南省地质博物馆为例》一文中探讨了基于全景技术构建虚拟仿真地质博物馆系统的总体设计⑩；黄雅丹等在《高校地质博物馆的教育功能探讨——以东华理工大学地质博物馆为例》中提出高校地质博物馆的数字化建设要经过完善基础信息数字化、构建开放性教研平台、实现教学数字化环境 3 个阶段⑪。

---

① 李金玲，张忠慧，章秉辰. 焦作市地质博物馆地方特色策划研究[J]. 安徽农业科学，2013，41(29)：11752-11754.

② 陈艳. 湖南省地质博物馆发展科普旅游的问题及对策分析[J]. 怀化学院学报，2014(12)：34-38.

③ 李聪. 地质博物馆互动性展示设计研究——以河南洛阳黛眉山世界地质公园地质博物馆展示设计为例[D]. 武汉：华中科技大学，2010.

④ 杜开元，张忠慧，张媛. 地质博物馆吸引度浅析[J]. 价值工程，2014，33(25)：308-309.

⑤ 李勤美，朱杰勇，王海波，等. 新型数字地质博物馆[J]. 云南地质，2004(1)：83-89.

⑥ 李雷. 基于 WEB GIS 的中南大学数字地质博物馆的建设模型分析及功能实现[D]. 长沙：中南大学，2005.

⑦ 王翔，谭海樵，张国强. 基于 Flash 的数字地质博物馆[J]. 山东煤炭科技，2008(1)：79-80.

⑧ 疏梅. 基于儿童用户体验的地质博物馆数字化展示设计——以安徽地质博物馆为例[J]. 兰州工业学院学报，2016(1)：87-91.

⑨ 吴键涛. 雪峰湖国家地质博物馆情境空间营造[D]. 长沙：湖南工业大学，2016.

⑩ 韩盈盈，廖珊，蔡杏琳，等. 基于全景技术的虚拟地质博物馆系统设计——以湖南省地质博物馆为例[J]. 科技创新与生产力，2017(1)：89-91.

⑪ 黄雅丹，彭花明. 高校地质博物馆的教育功能探讨——以东华理工大学地质博物馆为例[J]. 东华理工大学学报(社会科学版)，2014(12)：397-400.

3. 地质科普标识及解说系统对地质景观保护的相关研究

有关标识与解说系统的研究在设计学、旅游学方面有众多的论述,但与地质景观及其景区的结合研究方面并不多见,在地质景观保护区建立标识与解说系统可借鉴上述两学科的相关成果。由于标识与解说系统在游线基础设施中的尺度体量均不大,对地质景观的破坏性也最小,有些解说系统还存在非物质性的 Wi-Fi 形式,这对地质景观更不具备威胁性,故针对两者本书不拟进行深入的探讨,但这并非否认两者在地质科普方面的重要作用。

三、小结

1. 国外相关研究

(1) 法律、法规较为健全。

自 1872 年美国黄石国家公园成立以后,欧美国家从国家到地方政府,对国家公园的建设制定了各种针对性保护的法律、法规。在相关法律、法规的约束下,从根本上杜绝了一些对景观资源随意开发利用产生破坏的现象发生。

(2) 游线基础设施相关研究较少。

欧美国家主张国家公园基础设施建设要尊重自然景观,不允许在自然景观保护区内建索道、高架桥及高大建筑物。一些必要的基础设施布局在景区较为隐蔽的位置,以免破坏自然景观。一些设计师提倡"荒原式"设计,其目的是保护自然景观的原真性和完整性。另外,欧美国家还强调对地质景观多样化的保护,并根据地质的复杂多样规划建设其周边的基础设施。

鉴于欧美国家对自然景观保护区的基础设施建设的制约,一些国家公园很少建设基础设施,因此,专家学者们的研究也较少涉及这一领域,本书所提的游线基础设施这一概念在国外也未见阐述。

2. 国内相关研究

(1) 法律、法规不健全。

当前国内有关地质景观保护的法律、法规不太健全,针对地质景观保护的法律、法规较少,国家也缺乏一部自然遗产保护类的大法;一些开发商为赢取利益最大化,趁机钻法律漏洞,对地质景观保护区大肆开发利用,严重地破坏了地质景观。

(2) 相关研究不系统。

一些开发商和地方政府管理部门为了获取最高利益,对地质景观进行了无序开发利用,如开山辟路、炸山修索道、修观光电梯等。游线基础设施过多,破坏了地质景观的原真性、完整性。专家学者们的研究主要集中在地质博物馆的规划建设、地质公园的总体规划建设两大方面,针对交通类的游线基础设施的相关研究却不多见,而这反而是非议最多、反差最大、对地质景观破坏也最为严重的领域。本书选题定位主要以此为立足点,研究内容也突显其时代与运用指导价值。另外,有关将紧贴地质景观的游线基础设施进行归类的研究国内尚未发现,这也是本书创新意义所在。

综上所述,当前国内外对贴近地质景观的设施建设的保护性研究多为碎片化、不系统的认识,以地质景观特性保护为视角统筹游线基础设施规划设计的研究,及地质景观脆弱性评价在游线基础设施规划设计中的运用等方面还存在相当多的知识盲点与空白,这亦为本书选题的价值所在。

第四节　研究内容和方法

一、研究内容和框架

（一）研究内容

本书研究的内容是在地质景观特性保护的基础上，对地质公园进行规划设计，主要分为四个大方面的研究：一是对当前地质景观特性保护的游线基础设施，在空间布局、表现形式、发展方向等多方面进行综合研究，总结当前国内外相关研究疏漏的地方，明确本书研究方向；二是地质景观特性与游线基础设施的分类，及其相互之间的关系和作用；三是游线基础设施对地质景观特性的保护研究，针对地质景观的观赏性、科学性、稀有性、自然性、脆弱性五种特性方面的保护，展开游线基础设施规划设计研究；四是总结并展望游线基础设施规划设计对地质景观特性保护的前景。

（二）研究框架

研究框架如图 1-2 所示。

二、研究的方法

1. *文献研究法*

查阅国内外相关的地质景观研究文献，回顾笔者多年来完成的基于相关地质景观特性保护的游线基础设施规划设计的项目文本，结合国家相关的地质公园建设的政策法规研读，寻找当前该书研究领域里的空白点，做到对该书研究的整体系统的把握，以保证笔者在研究时思路和方法的前瞻性及内容的创新性。

2. *田野调查法*

对已经建成并投入使用的地质景观保护区、地质公园等的游线基础设施进行实地勘察调研，收集游线基础设施建成后使用过程中出现的地质景观保护问题，对该研究领域的专家学者和参观游览的大众进行问卷调查，收集相关意见，掌握现场第一手资料。

3. *定性、定量评价法*

研究中，运用定性评价和定量评价结合的方法对地质景观进行评价，采用专家打分、现场问卷调查对地质景观进行定性评价，在此基础之上运用模糊数学的原理对地质景观进行数据分析，得出地质景观的定量评价。并以此为依据进行基于地质景观特性保护的游线基础设施规划设计研究。

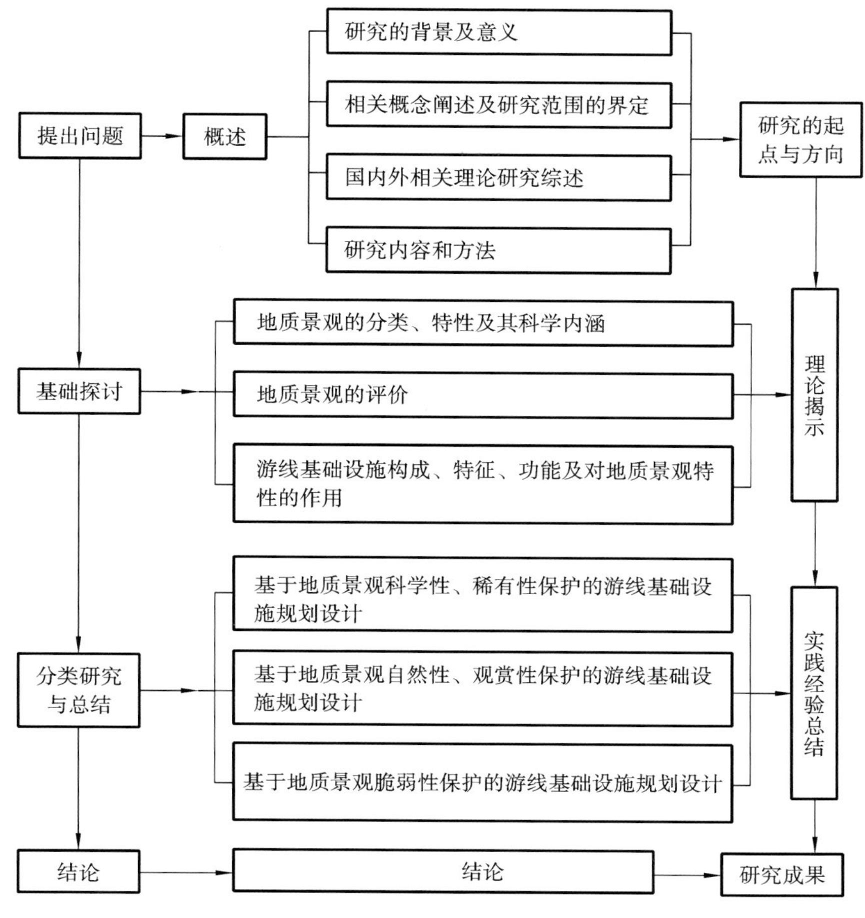

图 1-2　研究框架

4. 情景模拟法

利用 ArcGIS 和 Global Mapper 等三维建模软件，加入高程点、等高线等大量地形数据，绘制三维地形模型，运用模型对规划设计的内容反复实验，经过情景模拟、计算验证、现场实证实验以保证实验数据的准确性，以达到游线基础设施规划设计对地质景观特性保护的最佳效果。

5. 案例及实证研究

由于本书的相关理论研究在国内外还并不多见，因此本书采用的重要的研究手段是对地质公园的相关案例进行考察，整合其规划设计、建设、使用运转中遇到的问题，归纳总结出经验和规律，以形成基于地质景观特性保护的游线基础设施规划设计理论。

6. 归纳总结法

通过文献查阅、现场调查、案例研究等方法，归纳总结具有地质景观特性保护作用的游线基础设施的空间布局、形态特征、功能作用及保护措施等方面的内容。总结基于地质景观特性保护的游线基础设施规划设计的一般规律。

第五节　本章小结

本章为开篇，探讨了本书相关课题研究的背景，综述了国内外相关领域的研究成果，并对相关概念进行了解释与阐述。

本章特别对地质景观特性、游线和游线基础设施 3 个与本书立论基础密切相关的概念及其内涵进行了深入的阐述与界定，指出了这 3 个概念在本书研究中的拓展和创新意义。

第二章　地质景观的分类、特性及其科学内涵

地质公园的规划设计所涉及的地质景观种类繁多，不同类别的地质景观，其游线基础设施规划设计对其特性保护的方式也不相同。因此，对地质景观的分类、特性及科学内涵的分析认识是研究开展的前提。

第一节　地质景观的分类

地质专家对地质景观的分类是在地质遗迹分类的基础上进行的。我国最早的地质遗迹分类出自 1992 年的《中国旅游地质资源图说明书》，1993 年，联合国教科文组织地质遗产工作组做了地景分类方案。我国地质景观的分类最早见于 1998 年陈安泽对地质景观资源的综合分类，共分为 4 个大类、53 个亚类。随后在 2000 年，原国土资源部颁布的《中国国家地质公园建设技术要求和工作指南》对地质遗迹景观也重新做了分类，将地质遗迹景观分为 7 个大类、40 个小类。

笔者主要采用了河南省地质调查院的方建华多年来的地质景观研究成果，综合以往对地质遗迹景观的分类，结合对地质景观特性的保护来对地质景观进行分类[①]。本书对地质景观的分类侧重于地质构造特征鲜明、观赏价值和科普价值较高的地质景观，将地质景观分为地质遗迹景观、地貌景观、地质灾害遗迹景观 3 个大类、14 个类、38 个亚类(图 2-1、图 2-2、图 2-3)。

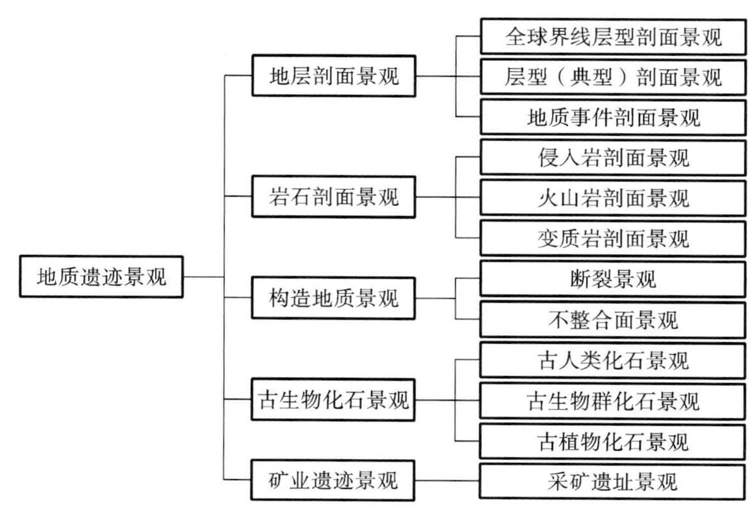

图 2-1　地质景观分类图之一——地质遗迹景观

① 方建华，张忠慧，章秉辰. 河南省地质遗迹资源[M]. 北京：地质出版社，2014.

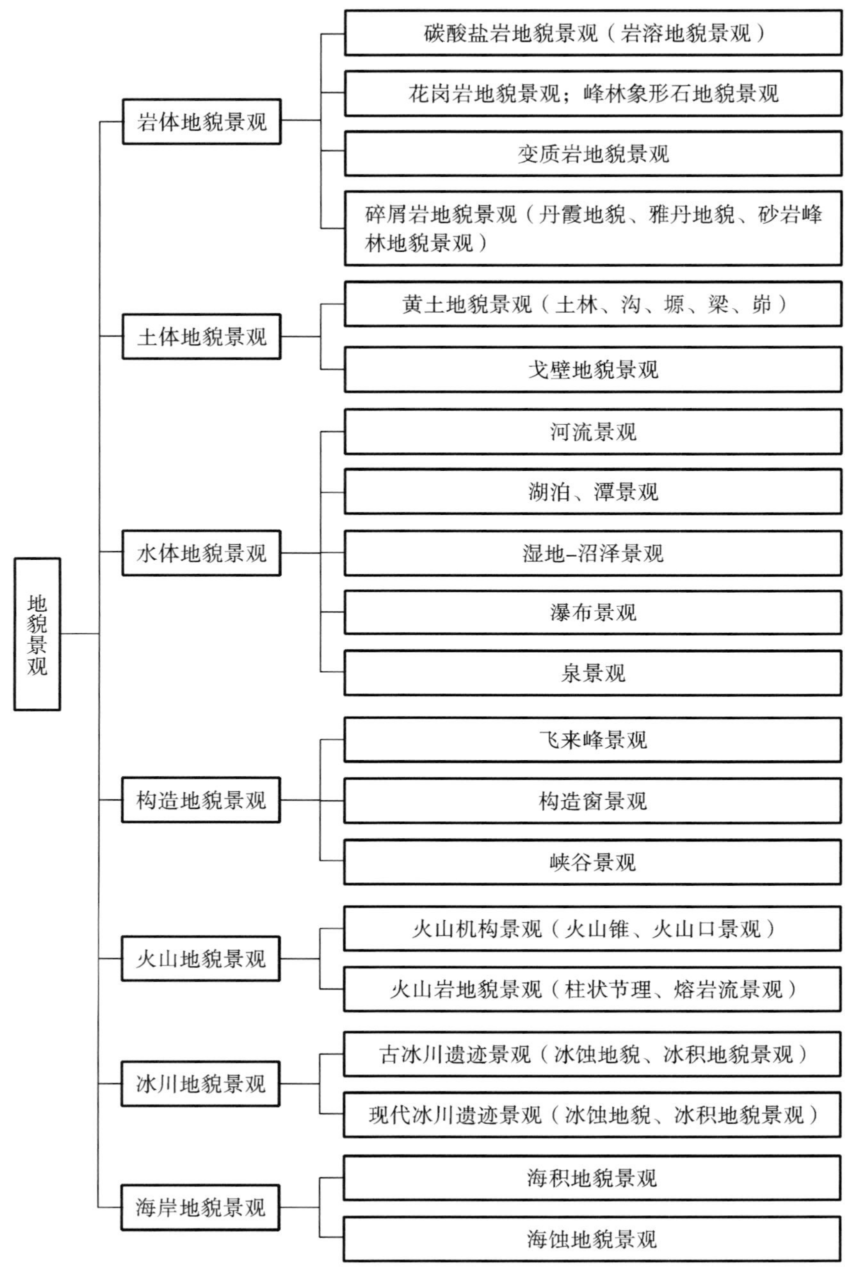

图 2-2　地质景观分类图之二——地貌景观

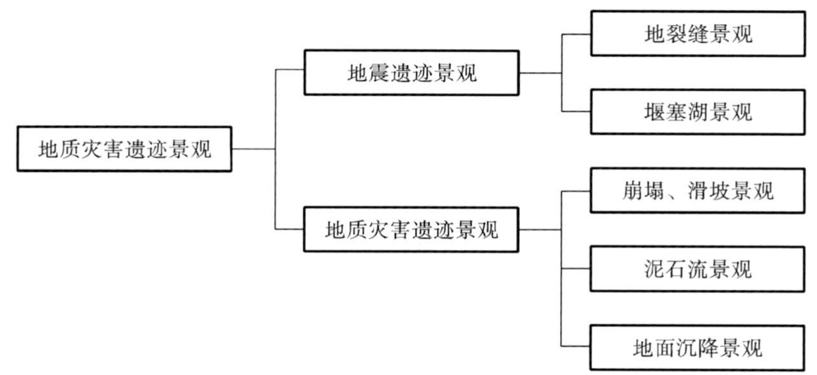

图 2-3　地质景观分类图之三——地质灾害遗迹景观

第二节　地质景观的特性

根据前文的界定,下面针对地质景观的科学性、观赏性、稀有性、自然性、脆弱性五种特性进行认识。

一、科学性

地质景观因其成因不同,地质构造及特性也千差万别。不同的地质景观会有不同的科学价值,其科学研究的范围也各不相同。归纳起来,以地质景观的三大分类为线索,各类的科学性表现如下。

1. *地质遗迹类地质景观*

按照地质学科分类,地质遗迹大类的地质景观往往具有地层划分对比的科学价值,具有岩相古地理恢复的科学研究意义。

岩石剖面类地质景观:具有岩浆侵入、火山喷发、变质作用的岩石学价值,具有岩浆侵入喷发活动、变质岩岩相研究的科学研究意义。

构造剖面类地质景观:具有地壳运动演化、构造变形的构造地质科学价值,具有构造地质的科学研究意义。

古生物化石地质景观:具有古生物地层研究的科学价值,具有古地理沉积环境的科学研究意义。

矿业遗迹地质景观:具有矿床成因研究的科学价值,具有矿床发现勘探的科学研究意义。

2. *地貌类地质景观*

地貌类地质景观在地质景观中类别最多,造型千奇百怪,这些地质景观因其地质科学成因不同,科学价值及科学研究的意义也不相同。

岩石地貌景观:具有各种岩石形成地貌景观类型的科学研究价值,具有岩体地貌景观成因研究科学意义。

土体地貌景观：具有各种土体形成地貌景观类型的地貌科学价值，具有土体地貌景观成因研究的科学意义。

构造地貌景观：具有构造地貌景观类型形成的地貌科学价值，具有构造地貌景观成因研究的科学意义。

火山地貌景观：具有火山机制或火山岩地貌景观类型形成的地貌科学价值，具有火山地貌景观成因研究的科学意义。

冰川地貌景观：具有冰川地貌景观类型形成的科学价值，具有冰川地貌景观成因研究的科学意义。

海岸地貌景观：具有海岸地貌景观类型形成的科学价值，具有海岸地貌景观成因研究的科学意义。

3. 地质灾害遗迹类地质景观

地质灾害遗迹类地质景观因特殊地质事件发生，地球某一局部区域发生构造变化，遗留下来的遗迹景观因其成因不同，科学性及研究意义也不相同。

地震遗迹景观：具有地震形成机制和地震引发地质灾害研究的科学价值、科普警示教育价值，具有地震成因研究的科学意义。

地质灾害遗迹景观：具有地质灾害形成机制的科学价值、科普警示教育价值，具有防治地质灾害研究的科学意义。

二、观赏性

地质景观最显著的特征就是其观赏性。不具备观赏性的地质遗迹，只能称为地质现象，而不能称为地质景观。地质景观的观赏性，按照地质景观类型分为地质遗迹的观赏性、地貌景观的观赏性、地质灾害遗迹景观的观赏性。

1. 地质遗迹类地质景观的观赏性

地质遗迹景观的观赏性是除具有地质科学性的科研价值外，还具有能够提供给社会公众（游客）获得知识、领悟自然奥秘之美、陶冶情操、增强科学素养的旅游开发利用价值。

地质遗迹景观多受地球内部地质作用的影响，其观赏性主要体现在构成地质遗迹景观的地质体或地质现象自身的自然美感。地质遗迹景观经历了内部的地质作用，例如地球板块发生碰撞形成的地球的隆起和下陷对岩石造成的挤压，岩石受力发生的扭曲、断裂所形成的褶皱、断层等地质遗迹景观。或者因地质运动发生的沉积变化，在某一地质时期形成的古老地层景观及古生物化石地质遗迹景观等。

地质遗迹景观的观赏性是通过地质体或地质构造所呈现出来的清晰的地质形态体现出来的，使人们能够从其呈现出来的岩石纹理、色彩、奇异造型等因素中，在了解地质遗迹的形成过程，理解地质遗迹的历史价值及科学价值的同时，产生心灵上的震撼及无尽的遐想，并从中得到美的享受。如新疆喀什多姿的褶皱山就是因地层扭曲形成的褶皱地质遗迹景观（图 2-4）。

2. 地貌类地质景观的观赏性

地貌类地质景观主要是具有地貌学价值的地质景观，具有提供给社会公众（游客）游览山水

图 2-4　新疆喀什的褶皱山

自然风光、获得大自然美感、了解地方风土民俗、陶冶情操的旅游资源开发的利用价值。

地貌景观是地球表面的地壳在内外地质作用下形成的，其外貌形态更多的是受大自然外力作用的影响。在自然环境中长期受到风化剥蚀、流水侵蚀、冰川侵蚀及生物等自然因素的影响，从而形成了千奇百怪的自然地貌景观。例如因风蚀作用形成的沙丘、风成石，因冰川侵蚀和堆积作用形成的冰蚀湖、冰渍湖等。天山乌鲁木齐河源 1 号冰川就是冰川侵蚀堆积形成的地质景观（图 2-5）。

图 2-5　天山乌鲁木齐河源 1 号冰川

不同的地貌景观其观赏性也不同。地貌形态丰富多样，有高耸的群山、幽静的峡谷、优美的瀑布、沧桑的戈壁，这些不同的地形地貌从不同的角度把地貌景观自然风貌的美传达给人们。

3. 地质灾害遗迹类地质景观的观赏性

地质灾害遗迹类地质景观主要是具有地质灾害防治科学价值的地质景观，是具有提供给社会公众进行防灾、减灾科普警示教育价值的地质景观。

地质灾害遗迹景观主要是因地球内部的地质作用或者是自然界外力作用形成的。因地区内部地质构造发生变化造成地震而形成的地裂缝、堰塞湖等地质景观，因自然界或者人力因素所形成的崩塌、滑坡、泥石流等地质景观，都是地质灾害后遗留下来的遗迹景观。四川汶川唐家山堰塞湖即是地震引起的山体滑坡阻塞河道形成的堰塞湖地质景观(图 2-6)。

图 2-6 四川汶川唐家山堰塞湖

地质灾害遗迹类地质景观的观赏性主要体现在地质灾害遗迹景观的地质形成背景、地质成因及其地质特性等方面的内容。使人们在游览欣赏的过程中，对地质灾害发生的相关地质知识有一定的认知，从而会预防和应对地质灾害的发生。同时地质灾害的发生也会局部改变原有的地形地貌，形成一些极具观赏性的特有地貌。

三、稀有性

地质景观不同于生物景观、天象气候等自然景观，这些自然景观往往是可以重复再现的。地质景观是经过漫长的地质时期由内外地质作用、生物演化、陆海变迁等因素形成的地质遗迹，具有不可再生的稀有性。地质景观一旦遭受到人为的破坏，往往是无法恢复的。地质景观的稀有性主要是指地质遗迹景观、地貌景观、地质灾害遗迹景观，在科学价值、观赏价值、科普教育价值方面不具有普遍性，非常罕见、稀缺。例如中国澄江的三叶虫古生物化石距今已经 5 亿年，就具有非常典型的稀有性(图 2-7)。

稀有性反映的是地质景观的稀缺程度。这种地质景观的稀有性往往是提供给社会公众(游客)进行旅游观赏的自然旅游资源中的“亮点”，极具旅游开发利用价值。因此其不仅具有招揽游客的吸引力，可以带来显著的旅游经济效益，其稀有性也正是地质景观值得保护的原因所在。

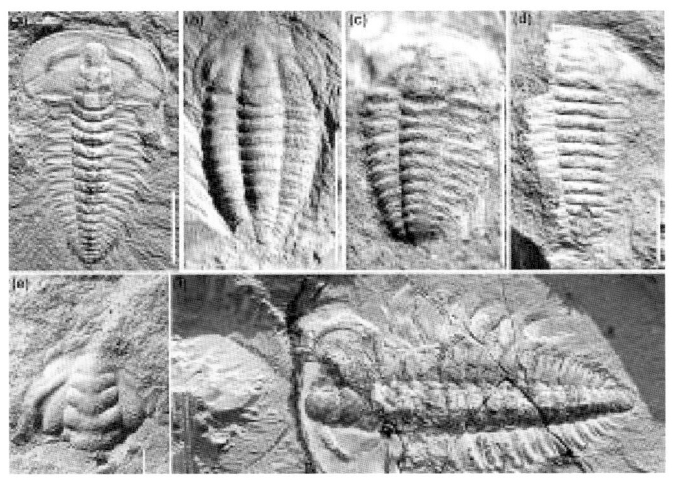

图 2-7　中国澄江三叶虫古生物化石

图片来源:作者自摄

四、自然性

地质景观属于自然景观,除了地质灾害遗迹景观中可能会有人力诱发因素存在之外,其他地质遗迹景观、地貌景观都是地球内外地质作用共同形成的。这些地质景观与生物景观、天象气候一样都是大自然造就的,是大自然的鬼斧神工所致,具有天然的自然属性。

地质景观的完整性、原真性是地质景观自然属性的主要内涵。地质景观的形态、色彩、纹理都是天然形成的,具有人力不可创造的自然美。美国的四角纪念碑的山脉受到地球内部的地质作用及外部风和水的侵蚀风化,变成了今天的地质奇观,其造型、色彩、纹理堪称人间奇迹(图 2-8)。

图 2-8　美国四角纪念碑地质景观

地质景观独特怪异、浑然天成的自然性，具有吸引游客的观赏价值。自然性也是地质景观值得保护和利用的重要价值所在。

五、脆弱性

地质景观由于地球内部和外部的地质作用，造成其自身的内部结构构造、物质成分的差异，加之外部自然界的长期风化侵蚀、人类活动的破坏，使得地质景观具有明显的脆弱性。

1. 地球内部地质作用导致的地质景观脆弱性

地球内部地质作用会对地质景观的脆弱性产生较大影响。内部地质作用主要有构造运动、岩浆活动、地震作用等，这些作用会导致地球局部板块发生错位、岩浆喷发等地质现象，从而导致地质景观被挤压变形、碎裂、掩盖等后果。例如地震的发生，导致地质景观崩塌、滑坡、受泥石流冲击等。

2. 自然界的外力作用导致的地质景观脆弱性

地质景观存在于大自然中，风化侵蚀对地质景观脆弱性均会产生影响。昼夜寒暑变化、河流、风沙、植被等因素都会对地质景观产生风化、剥蚀、搬运作用等不利影响，对地质景观原貌造成破坏，使地质景观发生变化。例如大理岩地貌经过风化侵蚀的剥离，海岸型地貌经海水的冲刷，都会产生崩塌、变形等现象。

3. 人类活动导致的地质景观脆弱性

自然界中人类活动也会对地质景观产生极大的影响。人类从事的生产活动往往会严重破坏甚至是彻底摧毁原有的地质景观。例如开山平地、大肆开矿、填海造田等生产活动，都是造成地质景观脆弱性的主要因素。

第三节　地质景观的科学内涵

不同类型的地质景观因地质成因、地质构造不同，其蕴含的科学内涵也不相同。众多地质专家学者对地质景观的科学内涵均有不同程度的研究，在对其相关内容整合的基础上，本书把地质景观的 3 个大类、36 个类的地质景观的科学内涵归纳如下。

一、地质遗迹类景观的科学内涵

地层剖面景观具有展示研究层状或似层状岩层的特征和属性。可划分为不同类型和级别的基础单位，利用各单位相互之间的空间关系和时间顺序，来揭示岩层的形状、层理、岩性特征、化石种属、地层年龄、地质事件、沉积环境等地层学的内容，这是地层剖面景观的主要科学内涵。其大类下面的类的科学内涵分述如表 2-1 所示。

表 2-1　地质遗迹类景观的科学内涵

地质遗迹类景观	科学内涵
岩石剖面景观	展示研究岩石的化学成分、矿物成分、结构、构造、分类命名、形成条件、分布规律、岩体产状、共生组合、成矿关系以及岩石的演变历史和演变规律的科学内涵
构造地质景观	展示研究各种地质体的构造现象、几何形态、产状、规律、组合及其空间关系和发展过程的科学内涵
古生物化石景观	展示研究各个地质历史时期中生物属种、形成、分类和分布、形态和构造、演变进化与灭绝等的科学内涵
矿业遗迹景观	展示研究矿床的地质特征与成矿条件、成因类型,矿体的规模产状、形态,矿石矿物类型、矿石品位、前人采矿过程等的科学意义

二、地貌类地质景观的科学内涵

地貌类地质景观主要可以用于对不同的地形地貌的类型、成因、形成过程等内容的科学研究和展示,也是地质演化最具原真性的自然表述和展示。其大类下的类的科学内涵如表 2-2 所示。

表 2-2　地貌类地质景观的科学内涵

地貌类地质景观	科学内涵
岩体地貌景观	展示研究碳酸盐岩、花岗岩、变质岩、碎屑岩等岩石地貌景观形成过程、形成条件及各种内外地质作用过程等的科学意义
土体地貌景观	客观展示出土体地貌景观的类型、形态特征、分布规律、形成条件、形成过程等地貌学内容
水体地貌景观	展示各类水体类型、形态特征、形成条件、形成过程等地貌学内容,水体地貌景观形态、成因、类型、分布规律等科学内涵
构造地貌景观	展示天然地貌学特征,是地球动力地质学研究的重要素材,对其形态、类型、成因、分布规律的研究,不仅是地学研究的内容,也是地灾防护研究的主要组成部分
火山地貌景观	火山机制,岩浆侵入、喷发、溢流,火山岩形成,火山灰沉积等和火山活动相关联的地学内容的集中展示地。对其形态、类型、规模、成因、分布规律等方面的研究是火山学、火山地貌学的最主要内容。也是与火山相关的灾害研究、防治的对象和依据
冰川地貌景观	冰川发生、发展过程中由冰川侵蚀、冰碛物堆积形成的。是冰川地质学、冰川地貌学研究的主要对象及内容。通过对其类型、形态特征、规模、迁移变化特征等全方位的研究,不仅可以揭示古冰川活动与古气候变化之间的规律,对当下地球气候变化的判断和预测也有着极其重要的现实意义
海岸地貌景观	对海岸地貌景观的类型、形态特征、成因、迁移变化引起的海岸带的升降等方面的研究,也是研究地壳运动和气候变化的外延和佐证

三、地质灾害遗迹类地质景观的科学内涵

地质灾害遗迹类地质景观是对地质灾害遗迹发生的地质背景、成因、发生过程、造成的危害后果等科学内容的展示，具有警示人们爱护地球环境、预防灾害发生的重要意义。其大类下的类的科学内涵如表 2-3 所示。

表 2-3　地质灾害遗迹类地质景观

地质灾害遗迹类景观	科学内涵
地震遗迹景观	对探寻地震形成的地质构造条件、地震成因、地震与构造活动、动力地质作用及现代构造应力场的关系都有着很大的科学意义。展示地震发生过程、地震造成的灾害损失，从而起到警示教育和降低地震灾害所造成的损失的作用，这本身也是地震学的研究内容之一
地质灾害遗迹景观	地质灾害遗迹景观主要有崩塌地质灾害遗迹景观、滑坡地质灾害遗迹景观、泥石流地质灾害遗迹景观、地面沉降地质灾害遗迹景观等。对其进行分析研究是对地质灾害发生、发展、形成过程的科学认识的必然途径，并能由此去深入探究人为及自然因素在其间所起的作用，为地灾防护提供基础依据。展示地质灾害遗迹景观的类型、形成条件、形成原因、防治措施，也是警示教育、预防地质灾害发生的主要科普内容

四、地质景观特性的科学内涵

地质景观特性的科学内涵主要是从地质景观的科学性、观赏性、稀有性、自然性、脆弱性等特性的重要科学价值的角度来体现。地质景观的每一方面的特性都有其科学内涵的体现（表 2-4）。

表 2-4　地质景观特性的科学内涵

地质景观特性	科学内涵
地质景观科学性	地质景观的科学性内涵主要侧重于地质景观的科学价值展示。地质景观自身的构造、成因及其特性等元素构成了地质科学的内容
地质景观观赏性	地质景观观赏性的科学内涵，主要根据地质景观的成因及其地质构造的形态，选择最佳角度对地质景观的自然美进行展示。地质景观的形态、色彩、纹理等元素构成了地质景观观赏的主要内容
地质景观稀有性	地质景观的稀有性科学内涵，主要体现在地质景观的稀缺罕见、独一无二、不可再生的科学价值方面。地质景观是在漫长岁月中形成的，具有相对的不可再生性。地质景观偶然天成的形态、色彩、纹理及科学价值都是稀有性展示的科学内涵所在
地质景观自然性	地质景观的自然性科学内涵，主要体现在地质景观原真本色的自然风貌上。地质景观是大自然鬼斧神工的产物，具有非人力所能创造的自然美，是自然演化的必然和结晶。地质景观自然性具有原真、完整的自然形态美的科学内涵

续表

地质景观特性	科 学 内 涵
地质景观脆弱性	地质景观的脆弱性科学内涵，主要体现在地质景观受到内部及外部的环境影响所遭受到的损伤。地球板块的构造活动及其引发的火山爆发、地震等，都是造成地质景观脆弱性的主要因素

第四节　地质景观特性保护的意义

地质景观特性的保护是地质景观可持续发展的前提，是人与自然和谐相处的必然要求，对地质科学的研究及科学普及也有着重大意义。

地质景观特性是地质景观价值的体现。地质景观的科学性体现了地质景观的科学价值；地质景观的观赏性体现了地质景观的美学价值；地质景观的稀有性体现了地质景观的稀有独特性及不可再生性；地质景观的自然性体现了地质景观的原真性、完整性；地质景观的脆弱性体现了地质景观的不稳固性、不适应性。若这些特性不同程度地受损，地质景观就会变得不完整、不可持续，甚至失去了存在的前提和意义。其保护意义可归结于以下4点。

(1) 地质景观的科学性保护有助于地质专家学者对自然界遗留下来的地质遗迹的成因、形成过程、地质构造等内容进行科学研究，有助于地质科学的展示普及。

(2) 地质景观的观赏性保护有助于人们从美学角度出发对地质景观进行观赏游览，能够为人们提供景色优美的休闲娱乐空间。

(3) 地质景观的稀有性保护有助于稀少罕见的地质景观的保护及科学普及，使人们了解到地质景观稀有独特的珍贵价值，增强对地质景观的保护意识。

(4) 地质景观的自然性和脆弱性保护，就是对地质景观原真性、完整性的保护，对其保护不仅体现了人与自然和谐相处的自然理念，也是为子孙后代留住更多的不可再生的自然遗产。

第五节　本章小结

本章主要阐述了地质景观的分类、特性、科学内涵及其保护意义。

通过对当前地质景观相关分类研究的综合分析，从地质景观特性保护角度出发，侧重于地质构造特征鲜明、观赏价值和科普价值较高的地质景观，将地质景观分为地质遗迹景观、地貌景观、地质灾害遗迹景观3个大类、14个类和38个亚类。并分别对这些地质景观的特性、科学内涵及其保护意义进行了阐述。强调了这些地质景观是地质遗迹复杂多样性中最精华与核心的内涵，地质景观是地质遗迹中综合价值最高的遗迹。

本章还对地质景观的分类及其科学内涵进行了详细的阐述，并对其5个特性的地质背景、成因等方面内容做了详细的解释，为地质公园的规划设计提供了基础依据。

第三章　地质景观的评价

地质景观的价值与地质景观的脆弱性都会影响地质公园的规划设计，故而是地质公园规划设计的基础和依据。当前对地质景观的评价有多种方法，本书主要从地质景观综合性评价及地质景观脆弱性评价两方面对地质景观评价进行介绍。

第一节　地质景观评价的意义

一、地质景观综合性评价的意义

对地质景观做出的评价分析，决定地质景观保护级别的划分。地质景观的评价结果，决定着地质景观作为旅游资源的类型和价值，同时也限定着地质景观保护区的地质公园规划设计。

二、地质景观脆弱性评价的意义

地质景观的脆弱性主要来自地质景观自身形成的因素、外部自然环境的影响因素以及人类活动的影响因素等几个方面，这几个因素的变化均会对地质景观产生不同程度的影响，也是用于判断和衡量地质景观对其自身内部及外部环境要求的主要参考因素。地质景观脆弱性评价正是根据地质景观所受的这几方面的破坏性因素的影响综合考虑，通过对这些因素的定性、定量分析计算，并对其进行科学、系统的划分，从而建立相应的等级。这有利于解决地质景观保护和利用之间的矛盾，也将为地质景观脆弱性保护级别的认定以及选择相应的地质公园规划设计，提供较为科学的评判指标。

第二节　地质景观综合性评价方法

一、地质景观综合性评价方法的总体概述

地质景观综合性评价方法主要分为定性、定量的评价方法。

（一）地质景观定性评价方法

地质景观定性评价方法主要是鉴评方法。依据地质景观鉴评方法的编制标准，首先组织专

家对要鉴评的地质景观的归属大类(地质遗迹景观、地貌景观、地质灾害遗迹景观)做出认定,然后对分属其中的类进行分析评价,最终做出等级评定。

(二)地质景观定量评价方法

地质景观定量评价主要是选取地质景观评价因子,即科学、观赏、稀有和典型、完整、历史文化、环境优美特性6项因子,作为价值综合评价因子和定量指标赋值;选取地质景观的保存程度、执行保护的可能性、通达性及安全性4项因子,作为条件综合评价因子和定量指标赋值,用权重方法对地质景观的价值和条件综合评价因子从数值上分别做出判断并给予赋值,最后依据计算出的评价数值确定地质景观的保护级别。

如前文所述,地质景观划分为地质遗迹景观、地貌景观、地质灾害遗迹景观3个大类,各大类进一步划分为地层剖面、岩石剖面、构造地质、古生物化石、矿业遗迹景观,岩体、土体、水体、构造、火山、冰川、海岸地貌景观,地震遗迹、地质灾害遗迹景观14类。

由其分类就可以看出,地质景观鉴评工作涉及地层、岩石、水文地质、旅游地质、地质灾害等多个专业领域,内容非常宽泛。因此地质景观鉴评必须由各专业领域权威专家,选择现有的地质景观鉴评标准作为参照标准,按照对应准则和相对重要性原则,准确地确定地质景观的鉴评等级。这也要求鉴评专家必须是造诣很高,能较全面掌握相应专业知识,并熟知相应的地质景观鉴评标准的技术权威专家。而作为参照标准的现有的地质景观鉴评标准的选择,必须是被人熟识的重要地质景观鉴评标准,且是已经过专家鉴评认定过的地质景观鉴评标准,从而避免出现由于参照的地质景观鉴评标准的选择错误导致等级划分的差错。

二、地质景观综合性评价鉴评标准

根据划分的地质景观类型,本书以《地质遗迹保护管理规定》中有关地质遗迹分级标准为准则依据,编制了相应地质景观类型Ⅰ级(世界级)、Ⅱ级(国家级)、Ⅲ级(省级)的不同等级鉴评标准。

1. 地质遗迹景观大类

地质遗迹景观大类如表3-1所示。

表3-1 地质遗迹景观大类

地质遗迹景观	Ⅰ级(世界级)	Ⅱ级(国家级)	Ⅲ级(省级)
地层剖面景观	具有地层边界层剖面或边界点的全球意义,剖面在国内具有唯一性并且研究价值很高	具有全国性或大区域的省际对比意义的层型(典型)剖面或地质事件剖面,被破坏后无法替代,并且剖面的研究价值高	具有省内区域或相邻省际对比意义的层型(典型)剖面或地质事件剖面,并且剖面具有一定的研究价值

地质遗迹景观	Ⅰ级(世界级)	Ⅱ级(国家级)	Ⅲ级(省级)
岩石剖面景观	具有重大的科学研究价值,世界罕见的稀有岩石,岩石露头	具有重要的科学研究价值,国家或地区罕见的岩石,岩石露头	具有科学研究价值,有岩石露头指示地质演化过程
构造地质景观	具有重大科学研究意义,世界级巨型构造、造山带及不整合界面的关键露头地(点)	具重要科学研究意义,全国性或大区域(大型)构造	具有一定科学研究对比意义,典型的中小型构造
古生物化石景观	世界罕见古生物化石产地,有重大研究成果,具有重大科学意义	稀有的古生物化石产地,研究程度较高,具有国内外对比意义	少见的古生物化石产地,研究程度高。具有区域对比意义
矿业遗迹景观	国际上罕见矿床,世界性稀有或罕见矿物产地	典型矿物或岩石命名地,国内或大区域内特殊矿物产地	在类型、成因上有独特性的典型矿床

2. 地貌景观大类

地貌景观大类如表 3-2 所示。

表 3-2 地貌景观大类

地貌景观	Ⅰ级(世界级)	Ⅱ级(国家级)	Ⅲ级(省级)
岩体、土体、构造、火山、冰川及海岸的地貌景观	地层界线层型剖面或界线点在国内具有唯一性且研究价值高。地貌景观极为罕见	具有科学研究价值,且观赏价值较高的地貌景观	具有观赏性的地貌景观
水体地貌景观	观赏价值极高或在成因上有重要科学研究意义	观赏价值很高或在成因上有较重要科学研究意义	具有观赏价值或在成因上具有科学研究意义

3. 地质灾害遗迹景观大类

地质灾害遗迹景观大类如表 3-3 所示。

表 3-3 地质灾害遗迹景观大类

地质灾害遗迹景观	Ⅰ级(世界级)	Ⅱ级(国家级)	Ⅲ级(省级)
地震遗迹景观、地质灾害遗迹景观	具有特殊科学意义的罕见地质灾害或地震遗迹	具有科学意义的重大地质灾害或地震遗迹	具有科普教育意义的典型的地质灾害遗迹

三、地质景观综合性评价鉴评准备工作

1. 地质景观综合性评价鉴评材料的准备

根据编制的地质景观鉴评等级标准，按照地质景观鉴评的对应准则和相对重要性原则，筛选出地层剖面、岩石剖面、构造地质、古生物化石、矿业遗迹景观，岩体、土体、水体、构造、火山、冰川及海岸地貌景观，地震遗迹、地质灾害遗迹景观，分类列出地质景观候选地，并且初步划分各类地质景观的Ⅰ级（世界级）、Ⅱ级（国家级）、Ⅲ级（省级）等级评价，作为地质景观鉴评材料交由专家审阅，征求专家意见。

2. 地质景观综合性评价鉴评专家的选定要求

地质景观鉴评工作涉及专业领域较多，工作内容宽泛，而鉴评工作要求鉴评专家在各自的专业领域全面掌握专业知识，具有很高的造诣，且是知名度高的技术权威专家，对地质景观鉴评具有高度责任心。

3. 地质景观综合性评价鉴评的其他准备工作

其他准备工作包括地质景观鉴评会议的会议场所安排、多媒体设备准备、会场服务安排等。

四、地质景观综合性评价鉴评方式

地质景观鉴评方式，分为按照专业组织专家集体座谈的会议鉴评方式和按照专业领域分别找专家审阅地质景观鉴评材料的单独咨询鉴评方式。

1. 会议鉴评方式

根据编制的地质景观鉴评等级标准，筛选出地质景观大类的地质景观，分别以专家座谈会议形式，组织在相应专业研究领域有造诣的专家对各类型地质景观进行专家鉴评。

2. 单独咨询鉴评方法

根据编制的地质景观鉴评等级标准，筛选出地层剖面、岩石剖面、构造地质、古生物化石、矿业遗迹景观，岩体、土体、水体、构造、火山、冰川及海岸地貌景观，地震遗迹、地质灾害遗迹景观等类地质景观，分别单独咨询在旅游地质、水文地质、地质灾害调查研究方面有造诣的专家，对筛选出的这些地质景观进行单独咨询鉴评。

地质景观的单独咨询鉴评可以避免地质景观等级确定的盲目性，鉴评出真正的有重要科学价值和观赏价值、科普教育意义的地质景观。

第三节　地质景观综合定量评价方法

河南省地质调查院方建华基于多年工作总结指出，选取地质景观的 6 项特性因子，即科学性、观赏性、稀有性和典型性、完整性、历史文化价值、环境优美性，作为价值综合评价因子和定量指标赋值；选取地质景观的保存程度、执行保护的可能性、通达性、安全性 4 项因子，作为条件综合评价因子和定量指标赋值。对地质景观的价值综合评价因子和条件评价因子用权重的方法做

出数值判断，依据数值确定级别。地质景观评价中，价值综合评价因子权重占80%，满分为80分；条件综合评价因子权重占20%，满分为20分，共计100分。在价值综合评价因子中，对地质遗迹及地质灾害遗迹景观大类的科学价值评价为30分，观赏价值评价为10分；对地貌景观大类地质景观科学价值评价为10分，观赏价值评价为30分。

各项评价因子的定量评价赋值见表3-4，地质遗迹和地质灾害遗迹景观大类的科学价值评价等级标准见表3-5，地貌景观大类的观赏价值评价等级标准见表3-6，其他的部分评价因子（稀有性、典型性、完整性、历史文化价值、环境优美性、保存程度、执行保护的可能性、通达性、安全性）的评价等级标准见表3-7。将表3-4中10项评价因子分为4个级别，即Ⅰ、Ⅱ、Ⅲ、Ⅳ级，作为各价值综合评价因子和条件综合评价因子的分级。表内均列权重值，根据两个综合评价得分合计分数，经过权重分析计算可得出地质景观定量评价等级如下。

表3-4　地质景观定量评价赋值表

综合评价	权重得分	评价因子	满分得分	等级赋分值及分级权重			
				Ⅰ	Ⅱ	Ⅲ	Ⅳ
价值综合评价	80	科学价值（科学研究、教学实习、科普）	30(10)	30.00～25.5 (10.0～8.5)	25.5～21.0 (8.5～7.0)	21.0～16.5 (7.0～5.5)	<16.5 (<5.5)
		观赏价值	10(30)	10.0～8.5 (30.0～25.5)	8.5～7.0 (25.5～21.0)	7.0～5.5 (21.0～16.5)	<5.5 (<16.5)
		稀有性、典型性	10	10.0～8.5	8.5～7.0	7.0～5.5	<5.5
		完整性	10	10.0～8.5	8.5～7.0	7.0～5.5	<5.5
		历史文化价值	10	10.0～8.5	8.5～7.0	7.0～5.5	<5.5
		环境优美性	10	10.0～8.5	8.5～7.0	7.0～5.5	<5.5
		小计	80	80～68	68～56	56～44	<44
条件综合评价	20	保存程度	5	5.0～4.25	4.25～3.5	3.5～2.75	<2.75
		执行保护的可能性	5	5.0～4.25	4.25～3.5	3.5～2.75	<2.75
		通达性	5	5.0～4.25	4.25～3.5	3.5～2.75	<2.75
		安全性	5	5.0～4.25	4.25～3.5	3.5～2.75	<2.75
		小计	20	20～17	17～14	14～11	<11

表3-5　科学价值评价等级标准

遗迹类型	评价标准	级别
地层剖面景观	具有国际性对比意义的地层界线层型剖面或界线点，国内唯一剖面，科学研究价值极高	Ⅰ
	具有国家性对比意义的典型层型剖面，科学研究价值较高	Ⅱ
	典型层型剖面，具有区域性对比意义，科学研究价值一般	Ⅲ
	典型层型剖面，具有地方性对比意义，科学研究价值不高	Ⅳ

续表

遗迹类型	评价标准	级别
岩石剖面景观	具有极高的科学研究价值，且有全世界罕见的岩体及岩层露头	Ⅰ
	有稀有岩体、岩层露头，在全国或大区域内具有较高科学研究价值	Ⅱ
	岩石露头能够指示地质演化过程的，具有一般科学研究价值	Ⅲ
	有出露良好，岩石结构、构造典型的岩石露头，可供教学实习	Ⅳ
构造地质景观	有巨型构造、全球性造山带、不整合界面的关键露头，具有全球性构造意义，科学研究价值极高	Ⅰ
	在全国或大区域范围内具有重要科学研究意义的区域构造	Ⅱ
	在一定区域内具有科学研究对比意义的典型中小型构造	Ⅲ
	典型中小型构造，具有教学实习及科普意义	Ⅳ
古生物化石景观	具有研究程度极高的全球罕见的古生物化石产地或古人类化石地质景观，对地质学发展和生物进化史研究具有重大科学意义	Ⅰ
	稀有的古生物化石，具有国内外对比意义，科学研究价值较高	Ⅱ
	少见的古生物化石，具有区域对比意义，科学研究价值一般	Ⅲ
	科学研究价值较低，具有观赏价值的化石地质景观	Ⅳ
矿业遗迹景观	全球唯一或罕见的矿床	Ⅰ
	在规模、成因、类型上具有典型意义的国家或大区域内特殊的矿物产地（命名地）	Ⅱ
	典型、罕见的岩矿物产地	Ⅲ
	矿物形态等方面具有典型性，且具有教学或观赏价值者；典型矿床，且具有教学意义	Ⅳ
地震遗迹景观、地质灾害遗迹景观	保存完整，有重大的警示教育的科普意义，全球罕见的地震、崩塌、滑坡、泥石流、地面塌陷地质灾害现象	Ⅰ
	保存完整，有较重大的警示教育的科普意义，国内重大的地震、崩塌、滑坡、泥石流、地面塌陷地质灾害现象	Ⅱ
	保存较完整，有一定的警示教育的科普意义，省（区、市）内典型稀有的地震、崩塌、滑坡、泥石流、地面塌陷地质灾害现象	Ⅲ
	保存不完整，有警示教育的科普意义，市县少见的崩塌、滑坡、泥石流、地面塌陷地质灾害现象	Ⅳ

表 3-6　观赏价值评价等级标准

遗迹类型	评价标准	级别
岩体地貌景观、土体地貌景观、火山地貌景观、冰川地貌景观、海岸地貌景观	有重要科学研究意义且极为罕见的特殊地貌类型	Ⅰ
	具有科学研究意义的观赏价值极高的地貌	Ⅱ
	具有一般观赏性的地貌	Ⅲ
	可供科研、保存良好的地貌景观	Ⅳ
构造地貌景观	具有全球代表性、有一定规模且保存完整的地貌	Ⅰ
	具有全国代表性、有一定规模且保存较完整的地貌	Ⅱ
	具有一定区域代表性、保存一般的地貌	Ⅲ
	保存状况良好的地貌景观,可供教学实习	Ⅳ
水体地貌景观	观赏价值极高、水文地质科学意义代表全球性	Ⅰ
	观赏价值很高、水文地质科学意义代表全国性	Ⅱ
	观赏价值高、水文地质科学意义代表省(区、市)内	Ⅲ
	具有观赏价值或科普价值的水体地貌景观	Ⅳ

表 3-7　其他评价因子评价等级标准

评价因子	评价标准	级别
稀有性	国际罕见的特殊遗迹点	Ⅰ
	国家唯一或者少有的遗迹点	Ⅱ
	省(区、市)内唯一或少有的遗迹点	Ⅲ
	市县内唯一或少有的遗迹点	Ⅳ
完整性	自然出露,保存完整的地质遗迹	Ⅰ
	自然出露或人为揭露,保存较完整的地质遗迹	Ⅱ
	地质遗迹自然出露或人为揭露,已被人为破坏,不够系统完整	Ⅲ
	自然出露或人为揭露的地质遗迹已被破坏	Ⅳ
历史文化价值	历史文化价值重大	Ⅰ
	历史文化价值较高	Ⅱ
	历史文化价值一般	Ⅲ
	没有历史文化价值	Ⅳ
环境优美性	地形、地貌及生态环境极美,且有旅游利用价值	Ⅰ
	地形、地貌及生态环境美观,且有旅游利用价值	Ⅱ
	地形、地貌及生态环境美观度一般,且具有旅游利用价值	Ⅲ
	地形、地貌及生态环境美观度较差,不具有旅游利用价值	Ⅳ

续表

评价因子	评价标准	级别
保护程度	原始自然状态保存的地质遗迹,没有遭到人为破坏	Ⅰ
	基本保持自然状态的地质遗迹,极少遭到人为破坏	Ⅱ
	地质遗迹受到一定程度的人为破坏	Ⅲ
	地质遗迹已被人为破坏,不复存在	Ⅳ
执行保护的可能性	采取有效保护措施,很容易受到保护	Ⅰ
	采取有效保护措施,能够受到保护	Ⅱ
	不宜采取有效保护措施,保护难度大	Ⅲ
	无法采取有效保护措施,不宜受到保护	Ⅳ
通达性	距离高速公路出口较近,省道公路可通达,交通极为方便	Ⅰ
	省道、县道公路可通达,交通方便	Ⅱ
	乡间土路可通达,交通不方便	Ⅲ
	山间人行小路可通达,交通极为不方便	Ⅳ
安全性	地质遗迹点周边没有对地质遗迹的任何破坏威胁	Ⅰ
	地质遗迹点周边及其一定范围内,有对地质遗迹的破坏威胁	Ⅱ
	地质遗迹面临着被挖除或覆盖的破坏威胁	Ⅲ
	地质遗迹正在遭受到被挖除或覆盖的破坏威胁	Ⅳ

Ⅰ级:综合得分为85～100分,地质景观价值极高,具有世界级的意义,可列入世界级地质景观。

Ⅱ级:综合得分为70～85分,地质景观价值较高,具有国家级或大区域性(跨省区)意义,可列入国家级地质遗迹。

Ⅲ级:综合得分为55～70分,地质景观价值一般,具有省级或者小区域性意义,可列入省级地质遗迹。

Ⅳ级:综合得分低于55分,地质景观价值较低,具有市县级或更小区域性意义,可列入省级以下地质景观。

参照2016年原国土资源部颁发的《国家地质公园规划编制技术要求》中对地质遗迹保护的要求,本书依据地质景观综合性评价的等级划分,对游线基础设施规划设计做以下要求。

(1) Ⅰ级地质景观保护的游线基础设施规划设计。

因Ⅰ级地质景观价值极高,具有世界级的意义。这类地质景观在地质景观保护区划为核心保护区,游人进入核心保护区容易对地质景观产生破坏。因此,Ⅰ级地质景观核心保护区除允许地质科研工作者进入园区进行科学考察外,不允许游人进入,不允许建任何基础设施。

(2) Ⅱ级地质景观保护的游线基础设施规划设计。

因为Ⅱ级地质景观价值较高,具有国家级或大区域性(跨省区)意义。这类地质景观通常被划分在核心保护区周边一定范围内的控制区内,少量游人进入不至于对地质景观产生破坏。因此,Ⅱ级地质景观保护区可允许少量游人进入,要求园区只建设必要的步道及少量基础设施,但不允许破坏地质景观，不允许机动车辆进入。

（3）Ⅲ级地质景观保护的游线基础设施规划设计。

Ⅲ级地质景观价值一般，具有省级或者小区域性意义，适量进入游人不会造成影响。因此，Ⅲ级地质景观保护区可允许适量游人进入，要求园区适当建设游线基础设施，但不允许破坏地质景观，不允许建设大型基础设施。

（4）Ⅳ级地质景观保护的游线基础设施规划设计。

Ⅳ级地质景观价值较低，具有市县级或更小区域性意义。可根据地质景观保护区旅游经济发展需求吸纳游客，根据景区旅游需要建设游线基础设施，但不允许破坏地质景观。

第四节　地质景观脆弱性评价理论与方法

经大量调研，当前景区（包括地质公园）基础设施规划均在园区环境容量的基础上进行，但没有考虑地质景观脆弱性这一因子对环境容量造成的影响，通常人们认为坚硬的石头不会有太大变化，园区环境的变化不会对其造成破坏，因此忽略不计。事实上园区的山石因其受地质构造和自然环境、人为因素的影响，景观脆弱性也常常会随之变化，会导致地质景观的破坏。因此，地质景观脆弱性必须成为地质公园规划设计的考虑要素之一。

一、地质景观脆弱性概念

秦正等在《地质遗迹资源脆弱性评价方法及应用》一文中指出，地质遗迹资源"脆弱性"的产生一般为两种情况：一种是其受外界破坏失去自身的稳固性甚至消亡；另一种是其自身与外界过度旅游开发的"不适应性"。2012 年 1 月，姜伏伟等在《脆弱地质景观评价体系研究——以江西鹰潭龙虎山丹霞地貌景观为例》一文中阐述了脆弱的地质景观，认为其自身不稳定且对外界环境干扰抵抗能力差①。

笔者认为，地质景观的脆弱性是因其自身受到地球内、外部作用，原有构造被破坏从而失去自身的稳固性。例如地震导致地质景观受到挤压而扭曲变形或者破碎，产生崩塌、滑坡现象；大自然风霜雪雨对地质景观的自然风化剥离；矿山开采等人为活动对地质景观的破坏等。其中，在地质景观保护区，不合理的游线基础设施的建设对地质景观的伤害较大，也是地质景观产生脆弱性的重要因素之一。

二、不同类型地质景观脆弱性评价

地质景观脆弱性的外部影响因素主要表现在自然因素和人为因素两方面。游线基础设施是人类活动对地质景观脆弱性影响的重要元素之一。不同地质景观的地质景观脆弱性评价体系的

---

① 姜伏伟，郭福生，姜勇彪，等. 脆弱地质景观评价体系研究——以江西鹰潭龙虎山丹霞地貌景观为例[J]. 资源调查与环境，2012，33(1)：62-66.

因子组成也各不相同。例如岩溶类的洞穴式地质景观的游线基础设施主要由道路、照明、标识系统等组成，影响洞穴内地质景观脆弱性的主要因素为客流量过大，影响洞穴内的微气候，对岩溶产生影响；五颜六色的照明对岩溶产生光污染；道路距地质景观距离过近且缺少防护措施，人为造成对地质景观的破坏等[①]。山岳峡谷地质景观的脆弱性除了受其自身内部作用的影响外，自然界及人为因素对其脆弱性的影响也较大，道路、桥梁、索道、观光电梯的修建也会影响地质景观的脆弱性。

同一类型的地质景观因其所处地域位置的不同，其脆弱性评价也不相同。例如南方与北方的丹霞地貌，南北方气候条件、空气温湿度不同，对丹霞地貌产生不同的影响，其脆弱性评价因素也不相同。

从当前的文献里仅查到秦正等利用层次分析法对地质遗迹脆弱性进行评价，姜伏伟等运用层次分析法对脆弱性地质景观进行评价。但层次分析法这种评价方法定量成分较少，定性较多，不容易令人信服。本书采用熵权法，对影响地质景观问题的各个因素进行分析考虑，建立模型，计算权重，最后得出所考察对象的评测结果。

三、地质景观脆弱性评价体系

（一）熵权法

1850 年，德国物理学家克劳修斯首先提出了“熵权法”这一评价方法。熵是热力学的一个物理概念，最早由申农(C. E. Shannon)引入信息论，称之为信息熵，它表述的是一种能量在空间中分布的均匀程度。熵权法是一种较为客观的指标权重的计算方法。

（二）方法原理

根据信息论的基本原理，若系统可能处于多种不同的状态，而每种状态出现的概率为 p_i $(i=1,2,\cdots,m)$，则该系统的熵定义为式(3-1)。

$$e=-\sum_{i=1}^{m}p_i\cdot\ln p_i \tag{3-1}$$

显然，当 $p_i=1/m(i=1,2,\cdots,m)$ 时，即各种状态出现的概率相同时，熵取最大值，为式(3-2)。

$$e_{\max}=\ln m \tag{3-2}$$

现有 m 个待评价项目、n 个评价指标，形成原始评价矩阵 $\boldsymbol{X}=(x_{ij})_{m\times n}$，对于某个指标 e_j 有信息熵见式(3-3)。

$$e_j=-\sum_{i=1}^{m}p_{ij}\cdot\ln p_{ij} \tag{3-3}$$

其中，p_{ij} 见式(3-4)。

$$p_{ij}=x_{ij}/\sum_{i=1}^{m}x_{ij} \tag{3-4}$$

---

① 赵梅红，万敏. 浅议游线基础设施规划设计对地质景观脆弱性的保护[J]. 城市发展研究，2017，24(1)：139-142.

由此看出，某个指标的熵值 e_i 越小，则其权重越大；某个指标的熵值 e_i 越大，则其权重越小。在具体应用时，将依据综合指标的重要性及其提供的信息量确定指标的最终权重。

1. 确定评价指标因子

地质景观脆弱性因子较多，经过相关专家反复筛选，最终确定评价指标体系图（图 3-1）。

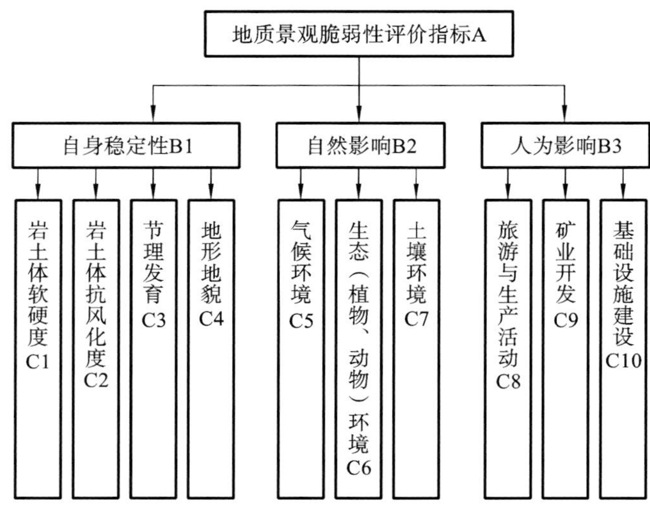

图 3-1 地质景观脆弱性评价因子

2. 评价因素分析

(1) 第一步：原始数据的收集与整理。

对各个评价因子的赋值以问卷的方式咨询地质景观领域的 10 位专家，请他们根据自己的经验对 10 个因子分别进行赋分，得到原始数据矩阵如式(3-5)。

$$\boldsymbol{X}=(x_{ij})_{10\times 10}=\begin{pmatrix} 70 & 70 & 80 & 60 & 60 & 80 & 60 & 90 & 100 & 100 \\ 60 & 70 & 60 & 70 & 60 & 80 & 70 & 100 & 100 & 100 \\ 30 & 30 & 30 & 40 & 50 & 50 & 80 & 90 & 100 & 90 \\ 50 & 50 & 60 & 40 & 40 & 50 & 40 & 80 & 95 & 95 \\ 75 & 75 & 70 & 50 & 50 & 50 & 50 & 86 & 100 & 98 \\ 60 & 70 & 85 & 75 & 60 & 70 & 65 & 90 & 100 & 100 \\ 40 & 40 & 50 & 50 & 65 & 60 & 40 & 85 & 95 & 98 \\ 60 & 60 & 75 & 60 & 50 & 60 & 60 & 90 & 100 & 95 \\ 80 & 80 & 75 & 60 & 70 & 70 & 60 & 85 & 100 & 100 \\ 70 & 75 & 80 & 40 & 60 & 80 & 50 & 90 & 100 & 96 \end{pmatrix} \tag{3-5}$$

其中，x_{ij} 指第 i 位专家对第 j 个因子的评价值。

(2) 第二步：数据的标准化处理。

利用式(3-6)，得到式(3-7)。

$$p_{ij}=\frac{x_{ij}-\min(x_{1j},x_{2j},\cdots,x_{10j})}{\max(x_{1j},x_{2j},\cdots,x_{10j})-\min(x_{1j},x_{2j},\cdots,x_{10j})} \tag{3-6}$$

$$P=(p_{ij})_{10\times 10}=\begin{pmatrix} 0.8 & 0.8 & 0.91 & 0.57 & 0.67 & 1 & 0.5 & 0.5 & 1 & 1 \\ 0.6 & 0.8 & 0.55 & 0.86 & 0.67 & 1 & 0.75 & 1 & 1 & 1 \\ 0 & 0 & 0 & 0 & 0.33 & 0 & 1 & 0.5 & 1 & 0 \\ 0.4 & 0.4 & 0.55 & 0 & 0 & 0 & 0 & 0 & 0 & 0.5 \\ 0.9 & 0.9 & 0.73 & 0.29 & 0.33 & 0 & 0.25 & 0.3 & 1 & 0.8 \\ 0.6 & 0.8 & 1 & 1 & 0.67 & 0.67 & 0.63 & 0.5 & 1 & 1 \\ 0.2 & 0.2 & 0.36 & 0.29 & 0.83 & 0.33 & 0 & 0.25 & 0 & 0.8 \\ 0.6 & 0.6 & 0.82 & 0.57 & 0.33 & 0.33 & 0.5 & 0.5 & 1 & 0.5 \\ 1 & 1 & 0.82 & 0.57 & 1 & 0.67 & 0.5 & 0.25 & 1 & 1 \\ 0.8 & 0.9 & 0.91 & 0 & 0.67 & 1 & 0.25 & 0.5 & 1 & 0.6 \end{pmatrix} \tag{3-7}$$

依据公式(3-8),计算出数据的比重矩阵式(3-9),最终得到式(3-10)。

$$y_{ij}=\frac{p_{ij}}{\sum_{i=1}^{10} p_{ij}} \tag{3-8}$$

$$\boldsymbol{Y}=(y_{ij}) \tag{3-9}$$

$$\boldsymbol{Y}=(y_{ij})_{10\times 10}=\begin{pmatrix} 0.136 & 0.125 & 0.161 & 0.137 & 0.123 & 0.200 & 0.114 & 0.116 & 0.125 & 0.139 \\ 0.102 & 0.125 & 0.097 & 0.207 & 0.123 & 0.200 & 0.171 & 0.232 & 0.125 & 0.139 \\ 0 & 0 & 0 & 0 & 0.060 & 0 & 0.228 & 0.116 & 0.125 & 0 \\ 0.068 & 0.063 & 0.097 & 0 & 0 & 0 & 0 & 0 & 0 & 0.069 \\ 0.152 & 0.140 & 0.129 & 0.070 & 0.060 & 0 & 0.057 & 0.070 & 0.125 & 0.111 \\ 0.102 & 0.125 & 0.177 & 0.241 & 0.123 & 0.134 & 0.144 & 0.116 & 0.125 & 0.139 \\ 0.034 & 0.031 & 0.064 & 0.070 & 0.151 & 0.066 & 0 & 0.058 & 0 & 0.111 \\ 0.102 & 0.094 & 0.145 & 0.137 & 0.060 & 0.066 & 0.114 & 0.116 & 0.125 & 0.039 \\ 0.169 & 0.156 & 0.145 & 0.137 & 0.182 & 0.134 & 0.114 & 0.058 & 0.125 & 0.139 \\ 0.135 & 0.140 & 0.161 & 0 & 0.123 & 0.200 & 0.057 & 0.116 & 0.125 & 0.083 \end{pmatrix} \tag{3-10}$$

(3) 第三步:计算各因子的信息熵和信息效用值。

根据信息熵的计算公式式(3-11),计算出各个因子的信息熵如表 3-8 所示。

$$e_j=-(1/\ln 11)\sum_{1}^{10} y_{ij}\cdot \ln y_{ij} \tag{3-11}$$

表 3-8　各因子的信息熵

	e_1	e_2	e_3	e_4	e_5	e_6	e_7	e_8	e_9	e_{10}
信息熵	0.8861	0.8859	0.9789	0.7749	0.8895	0.7770	0.8288	0.8778	0.8672	0.8769

对应信息效用值的公式见式(3-12),具体效用值如表 3-9 所示。

$$d_j=1-e_j \tag{3-12}$$

表 3-9　各因子的信息效用值

	d_1	d_2	d_3	d_4	d_5	d_6	d_7	d_8	d_9	d_{10}
信息效用值	0.1139	0.1141	0.0211	0.2251	0.1105	0.2230	0.1712	0.1222	0.1328	0.1231

(4) 第四步:各指标因子权重。

第 j 项指标因子的权重为式(3-13),如表 3-10 所示。

$$w_j = \frac{d_j}{\sum_1^{10} d_j} \tag{3-13}$$

表 3-10　各因子的权重

	w_1	w_2	w_3	w_4	w_5	w_6	w_7	w_8	w_9	w_{10}
权重	0.084	0.084	0.016	0.166	0.081	0.164	0.126	0.090	0.098	0.091

3. 地质景观脆弱性分级

地质景观脆弱性分级评价赋值分析如表 3-11 所示。

表 3-11　地质景观脆弱性分级评价赋值分析

指　　标	权重	因　　素	权重	依　　据	赋　　值
自身稳定性	0.350	岩土体软硬度	0.084	岩土体硬	9～7
				岩土体较硬	7～5
				岩土体软硬度一般	5～3
				岩土体较软	3～1
		岩土体抗风化度	0.084	岩土体抗风化强	9～7
				岩土体抗风化较强	7～5
				岩土体抗风化一般	5～3
				岩土体抗风化较弱	3～1
		节理发育	0.016	密集度大	9～7
				密集度较大	7～5
				密集度一般	5～3
				密集度小	3～1
		地形地貌	0.166	缓坡度	9～7
				较陡坡度	7～5
				陡坡度	5～3
				负坡度	3～1

续表

指　　标	权重	因　　素	权重	依　　据	赋　　值
自然影响	0.371	气候环境	0.081	好	9～7
				较好	7～5
				一般	5～3
				差	3～1
		生态(植物、动物)环境	0.164	好	9～7
				较好	7～5
				一般	5～3
				差	3～1
		土壤环境	0.126	密度大	9～7
				密度较大	7～5
				密度适中	5～3
				密度小	3～1
人为影响	0.279	旅游与生产活动	0.090	活动小	9～7
				活动较小	7～5
				活动适中	5～3
				活动大	3～1
		矿业开发	0.098	开发少	9～7
				开发较少	7～5
				开发适中	5～3
				开发密集	3～1
		基础设施建设	0.091	少	9～7
				较少	7～5
				适中	5～3
				多	3～1

根据地质景观脆弱性的每一项因素的权重，结合实有地质景观脆弱性的赋分，计算出综合分值。根据地质景观脆弱性综合分值的大小，将地质景观的脆弱性分为四级。一级地质景观脆弱性：9～7 分，表明景观脆弱性极强；二级地质景观脆弱性：7～5 分，表明地质景观脆弱性较强；三级地质景观脆弱性：5～3 分，表明地质景观脆弱性一般；四级地质景观脆弱性：3～1 分，表明地质景观脆弱性较弱。

(1) 一级地质景观脆弱性的游线基础设施规划设计。

因地质景观脆弱性过强，游人进入园区容易增强地质景观的脆弱性，对地质景观造成破坏；

同时地质景观自身的脆弱性过强也随时会发生危险，伤及游人。因此，一级地质景观脆弱性的园区除允许地质科研工作者进入园区进行科学考察外，不允许其他人进入，不允许兴建任何基础设施。

(2) 二级地质景观脆弱性的游线基础设施规划设计。

地质景观脆弱性较强，少量游人进入不至于对地质景观产生破坏。因此，二级地质景观脆弱性的园区可允许少量游人进入，要求园区少建或者不建游线基础设施。

(3) 三级地质景观脆弱性的游线基础设施规划设计。

地质景观脆弱性适中，地质景观环境包容性较强，可适量进入游人。因此，三级地质景观脆弱性的园区可允许适量游客进入，要求园区适当建设游线基础设施。

(4) 四级地质景观脆弱性的游线基础设施规划设计。

地质景观脆弱性不强，可根据地质景观保护区旅游经济发展的需求吸纳游客，根据景区旅游需要建设游线基础设施。

第五节　本章小结

(1) 地质景观综合性评价主要是选取了科学、观赏性、稀有性和典型性、完整性、历史文化价值及环境优美性 6 项因子，作为价值综合评价因子和定量指标赋值；选取地质景观的保存程度、执行保护的可能性、通达性及安全性 4 项因子，作为条件综合评价因子和定量指标赋值。主要侧重于地质景观自身价值因子的评价。

游线基础设施对地质景观保护的规划设计，依据地质景观的综合评价分级而定，每一个级别的游线基础设施建设的规划设计都有其相应的要求。游线基础设施规划设计受地质景观评价的分值的影响。

(2) 地质景观脆弱性评价主要选取岩土体软硬度、岩土体抗风化度、节理发育、地形地貌、气候环境、生态(植物、动物)环境、土壤环境、旅游与生产活动、矿山开发、基础设施建设 10 项因子作为脆弱性评价因子和定量指标赋值。主要侧重于对地质景观产生破坏的各因子的评价。

地质景观脆弱性的游线基础设施规划设计，依据地质景观脆弱性的评价分级而定，每一个级别的游线基础设施建设的规划设计对应其相应级别的要求。地质脆弱性的高低限定着游线基础设施的规划设计。

综上所述可以看出，地质景观综合性评价和地质景观脆弱性评价所选的评价因子是不同的。地质景观综合性评价侧重于其自身价值因子评价，地质景观脆弱性评价侧重于对其破坏的各种因子的评价。因此，二者的评价结果也没有太大关联性，即地质景观综合性评价高的地质景观，其地质景观脆弱性评价不一定高；地质景观脆弱性评价高的地质景观，其地质景观综合性评价不一定高。虽然二者从各自的角度出发，都对游线基础设施规划设计根据各自的级别划分做了要求，但在现实的地质景观特性保护的游线规划设计中，要针对二者对游线基础设施建设的要求综合考虑规划设计。

将地质景观综合性评价和地质景观脆弱性评价结合应用到地质景观特性保护的游线基础设施规划设计中，当前还没有人研究应用，这也是本书的创新之处。

第四章　游线基础设施构成、特征、功能及对地质景观特性的作用

第一节　游线基础设施类别的构成

一、游线基础设施门类的构成

根据前文对游线基础设施的界定，本书把游线基础设施划分为6大类设施（14个中类、45个小类），分别是游线服务、游线交通、游线标识及解说系统、游憩服务、环境服务、稳固防护设施（图4-1）。

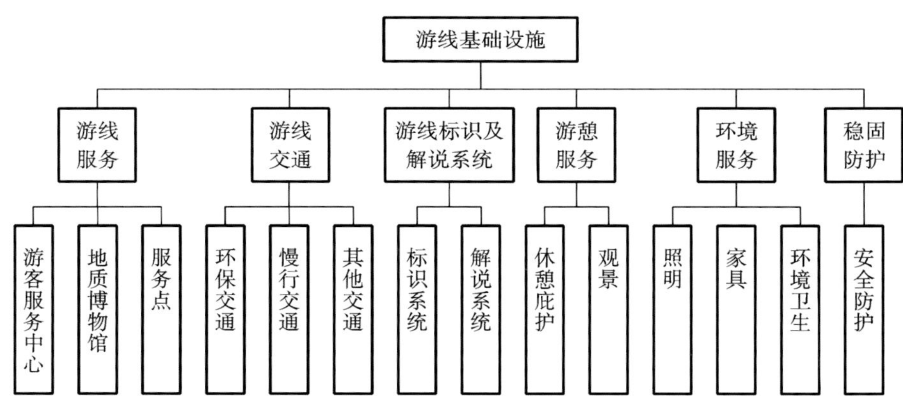

图4-1　游线基础设施的构成

二、游线基础设施中类的构成

1. 游线服务设施

游线服务设施是旅游区服务设施最重要的组成元素之一，是为旅游者旅行提供基础服务的设施。

笔者根据本书研究的内容，将旅游服务设施定位为游线上或游线附近能够满足游客旅游生活所需的服务设施。其主要内容包括游客服务中心、地质博物馆、游线沿途的服务点。游客服务

中心主要有停车场、售票厅、接待处、邮递点等内容，以旅游综合服务接待设施为主体，也是游线的重要组成部分。地质博物馆有宣讲设施、模型、影视馆、博物馆等内容。服务点主要由小卖部、商亭、自助银行等功能性设施构成。

2. 游线交通设施

游线交通设施是地质景观保护区游线基础设施不可缺少的内容，是沟通道路本身及其附近地质景观的媒介。本书所研究的游线交通设施是指地质景观保护区内部的所有交通设施，主要包括环保交通、慢行交通及其他交通设施。其中环保交通设施包括电瓶车道、消防通道等。慢行交通设施包括自行车道、步道、汀步、景观桥、游船、码头等设施及自行车道、步道、桥、索道等内容。其他交通设施主要是高架桥等设施。

3. 游线标识及解说系统设施

游线标识及解说系统设施是地质景观保护区为游客完成观光旅游体验提供游线指引信息的设施。标识系统的主要内容有道路标识、旅游产品标识、标志、公告牌、警示牌等。其中，道路标识是旅游目的地旅游产品之间信息互通的基础设施，道路标识还具有旅游产品的主题形象展示，并将展示信息传递给受众的功能。解说系统主要包括解说牌、电子解说器及其他宣传材料。

4. 游憩服务设施

游憩服务设施是游客在地质景观保护区的户外旅游生活中所需的重要基础设施之一，其特点是与道路的线形特征相结合，能够为游客提供方便舒适的服务设施，以便游客在户外更好地游览、休息、娱乐。游憩服务设施包括休憩庇护和观景设施，其中休憩庇护设施包括风雨亭、避难所等，观景设施主要是观景平台等。

5. 环境服务设施

环境服务设施是游线基础设施的辅助设施，主要包括照明、家具、环境卫生等设施，也是游客在地质景观保护区游览观光时不可缺少的内容。

6. 稳固防护设施

稳固防护设施是地质景观自身稳定性加固所需的基础设施，主要包括护网、护栏、护窗、桩柱等，是游线基础设施中重要的设施之一。

第二节　游线基础设施的特征及功能

一、游线基础设施的特征

游线基础设施的总体特征为多样的交通方式、便捷的对外衔接、完整的内部结构、显著的景观效应。具体来说，游线基础设施因所处的位置不同，有着不同的特征。游线基础设施与地质景观保护区的游线有两种相对应的位置关系：一种是游线的主道路及紧邻主道路的基础服务设施；另外一种是游线的次道路及次道路附近的基础设施。

二、游线基础设施的功能

游线基础设施除满足游客在地质景观保护区旅游的基本需求外，还担负着保护景观环境的功能。不同类别的基础设施其功能、特征也各不相同。

本书依据游线基础设施的分类，将其功能、特征归纳如下(表4-1至表4-6)。

表4-1 游线服务设施的功能、特征

游线服务	功能	特征
游客服务中心	游客接待功能。满足游客在地质景观保护区的购票、咨询、休憩等旅行中的基本需求	类别特征：复合型，组合设施居多。 空间布局特征：服从旅游目的地的功能需求，通常布局在旅游目的地游线开始的地方。 建筑特征：符合游线基础设施的总体规划设计，与当地地质、人文文化结合，建筑风格与旅游目的地的环境和谐统一
地质博物馆	地质科普传播功能。强调地质景观保护区的游线地质文化主题，是游线节事活动主要展演地	类别特征：单一型，展示展演设施。 空间布局特征：通常布局在游客接待中心或其附近。 建筑特征：服从于地质景观的整体景观环境
服务点	提供游客旅途所需日常用品，满足地方特色小商品的购置，小餐饮及医疗应急服务的功能	类别特征：复合型，组合设施居多。 空间布局特征：通常布局在游线沿途。 建筑特征：服从于旅游目的地的整体景观环境

表4-2 游线交通设施的功能、特征

游线交通	功能	特征
环保交通	连接地质景观保护区内外，担负旅游目的地内游客或者物资运输功能、消防功能	类别特征：游线上的主干道。 空间布局特征：服从旅游目的地的功能需求，环状布局
慢行交通	担负连接游线与周边旅游点、旅游区或游憩空间的功能	类别特征：游线上的次道路。 空间布局特征：服从旅游目的地的功能需求，网状布局
其他交通	担负连接游线与周边旅游点、旅游区或游憩空间的功能	类别特征：游线上的高空绿色道路。 空间布局特征：服从旅游目的地的功能需求，线状或点状布局

表 4-3　游线标识及解说系统的功能、特征

游线标识及解说系统	功　　能	特　　征
标识系统	向游客传递旅游目的地的游线布局信息，引导、警示游客按照规范游览，保护旅游目的地的景观及游客安全	类别特征：引导标识。 空间布局特征：布局在旅游目的地游线上的道路、景观点、接待、户外游憩等处
解说系统	讲述旅游目的地景观点的故事，增加游客体验乐趣，延长游客在旅游目的地的停留时间，提升旅游目的地的品牌效应和经济收入	类别特征：解说标识。 空间布局特征：布局在旅游目的地的景观点、接待、户外游憩点等处

表 4-4　游憩服务设施的功能、特征

游 憩 服 务	功　　能	特　　征
休憩庇护	为游客在旅游目的地提供遮风挡雨、休憩、避难的功能	类别特征：单一型设施。 空间布局特征：服从旅游目的地的功能需求，点状布局在旅游目的地游线途中。 建筑特征：符合游线基础设施的总体规划设计，建筑风格与旅游目的地环境和谐统一
观景	供游客休憩及观赏景观的功能	类别特征：单一型设施。 空间布局特征：服从旅游目的地的功能需求，点状布局在旅游目的地景观点处。 建筑特征：服从于旅游目的地的整体景观环境

表 4-5　环境服务设施的功能、特征

环 境 服 务	功　　能	特　　征
照明	为游客在地质景观保护区观光游览及生活所需提供照明功能	空间布局特征：服从旅游目的地的功能需求，布局在旅游目的地游线基础设施处
家具	为游客提供休憩的功能	空间布局特征：服从旅游目的地的功能需求，布局在旅游目的地接待处及景点休憩处
环境卫生	解决游客旅行途中的环境清洁问题	空间布局特征：服从旅游目的地的功能需求，布局在旅游目的地游线沿途、接待处及景点休憩处

表 4-6　稳固防护设施的功能、特征

稳固防护设施	功　能	特　征
护网	防止崩塌、滑坡等灾害的发生	空间布局特征：服从旅游目的地的功能需求，布局在旅游目的地游线基础设施处
护栏	规范游客游览行为，防止游客进入地质景观区对其产生破坏	空间布局特征：服从旅游目的地的功能需求，布局在旅游目的地游线基础设施处
护窗	保护地质景观，防止风雨侵蚀及人为的破坏	空间布局特征：服从旅游目的地的功能需求，布局在旅游目的地游线基础设施处
桩柱	加固地质景观脆弱处，保护地质景观	空间布局特征：服从旅游目的地的功能需求，布局在旅游目的地地质景观脆弱处

第三节　游线基础设施对地质景观特性的利用及分类保护

一、游线基础设施对地质景观特性的利用

(1) 保证了地质景观展示区的可达性，丰富了游客对地质景观特性的游览体验。

地质景观保护区的游客旅游活动具有综合性特点，涉及游客旅途中最简单的生活需求，地质景观保护区的游线基础设施涵盖了“吃、宿、行、游、购、娱”六大要素的需求，这些基础设施保证了地质景观展示区的可达性。

(2) 游线基础设施的“线性”或“网状”布局保证了地质景点的可达性。

地质景观保护区游线基础设施一般沿着游线在其线上及附近呈线性布局，或者依附游线串联形成网络布局。这些基础设施的布局除满足游客在旅游途中的生活需求外，还能够保证以较短的路程顺利到达目的地。这些有序的游线基础设施引导、辅助游客完成对地质景观特性的观赏游览，避免游客在地质景观保护区的盲目活动对地质景观造成的人为破坏。

(3) 游线基础设施丰富了地质景观特性的游览体验。

游线基础设施在地质景观保护区内的合理规划布局，丰富了游客对地质景观特性的游览体验，主要体现在游线交通基础设施和游憩服务设施的多样性两个方面。

在地质景观保护区有着丰富多样的游线交通基础设施，如乡间小道、登山步道、小木桥、小吊桥、水上游船、水上汀步、索道等，使游客游览地质景观的体验大大丰富。

游憩服务设施是在地质景观沿线设置的观景台和野餐区等基础设施，一般布局在空旷的地带，方便游客能够俯视或平视周边的地质景观。游客在对地质景观进行游览的过程中可以在此停留休息，一边欣赏地质景观的美景，一边简单餐饮。这样游客既观赏了地质景观，又为后续游览地质景观储备了体力，同时也丰富了地质景观的游览体验。

(4) 为地质景观保护区直接创造经济效益。

游线基础设施在满足游客对地质景观的游览观光、科普教育的同时,也增加了地质景观保护区的经济收入,从而为地质景观的保护和可持续发展提供经济支持。

二、空间容量有限性对地质景观特性的保护

(一) 地质景观脆弱性与游线基础设施空间容量的关系

地质景观脆弱性对游线基础设施的空间容量有着一定的影响。根据第三章关于地质景观脆弱性评价的内容得出结论:在地质景观脆弱性极强的园区,不允许游人进入,对游线基础设施空间容量限制性要求极强;在地质景观脆弱性较强的园区,对游线基础设施空间容量限制性要求较强,可允许少量游人进入,要求园区少建或者不建游线基础设施;在地质景观脆弱性一般的园区,对游线基础设施空间容量限制性要求适中,游人可适当进入,游线基础设施可适当建设;在地质景观脆弱性较低的园区,对游线基础设施空间容量限制性要求极低,可根据地质景观保护区旅游经济发展需求建设游线基础设施(表 4-7)。

表 4-7 地质景观脆弱性与游线基础设施空间容量的关系

地质景观脆弱性	游线基础设施空间容量限制性	游线基础设施空间容量	游线基础设施建设
一级	强	零	不建设
二级	较强	较小	不建或少建
三级	适中	适当	适当
四级	低	大	根据当地旅游经济发展需求建设

(二) 空间容量有限性对地质景观特性的保护

地质公园作为地质景观保护的载体,在空间容量计算上,笔者认为最不可忽视的就是地质景观脆弱性问题。当前地质公园空间容量计算依据《中国国家地质公园建设工作指南》中推荐的面积法、卡口法或者游路法等算法,从中选择一种或几种方法进行计算,而且方法极其简单,除在少数规划中对各个景点进行单独计算,而且解释了各种参数选择和计算模型选择的理由外,其他全部采用直接套用公式的算法。大多数规划在计算过程中还存在用整体公园面积替代景点可游览面积的问题,从而导致计算结果在直观上就存在很大偏差,更谈不上对计算结果进行修正。有少部分规划尝试了基于因子分析,基于旅游供需关系分析,基于现有游客数量分析,基于地质遗迹敏感度分析,基于游览日程特征分析的环境容量规划,但是这些尝试都非常简单,而且最后的落脚点都回到了《中国国家地质公园建设工作指南》中推荐的几种方法,几乎没有太大的理论和实践突破,更是忽略了地质景观脆弱性因素的存在。

在节假日游客高峰期,部分景区由于对景区周边道路管控、区内停车控制、景区公交调度控

制不得力，在核心景区游客流量错峰接待方面做得不到位，造成景区游客拥堵，远远超出园区环境容量的承载力，也导致地质景观的特性与游客量的不协调，继而增强了地质景观脆弱性。笔者于2013—2016年国庆节期间对泰山世界地质公园、黄山世界地质公园、云台山世界地质公园等国内多个世界级地质公园及国家地质公园的客流量进行调研，发现被调研的地质公园客流量高峰期环境容量严重超出其承载力，游客拥堵现象很严重（图4-2、图4-3）。

图4-2　泰山玉皇顶

图片来源：作者自摄

图4-3　云台山红石峡

图片来源：作者自摄

因此，游线基础设施空间容量的有限性能够限制地质景观保护区的客流量。地质景观保护区适量的环境容量，对地质景观特性的保护也起着至关重要的作用。

游线基础设施对参观者的强制性也是对地质景观特性保护的途径之一，例如旅游道路、游线周边的防护措施都是对游客的强制性引导。

三、道路强制性对地质景观特性的保护

在地质景观特性保护规划设计中，道路设施对地质景观特性的保护起着重要作用。道路出入口的控制，离地质景观的距离远近，道路的布局形式都会强制性引导游客，从而对地质景观特性起到保护作用。

（一）道路出入口流量控制对地质景观特性的保护

道路出入口是控制地质景观保护区的客流量及交通工具的瓶颈部位。根据地质保护区的容量计算，在道路出入口进行客流量控制，在道路出入口对客流及车流的进出有计划地分期、分批、分流，限定人流量与车流量；还可在地质景观脆弱性较强的区域入口，采取限制措施，只允许地质科研人员进入保护区内，游客不允许进入。这些在道路出入口对游客流量进行控制的措施，都对地质景观特性起到一定的保护作用。

(二) 道路强制性引导对地质景观特性的保护

不同类型的地质景观的特性保护，可以通过其道路对游客强制性引导的不同引导方式来实现。

1. 灾害类地质景观特性的保护

地震、泥石流、崩塌、冰川、矿业开采遗迹等地质景观脆弱性较强，道路设施要避开地质景观脆弱性较强的区域，一般为指定参观线路，布局在地质景观较为安全的地带，强制引导游客沿线观光游览，禁止游客攀爬触摸，避免人为因素造成对地质景观特性的破坏，同时也避免了地质景观脆弱性对人身安全的伤害。

例如上海辰山植物园的采石场，是一处矿业开发遗址展示区。因大面积地开山采石，山体被挖成东、西两个矿坑。炸山采石使原山体地质构造发生变化，岩石松散、崩塌现象时有发生。其中西侧采石场在山体开采完后，又向地下纵深挖掘，留下一处巨大的矿坑深潭。针对采石场遗迹展示的游览线路规划布局，设计师在对矿坑崖壁做拉网灌浆加固处理的基础上，巧妙地将木浮桥作为游人参观游览矿坑的道路，既避免了游人过多接触矿坑崖壁，又能使游人在较为合理的视距范围内，安全地观赏矿业开采遗迹(图 4-4)。

图 4-4　辰山矿坑浮桥

图片来源：作者自摄

2. 山岳类地质景观特性的保护

大型的地质景观，例如大型的丹霞地貌、火山地貌等，规模宏大，气势磅礴。对于这类地质景观的保护，尽量在适合观赏的距离范围内修建道路，或者建设观光索道等交通工具，在满足游客观赏的基础上，强制引导游客按照既定路线观光游览地质景观，以便保护地质景观。

3. 峡谷、洞穴类地质景观特性的保护

对于峡谷、洞穴类型的地质景观的保护，因其地形地貌的特殊性，一般要在峡谷或者洞穴内设置观光步道、栈道、汀步等游线基础设施，强制引导游客按照一定的秩序观赏地质景观，以防止游客近距离观赏地质景观时对其造成破坏。

例如云台山世界地质公园红石峡景区，是因新构造运动的强烈抬升和水蚀作用的深度切割形成的碧水丹霞地貌，砂岩层内的交错层理、层面波痕、龟裂构造地质现象明显。设计师把 20 世纪 70 年代左右因水库引水修建的摩崖渠道，整理改修为红石峡参观游览道路，以减少园区修建道路对红石峡崖壁的破坏，在峡谷中间用石桥相连，贯通红石峡游览线路，强制游客按照旅游道路有秩序地观赏游览地质景观(图 4-5、图 4-6)。

图 4-5　红石峡栈道

图片来源:作者自摄

图 4-6　红石峡石桥

图片来源:作者自摄

四、安全防护设施对地质景观特性的保护

地质景观的安全防护设施对游客的观光游览也起着强制作用。在地质景观保护区脆弱性较强的地段，要设置安全护栏，强制引导游客以适当的距离游览观光地质景观，避免游客在游览过程中与地质景观近距离接触，造成地质景观的损坏或者脆弱性地质景观对游客造成伤害。

对于微型点状的地质景观，因其体量微小，道路一般靠近地质景观布局，以便游客能清晰看到地质景观的构造。针对这种情况，就要在道路与景观之间设置护栏，使游人与地质景观适当隔离，严禁游客进入地质景观区，避免触摸对地质景观造成破坏。

五、标识及解说设施对地质景观特性的保护

(一) 标识类设施对地质景观特性的保护

标识类基础设施主要包括地质景观区的标志碑、景区景点名称牌、界碑、界牌、门区大型导游

图、景区中小型导游图等。这些标识类基础设施能够清晰地引导游客到达目的地，方便游客计划在地质景观区的参观游览活动，同时科学合理地引导游客按照一定的线路对地质景观进行游览，避免盲目行走造成地质景观保护区秩序的混乱，对地质景观造成人为的伤害。

（二）解说类设施对地质景观特性的保护

解说类基础设施主要包括地质遗迹解说牌及景观的介绍栏板，为游客介绍地质景观的产生背景及地质成因等情况，地质遗迹景点的解说使游客对地质景观价值有更深入的了解，增强游客的地质景观保护意识。

（三）警示类标识设施对地质景观特性的保护

警示类标识设施对地质景观的保护比较直接，通常设在地质景观脆弱性较强的区域，或者游客距离地质景观区较近的区域。警示类标识对人们的行为起着制约的作用。例如，在泥石流地质景观区域设置的警示牌，警示人们不要随意靠近地质景观，注意人身安全；不要随意挖土取石，以免对地质景观造成再次破坏。在古生物地质景观游览中，在游客距古生物地质景观较近的区域设置警示牌，警示游人不要触摸地质景观，以免对古生物地质景观造成破坏等。

六、绿色游线基础设施对地质景观特性的保护

关于高架桥、索道等基础设施对地质景观特性的保护一直以来存有争议，争议话题利弊均有，下文分析对地质景观保护有利的方面。

（一）桥梁对地质景观特性的保护

1. 高架桥对地质景观特性的保护

在地质景观保护区地质景观脆弱性许可的情况下，修建高架桥比修建道路更有利于地质景观特性的保护。高架桥的桥墩占地面积远远小于道路占地面积，不用开山辟路破坏原有的地质遗迹，其跨越功能使桥下大面积的地质景观可以得到良好的保护。而道路修建则需开山造路，将破坏地质景观的完整性。高架桥对于周围地质景观的影响最小，既保护了周围的地质景观，又保护了生态环境，也为景区动物架起了绿色通道。

2. 栈桥、浮桥对地质景观特性的保护

对一些较为特殊的地形地貌类地质景观特性的保护，不适合建设游步道。例如峡谷类地质景观特性的保护，因峡谷的地形特殊，谷内面积狭窄、飞泉流瀑、怪石峭壁，谷内道路布局成为棘手问题。个别景区采用在谷内开凿崖壁修建栈道的方法，这对地质景观的完整性造成了极大的破坏。针对这类地质景观保护区的道路布局，严禁开凿崖壁修建游道，一般紧邻崖壁修建栈桥供游人通过。对一些陡崖类地层剖面景观，临近陡崖修建栈桥，既保护了陡崖崖壁地层剖面地质景观的完整性，又方便了游客参观游览地质景观。对于深潭、壶穴类地质景观，在规划其参观游道时，一般建设栈桥、浮桥，在不破坏地质景观的情况下能使游客近距离清晰观赏深潭、壶穴在长期流水冲刷腐蚀的地质外力作用下形成的地质痕迹。

例如位于福建省白云山世界地质公园中的福安蟾溪壶穴群，风光旖旎，峡谷上下落差较大，呈“V”字形发育。晶洞、岩槛、深潭、壶穴成为典型的地质景观。河床基岩的节理、裂隙受河水长期的冲刷侵蚀发育成岩槛，岩槛经流水侵蚀发育了壶穴。为保护壶穴地质景观的完整性，且能清晰地展示壶穴构造，在峡谷内紧贴崖壁修建了栈桥，使游人可通过栈桥对壶穴地质景观进行游览观赏(图 4-7)。

图 4-7　福安蟾溪壶穴群栈道图

图片来源:作者自摄

(二) 索道对地质景观特性的保护

在地质景观保护区内，索道作为特殊的客运工具而存在，与其他交通工具相比，索道占地少，对地质景观破坏小。索道一般采用电力驱动，没有“三废”的排放以及噪声污染，能够适应地质景观保护区内的环保要求。此外，客运索道还可运输建设物资和生活物资，为地质景观保护区的游客、职工的生活提供了极大的方便，并在发生特殊情况时提供有效的应急服务。

例如云台山世界地质公园神农山景区因裂谷构造、水动力作用形成了奇峰、异岭和峡谷地质景观。为保护地质景观的完整性不被破坏，神农山景区特设两条索道:一条在一线天景点至蘑菇亭，一条在一天门至天皇庙。在景区内建设索道，一是避免了在地质景观保护区开山、劈石、造路对地质景观造成破坏，二是人们可以在高空俯瞰地质景观的壮美，三是缩短人们在景区逗留的时间，从而也减少了为满足游客逗留的生活需求而建设的住宿、餐饮等服务设施的数量，进一步保护了地质景观的完整性(图 4-8、图 4-9)。

图 4-8　神农山索道布局图

图片来源:焦作市国土资源局

图 4-9　神农山索道

图片来源:焦作市国土资源局

(三)游线基础设施绿色铺装对地质景观特性的保护

游线基础设施绿色铺装在这里泛指道路及各种接待、休憩服务设施的地面铺装。当前国内地质景观保护区的游线基础设施的铺装没有完全做到对地质景观特性的绿色保护,有待进一步完善。游线基础设施绿色铺装对地质景观特性的保护主要体现在以下几个方面。

1. 绿色铺装材料对地质景观特性的保护

原生态铺装材料对地质景观特性具有较好的保护功效。

本土石材:这是地质景观保护区铺装最合适的材料,使用本土石材,其材质的质感、色彩均与地质景观环境相协调,对地质景观环境保护及其环境协调起着良好的功效。

砖:地质景观保护区的一些小径、人行道、休憩服务设施的地面常常以砖为铺装材料,特别是一些室外透水砖因其渗水性较好,预防了地质景观保护区雨水的流失,对地质景观保护区的温度及湿度调节也起着很大的作用。

碎石及鹅卵石:碎石片及鹅卵石铺装材料在地质景观保护区较为常用,在园区的一些小径、休闲小广场等地,常用园区的一些碎石及鹅卵石铺装,其色彩丰富,造型多样,为园区增添几分生机。此外碎石、鹅卵石铺地具有很好的渗水功能。

木材:木铺面常用在地质景观保护区的游步道、栈道、小型休息广场等处,木铺面坚固可靠,脚感舒适有弹性,同时绿色环保,对地质景观保护也起到很好的功效。

以上材料的铺装调节了地质景观保护区的温度、湿度,可减少地质景观的风化剥离,对地质景观的环境保护起着重要作用。

2. 因地制宜的铺装施工方法对地质景观特性的保护

在地质景观保护区的道路铺设过程中,常常因为特殊的地形限制,需要采用依山就势、因地制宜的铺装方法。例如在较狭窄的山道上铺设路面时会遇到有保护价值的石块阻挡在道路中间,铺装时要绕开石块,把石块作为地质遗迹展示在道路中间,而不是劈石开路。

例如河南省嵩山世界地质公园的三皇寨园区三皇庙下方的道路铺设中，在狭窄的山路上有价值较高的褶皱地质景观出现，设计师针对这种特殊情况，因地制宜，将褶皱地质景观完整的部分保留，在其旁边靠近山体处仅留有30厘米左右宽度的台阶供游人行走。这对地质景观特性做了较好的保护(图4-10)。

图4-10 三皇庙下方的道路

图片来源：作者自摄

透水性铺筑方法：采用透水性铺筑方法对地质景观保护区场地和路面进行铺装，增大透水及透气面积，保持园区稳定的温度和湿度也是对地质景观保护有效的施工方法。

3. 铺装的色彩造型对地质景观特性的保护

从视觉上来讲，地质景观保护区铺装的色彩、造型应与地质景观相协调，过于跳动的色彩和造型会起到喧宾夺主的效应，直接对地质景观风貌起到破坏作用。例如自然的景观环境中有一条突兀的色彩艳丽的瓷砖铺装，既打乱了整个景区的环境秩序感，又破坏了景观的视觉平衡。

第四节 本章小结

本章对游线基础设施的构成、特征、功能做了详细的阐述。首先，界定了游线基础设施的范围，游线基础设施是在地质保护区内部的，在其游线上或者被游线串联起来的游线附近的基础设施。

其次，是对游线基础设施所包含内容的界定。把游线服务设施界定在游线服务、游线交通、游线标识及解说系统、游憩服务、环境服务设施5个方面。又分别对5个方面的设施的构成、特征及其功能进行了详细的阐述。游线服务设施的内容仅限于游客服务中心、博物馆、服务点几个方面的内容，强调停车场、售票厅、接待处、博物馆、小卖部等设施的功能。游线交通设施主要包括环保交通、慢游交通及其他交通几个方面，强调了电瓶车、消防车、自行车道、步道、汀步、景观桥、游船、码头、高架桥、索道等设施的功能。游线标识及解说系统设施主要包括标识系统和解说系统两部分内容，强调游线的标识、标示、标志、公告牌、警示牌、导游宣传册、解说等设施的功能。游憩服务设施主要包括休憩庇护和观景台等内容，强调了风雨亭、避难所、观景台等设施的功能。环境服务设施包含照明、家具、环境卫生等内容，强调了照明、户内、户外家具及厕所、垃圾桶等设施的功能。

最后，阐述了游线基础设施对地质景观特性的作用。分别从游线基础设施对地质景观可达性、丰富性的提升，道路、防护设施对游客的强制性，标识及解说系统对游客的引导性，低碳生态设施的保护性等几个方面，阐述了游线基础设施对地质景观特性的保护作用。

游线基础设施的内容及其功能的内容界定，有别于旅游学的"旅游线路"中游览设施的内容，这也是本书对游线基础设施概念的创新所在。

第五章　基于地质景观科学性、稀有性保护的游线基础设施规划设计

地质景观有五大特性，若对每一特性的保护性规划设计进行分门别类的阐述，不仅过于烦琐，而且也容易带来相关内容的重复表述。故本书对与这五大特性紧密相关的内容进行了一定的整合，如稀有性即是地质景观科学价值非常高的特性，其与科学性有紧密联系；而地质景观均属自然环境，其观赏性亦是对自然的观赏，故观赏性与自然性的结合便顺理成章。最后剩脆弱性因无组织对象结合，也因其内涵的独特，故独立成章。

游线基础设施根据《国家地质公园验收标准》，可归纳为四大类，即地质博物馆、地质科普广场、地质科普旅游线路、标识及解说系统。本章即以此为分类线索探讨其基于地质景观科学性、稀有性保护的规划设计规律。为了避免行文累赘，所有设施之前的“基于地质景观科学性、稀有性保护”的字样均不再重复。

第一节　地质博物馆

地质博物馆具有地质科学研究、地质科普教育、地质景观保护多项功能。地质景观是在漫长的地质作用过程中形成的，其地质成因复杂，专业性较强，除地质专业人士外，普通人对其科学价值的认知程度较弱。因此，地质景观的科学价值要靠地质科普、教育传递给人们，使人们首先了解地质景观，继而因了解而欣赏，因欣赏而保护。地质博物馆就是一个供人们认识地质景观科学性、稀有性的不可或缺的载体。无论是其建筑本身还是室内外展示都对地质景观科学性、稀有性起着非常重要的科普教育作用，并成为促进社会提高地质景观保护意识的桥梁。

立足地质景观科学性、稀有性的揭示与保护，地质博物馆主要有原址保护、异位保护（移置保护）和综合保护（原址加移置）3 种规划设计与建设方式。

一、原址保护性规划设计

地质博物馆的规划设计与建设要建立在真实的地质科学基础之上，不能随意杜撰，更不能传播错误的或不确切的内容；要实事求是地将地质景观的科学性、稀有性深入浅出地予以揭示并传播给大众。

以下从地质博物馆的选址、外观、室内三部分内容入手对其科学性、稀有性的保护性规划设计进行阐述。

（一）选址

因地质景观复杂多样，各种地质景观拥有的科学性、稀有性内涵也不相同。就地选址是对其科学性、稀有性最好的揭示与保护方式之一。

在地质景观剖面露头良好、岩性稳定、沉积构造发育良好的区域，以适当的方式选址建设地质博物馆，会给人带来对地质景观科学性、稀有性体验之身临其境的独特感受。尤其是对科学价值高而又相当稀缺的古生物化石类地质景观，就地选址建设地质博物馆便是一种极佳的、具有科学性及稀有性保护价值的手段。下面就以该类地质博物馆为例说明。

大多数古生物化石类地质景观的科学性、稀有性价值极高，但也存在易风化和体量较小等特点。对于较为集中分布的该类地质景观，便适合在原址规划建设地质博物馆，以体现对地质景观科学性、稀有性的保护。古生物化石类别虽然较为丰富，但其一般分布在地表以下一定深度的层岩中。根据对古生物化石类地质景观的前期勘察，明确该类地质景观的空间分布范围，选址落位地质博物馆是对其科学性、稀有性进行保护性规划设计的最佳途径。

在地质景观遗址上修建博物馆能够使游客身临其境，可体验到地质景观的原生状态，并能清晰地观赏地质景观的地质演化过程，真实地感受地质景观珍贵的科学价值。

对于分布于地表浅层的古生物化石遗址，在遗址上方搭建地质博物馆，可使地表浅层的古生物化石能够在地质博物馆室内得到良好的保护和展示，并避免外部环境的进一步的风化与侵蚀。对于一些埋藏较深的古生物化石遗址，它们有的在地下几米甚至几十米处，采用深部清渣挖洞的方法，使古生物化石景观裸露出地层并给予展示，该类地质博物馆也可称为洞穴式地质博物馆。洞穴式地质博物馆需要的地面空间较少，但垂直交通联系却非常重要。

1. 浅层类选址

地表浅层类地质博物馆，其内部展示往往和地质景观遗址环境相结合。如河南汝阳恐龙国家地质公园的地质博物馆就是建设在浅层恐龙古生物化石的地质景观遗址上的。

该地质公园位于洛阳市东南部的汝河上游，分为恐龙化石和西泰山两大园区。该公园属花岗岩地貌，大地构造复杂，断层发育、岩浆活动频繁。此处不仅是白垩纪晚期恐龙集中活动地，而且还是一处恐龙化石的密集埋藏区。已发掘的恐龙遗迹化石有汝阳黄河龙、洛阳中原龙等，科学价值极高，也非常珍稀罕见。

地质博物馆即选址在其最精华的埋藏区，遗址的保护与科普便成为该地质博物馆规划建设的两大重要方面。

对该峡谷地质景观进行评价，得出该公园地质景观综合性评价分值为 90 分，为 Ⅰ 级保护，脆弱性评价分值为 5.9912，为二级保护。依据地质景观综合性评价与地质景观脆弱性评价的等级划分对游线基础设施规划设计的要求，对地质博物馆进行选址保护。

（1）精华保护。

在该公园园区内的刘店镇郝岭村附近的恐龙化石遗址，其剖面露头良好，岩性稳定，并有多层恐龙骨骼化石和恐龙蛋（壳）化石层位。其地质景观的科学、稀有特性突出。举世罕见的黄河巨龙骨骼便在此被发掘出来（图5-1），适合集中建馆保护。且此处内外交通便利，从主入口沿一条恐龙大道科普线路可直达博物馆，沿途还有多处经发掘的恐龙化石遗址、地质剖面墙等地质景观。游客在前往恐龙地质博物馆的途中还能够参观多处恐龙化石遗址,从而建立对恐龙化石遗址类地质景观知识的初步认识,因此其地质博物馆最终选择建于此处(图 5-2)。

图 5-1　恐龙地质景观遗址

图片来源:作者自摄

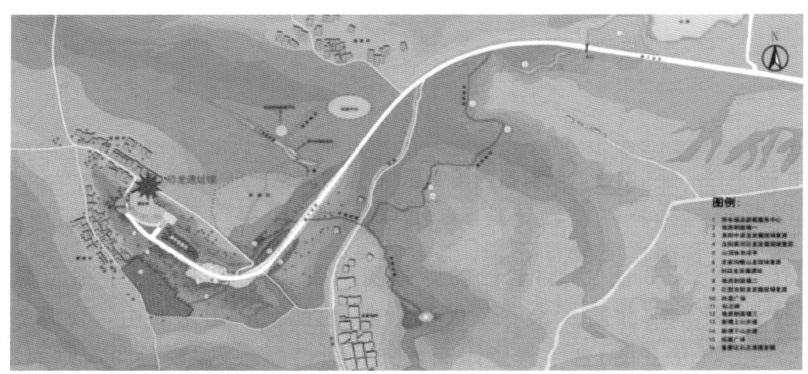

图 5-2　恐龙地质博物馆选址

图片来源:作者自绘

(2) 科普教育。

博物馆集中向游人科普展示了地球以及汝阳恐龙的历史发展与演化过程等内容。让人们了解到恐龙化石遗迹的稀有性,加深对恐龙化石地质景观科学价值的认识,并体会到保护该类地质景观的重要意义。

2. 深层类选址

深层类地质景观有两种存在形式:一种是天然洞穴类,如溶岩洞穴等地质景观;另一种是人工洞穴类。人工洞穴类地质景观经过漫长的地质运动,被埋藏在地层深部,其博物馆建设在体现对该类地质景观的科学、稀有特性保护的同时,也需满足科普教育功能。因此其选址一般考虑在地质景观密集的地段,并保留地质景观原型,深部清渣发掘,在地下形成洞穴式的展示空间,以便于地质科研人员及游客进入遗址现场进行科学考察或者接受地质科普教育。

(1)天然洞穴类。

天然洞穴类地质景观一般以溶岩类洞穴居多。洞穴内的岩石经过漫长地质历史时期的演化,形成了千姿百态的造型,从而构成罕见的地质景观。

北京房山的银狐洞便是华北地区唯一开放的水洞、旱洞一体的自然溶洞。洞顶上倒挂着长近2米、色泽雪白、形状像猫头狐狸身体的方解石晶簇,被称为"中华国宝"——银狐(图5-3)。这种地质景观旷世难求,具有不可再生性,科学价值极高且极为稀有,一旦破坏将无法弥补。

图5-3 北京房山的银狐洞

图片来源:作者自摄

对于该类稀有的地质景观,需要采取与游客隔离的保护措施,禁止游客触摸,并保证适宜地质景观保护的环境温度与湿度。

在洞内,银狐奇石用玻璃罩封闭,与参观游客完全隔离。游客既可以透过玻璃罩近距离观赏银狐景观,同时也避免了大量人流进入洞穴而带来的环境中空气成分不稳定的负面影响。

(2)人工洞穴类。

河南省西峡县的恐龙蛋化石遗迹为国家一级保护文物,其科学价值高、稀有性强。其遗迹园内的恐龙蛋化石博物馆就是采用人工洞穴式进行展示的。

该恐龙遗迹园位于西峡盆地内的丹水镇。景区内为低山丘陵地貌,在元古界基底上沉积了一套以河流相系列为主,伴有浅湖相或滨湖相的红色碎屑岩系。晚白垩世恐龙古生物化石正是赋存其中。

对该地质景观进行评价,得出该公园地质景观综合性评价分值为95分,为Ⅰ级保护,脆弱性评价分值为5.9803,为二级保护。依据地质景观综合性评价与地质景观脆弱性评价的等级划分对游线基础设施规划设计的要求,对地质博物馆进行选址保护。

经地质专家勘探发掘，该处是恐龙蛋化石的密集分布区，化石保存完整、状态原始，并富存树枝蛋类地质景观。此外该处地质剖面连续、层位清楚、出露良好，是对恐龙蛋化石遗迹进行科学考察和研究的极佳场所，适合集中保护展示。人工洞穴式的地质博物馆便成为唯一而又适宜的精华保护方式。

从园区主入口进入，游客首先参观游览恐龙化石博物馆，了解恐龙生活的地质背景及恐龙生活习性。然后再到恐龙蛋化石博物馆进行参观。游客深入地下，通过一条具有地质剖面展示价值的地下通道，对恐龙蛋化石层地质构造近距离观察，从而深入了解恐龙蛋产生的地质背景及其成因，也使游客更深层次地了解恐龙蛋化石珍稀的科学价值(图 5-4)。

图 5-4　西峡恐龙遗迹园恐龙蛋化石博物馆位置

图片来源：河南省国土资源科学研究院

(二) 外观

地质博物馆不仅是内部展示地质景观的场所，其外观的地质科普意义也非常突出并为社会高度关注。其建筑外观设计常常是把地质公园典型的地质景观特性解构为地质元素符号，用抽象或具象的方式塑造其外观，隐喻其中的地质科普内涵。同时结合博物馆周边的地形、地貌等自然条件，营造出具有浓厚地质特色的环境，让博物馆建筑外观传递给游客尊重自然、爱护地质景观的信息。

1. 真实仿生

地质博物馆建筑外观造型采用其所在地质景观保护区典型的地质景观特征仿生表达，不仅可丰富建筑造型，同时还可将地质景观的科学内涵直观地传递给观众。

西峡恐龙遗迹园的恐龙蛋化石博物馆外观便是模仿恐龙蛋的真实仿生佳作。素混凝土建筑材料仿真破碎的恐龙蛋外表，建筑外观肌理采用不规则多边形几何体构成，有丰富的细胞单元组织联想，向人们暗示着恐龙蛋古生物化石的原生形象（图 5-5）。

图 5-5　恐龙蛋化石博物馆外观

图片来源：作者自摄

而河南汝阳恐龙地质博物馆外观造型则以恐龙骨骼化石为设计元素，仿真恐龙骨骼构造（图 5-6），突显了汝阳恐龙骨骼化石的地质景观特性。

2. 抽象仿生

抽象仿生是以极简的几何形体取代复杂的仿生元素，以简练的建筑语言构建来传达地质景观信息的博物馆形象的设计方法，也是专业认同价值高而又为社会喜闻乐见的重要手法之一。

湖北省青龙山恐龙蛋化石群国家地质公园内的地质博物馆位于十堰市郧阳区柳陂镇青龙山的山坡上，馆体的形态依恐龙蛋遗址的分布走向布局。因该遗址所在地地形高差约有 15 米，故将建筑分为依地形高差而建的六个体块段落，以恐龙骨骼的形式进行连接。这种抽象的几何形体组合而成的建筑外观，远远望去，犹如俯卧在山间的恐龙，使人产生丰富的联想（图 5-7）。

图 5-6　河南汝阳恐龙地质博物馆外观

图片来源：作者自摄

图 5-7　湖北省青龙山恐龙蛋地质博物馆外观

图片来源：作者自摄

（三）室内

地质博物馆内部展示设计最重要的原则是对地质景观科学性与稀有性原汁原味地展示，以此向游客传递地质科普信息，并使游客能够身临其境地感悟到地质景观珍稀的科学价值，激发游人对地质景观保护的强烈欲望。下面以河南汝阳恐龙地质博物馆的内部展示为例进行阐述。

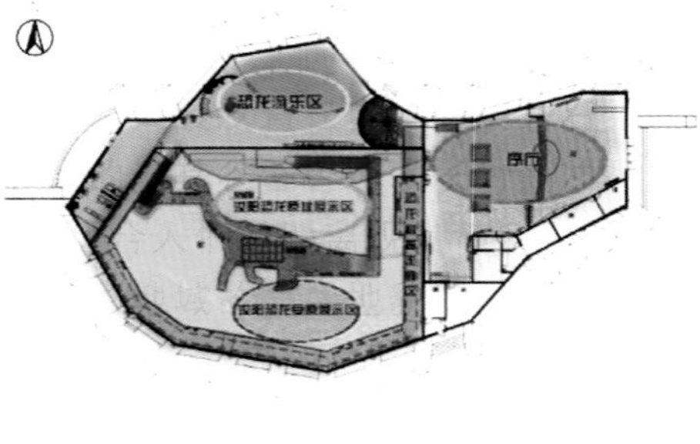

该地质博物馆地质科学陈展内容以恐龙化石遗址展示为中心，序厅、生态复原、中国恐龙分布图、恐龙科普长廊、恐龙孵化等几部分内容紧密围绕着恐龙遗址中心展开（图 5-8）。向游客揭示了恐龙的发展演

图 5-8　地质博物馆平面图

图片来源：作者自绘

化过程、中国恐龙的分布，并结合实有恐龙骨骼遗址，详细介绍了汝阳黄河龙化石的地质演化过程及其重大科学性与稀有性价值。

因恐龙骨骼化石珍贵稀少，为了防止游客对恐龙骨骼化石近距离接触对其产生损坏，在其展示区设栈道防护（图 5-9）。游客可循栈道的强制性引导，依序观赏原址及其他布展内容。游客在其间具有穿越时空之感，从中体验到恐龙从出现直至灭亡的漫长历史演化过程。恐龙复原区通过雕塑的形式展示恐龙时代的生活场景，让游客对恐龙化石的认识由二维空间上升到三维空间，从而加深对恐龙化石地质景观的认识（图5-10）。

图 5-9　恐龙遗址

图片来源：作者自摄

图 5-10　恐龙复原展示

图片来源：作者自绘

二、异位保护性规划设计

（一）选址

在地质景观保护区，地质博物馆的选址除了前面章节讲到的原址保护外，还有异位保护。所谓异位保护即是地质博物馆不占压地质景观，而在偏离地质景观的其他地方进行选址建设。与原址地质博物馆的选址相比，异位保护的自由度更大。下面对其选址的 2 种方式进行阐述。

1. 结合地质景观视线的选址

异位地质博物馆的选址有很大的自由空间，而通过博物馆遥视大尺度的地质景观，一般是山岳型地质景观，这种博物馆选址形式可避让地质遗迹保护地，从而实现地质景观科学性、稀有性的保护。下面以河南省嵖岈山国家地质公园博物馆为例，来说明异位型地质博物馆的保护性规划设计。

对该公园地质景观进行评价，得出该公园地质景观综合性评价分值为 85 分，为Ⅰ级保护，脆弱性评价分值为 5.0152，为二级保护。依据地质景观综合性评价与地质景观脆弱性评价的等级划分对游线基础设施规划设计的要求，对其进行选址保护。

嵖岈山国家地质公园的地质博物馆便选址在人流汇聚量较大的南山。除博物馆本体的造型外,其选址最重要的因素便是从博物馆处如何将远处的地质景观纳入并成为博物馆展示的内涵之一,故而视线分析便相当重要。

在崂岈山的东、南环路上分别选择五个观赏点,利用 ArcGIS 对地形进行三维模拟,经过对比和现场实证,视点 5 对南山地质景观观赏的景域最佳(图 5-11)。此处所观赏到的南山园区的花岗岩地貌特征最为鲜明,故该点便成为博物馆的选址建设地(图 5-12)。

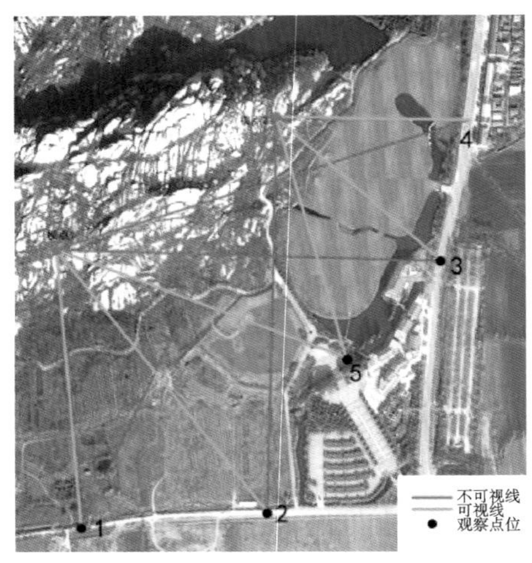

图 5-11 南山最佳观赏点模拟

图片来源:作者自绘

图 5-12 崂岈山国家地质公园博物馆位置

图片来源:作者自摄

该处选址和南山地质景观遥相呼应,使博物馆对崂岈山地质科学性的展示由内而外相互印证,也使游客对崂岈山花岗岩地貌的理论认识与实物观感结合,从而增强游客对该类地质景观科学性的认识。

2. 结合功能便利的选址

异位保护的地质博物馆若与外部交通、内部游线、空间节点进行衔接,则不仅可保护地质景观,还能带来功能便利。

异位建设的地质博物馆若选址在园区中多条地质科普线路的交汇处或者主要地质科普线路的节点处,则可产生缓解疲劳、补充体能、反刍科普、明晰线路的功效。云台山世界地质公园老地质博物馆就选址在几条科普线路的交汇处。

该园位于河南省焦作市境内,分为云台山、青龙峡、峰林峡、青天河、神农山五个景区,共有 10 条地质科普线路(图 5-13)。

老博物馆选址于红石峡、潭瀑峡和泉瀑峡三条科普线路交会点。这里丹霞地貌特征明显,有"碧水丹霞"特点,这构成了博物馆的环境依托(图5-14)。游客无论参观哪一条科普线路都会途经该处,而地质博物馆则成为可驻足休息、餐饮娱乐的场所,这使博物馆具有了寓教于憩、寓教于行的功能。内部所展示的公园背景、地质成因等可供游客观赏。

地质灾害的场景可大可小,但无论大小都超过博物馆尺度;另外灾害类地质博物馆不可能建在地质灾害发生处,故而异位选址是该类地质博物馆的典型选址方式。灾害类地质博物馆主要展示地质灾害的发生原因、过程、结果及预防措施。该类博物馆可将灾害场景片段移置到馆内保存。

图 5-13　老地质博物馆位置图

图片来源:作者自绘

图 5-14　老地质博物馆

图片来源:作者自摄

甘肃兰州市地震博物馆便是我国目前规模最大的地震灾害博物馆。该馆选址于兰州交通大学后山下长达 400 米的防空洞内(图 5-15),博物馆门前是一条古地震断裂带。游客来到博物馆门口,首先接收到的就是地震灾害的警示信息。

博物馆内移置保存了兰州大地震时遗留下的灾害遗物,展示地震灾害的发生原因、过程,及兰州在大地震中所遭受的损伤。

(二) 外观

异位保护类地质博物馆建筑外观造型一般为抽象造型居多。原因在于异位博物馆通常受地

图 5-15　兰州市地震博物馆

图片来源:作者自摄

质遗迹的限制较少,创作的自由发挥空间较大,但若脱离地质景观来营造建筑又似无水之源,故该类建筑一般均把地质景观解构为建筑符号来隐喻其特性,其中有不少精品。

其抽象设计过程通常是把地质博物馆所在区域的地质特性、人文、自然等各种因子筛选整合,提炼最具代表性的特征,借助象征和隐喻等手法体现在建筑造型上,以此来增强地质博物馆建筑外观的特色,引发人们对地质景观现象的联想。下面给予阐述。

河南省固始县西九华山地质公园属于花岗岩地貌景观,其地质博物馆便属异位建设的,其外观造型就是采用隐喻象征的表现形式来体现其地质景观特性。

地质博物馆位于西九华山留梦河谷景区出口处的广场西侧,博物馆正面朝东,花岗岩山体则西、南、北三面环绕,门前有留梦河,花岗岩地质景观特征明显,地质环境优美(图 5-16)。

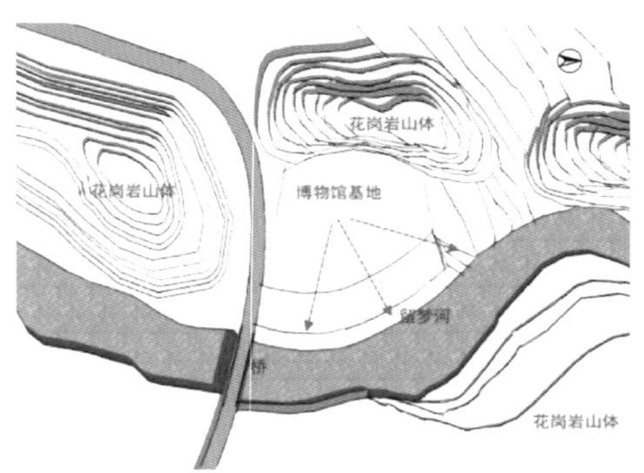

图 5-16　西九华山地质博物馆总平面图

图片来源:作者自绘

博物馆异位搁置在地质景观环绕处,其外观造型则由地质文化元素符号构成。主要表现在以下几个方面。

①博物馆建筑由三个厚重的形态不规则体块组成,既代表了地质公园中石炭纪、侏罗纪、白垩纪三个典型的地质时代,又代表了公园内典型的“岛丘群地貌”。

②南边两个块体似连非连代表了“杨子板块”,北边的块体代表“华北板块”,中间的灰色部分代表古生代时期的“大洋板块”。

③顶部与侧面灰色的部分用花岗岩石材铺设，代表了西九华山的桃花岭与平阳“花岗岩体”，中间的低洼造型代表“火山口”。

④整体建筑突起在广场上，代表了中央造山带。

⑤博物馆顶部形成一个观景台，屋顶与室外连为一体，空间流线呈现立体状态，可观可游，游客仿佛穿梭在3亿年前的石松林中。建筑采用双层表皮和种植屋面，体现了生态节能的特点。

⑥建筑表皮——层状的地层结构、硅化木表面纹理，这也是该地质景观富含成煤植物遗体化石的特色反映(图5-17)。

图5-17　西九华山地质博物馆外观造型对地质景观特性的演绎

图片来源：作者自绘

⑦由珊瑚石与砾岩表面不规则多孔形态演绎出入口造型图案。比如入口玻璃和中庭天窗部分，通过不规则的多边形纹理呼应了珊瑚石多边形多孔的形态，又代表造山带形成过程中区内发育的多层砾岩。

地质博物馆外观建筑材料采用当地的生态木、毛石块等，通过古生物地质景观符号的象征隐喻，将该处的地质景观特性表达得淋漓尽致，增添了地质博物馆神秘的科学魅力，激发了人们探寻地质科学奥秘的热情，增强了人们对地质景观的猎奇和求知欲，从而认同并理解地质景观宝贵的科学与稀有价值所在(图5-18)。而异位建设的方式也为其创作提供了良好的环境。

类似的异位博物馆建设，且采用抽象隐喻手法的方式在阿拉善沙漠世界地质公园的博物馆中也有呈现。在此，抽象隐喻之源却是阿拉善的沙漠。

该公园因风力作用形成连绵不断的沙丘，这些沙丘形似金字塔，每个沙丘有3～4个棱面，最多可达5～6个棱面(图5-19)。

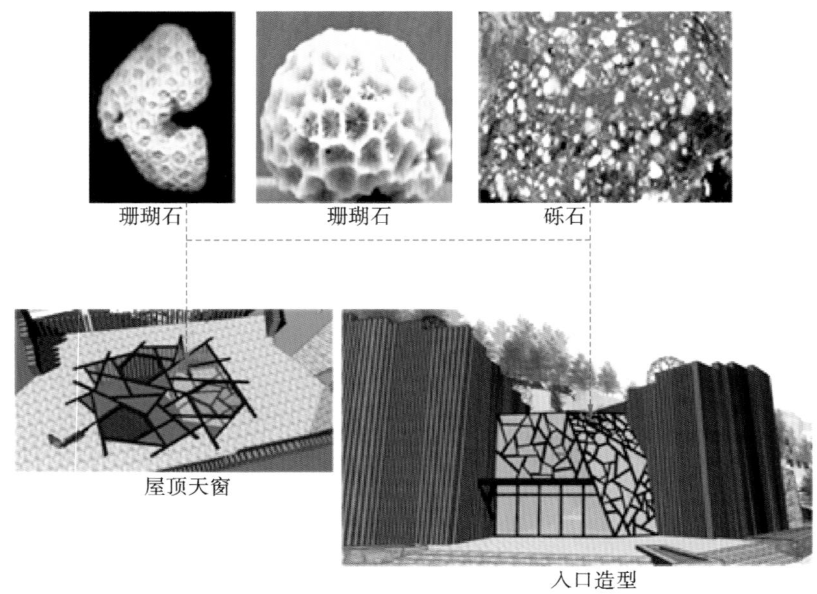

图 5-18　西九华山地质博物馆外观造型对地质景观特性的演绎

图片来源:作者自绘

图 5-19　阿拉善沙漠金字塔沙漠地质景观

图片来源:作者自摄

地质博物馆即以该沙丘地质景观作为建筑外观造型的抽象基础，这也是其三角面构成的多面体组合的现代简约设计手法之源。地质博物馆的建筑材料选择与沙漠色相近的毛石构筑，使建筑与沙漠环境协调（图 5-20）。

图 5-20　阿拉善沙漠地质博物馆

图片来源：作者自摄

与沙漠类地质景观相比，海岸类地质景观相对曲折多变，这也可成为异位建设的博物馆外观造型的抽象之源。

大连滨海国家地质公园地质博物馆即是依附并远离地质景观核心区，并将海岸沉积岩及大海波浪解构为建筑符号进而成为其建筑外观造型素材的佳例，该博物馆也成为突显大连滨海国家地质公园风貌特色的关键。博物馆采用层层递进的几何形体来象征海岸沉积地貌，当地的天然毛石与混凝土的交错使用用来隐喻水润万物（图 5-21、图 5-22）；远观博物馆，就能使人联想到大连及其典型的海岸景观，并激发人们对其神秘地貌成因探究的欲望。

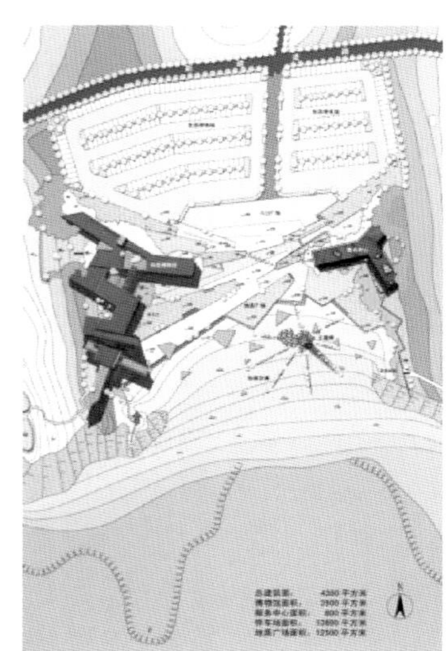

图 5-21　地质博物馆总平面图 1

图片来源：作者自绘

图 5-22　地质博物馆鸟瞰图

图片来源：作者自绘

（三）室内

奇特稀少、旷世难觅的岩矿石地质景观在自然环境中多具有易风化的特性。例如微型古生物化石、矿物结晶体(图5-23、图5-24)、黄金、珠宝玉石等的地质景观，其科学价值与经济价值均极高，但在自然状态下又不稳定。为了更好地保护该类地质遗迹，通常采用的方法便是异位移置到博物馆进行保护。这也使博物馆具有了另一种异位的内涵，即把大自然中部分露天的、珍贵的地质遗迹采集移置进博物馆，通过博物馆室内环境适宜的温度、湿度实现其保护性陈展。优良的陈展环境可让游客充分了解其珍贵的科学与稀有价值，从中感悟到地质景观保护的意义。

图5-23　广西的中国皇帝菱锰矿

图片来源：作者自摄

图5-24　新疆的鱼眼石

图片来源：作者自摄

例如河南红旗渠林虑山国家地质公园内的地质博物馆就是把国内外较为稀有的矿石标本移置到室内，以地球的形成和演化史及林州地区地质演变历史为轴线进行陈列布展。

该地质博物馆分为序厅、前厅、地史(演变)厅、地质环境厅、北雄风光厅、红旗渠厅、玉蕴金藏厅等功能分区，分别展示异位移置的地质景观。

将地质景观异位移置到博物馆，其保护的方式有下列3种。

1. 安全保护

设置安全设施是珍宝类地质景观的重要保护手段之一。由于展厅展品多属矿物岩石类、珠宝玉石类等，其本身除具有很高的科研价值外，还具有很大的经济价值。因此对每一类展品均需设玻璃隔离层将展品防护起来，以免人为接触对其产生破坏，同时也预防偷盗现象的发生。

该类展品除隔离保护外，展厅内部还配置有高清晰摄像头之类的电子监控设备，随时关注展品的安全状态，警示游人在参观时不要有不规范行为而导致展品损伤。

2. 展示空间环境的保护

针对每一个地质景观展品，根据其自身地质稳定性需求，有针对性地对其进行温度、湿度的控制保护，这是异位移置博物馆室内设计的重要要求。

不同的岩石矿物，其稳定性和对环境变化的反应都有较大差异，自然环境中的光、温度、气压、空气成分等因素都会对其产生影响。例如有些矿物类展品对光特别敏感，经光源照射容易氧化褪色，如褐色托帕石、烟晶石等，对其进行保护时，首先要考虑的便是照明问题。照明多采用节能型、冷光型灯具，尽量避免强光照射。放置空间也多采用玻璃质的密闭环境，以实现空间内的温度、湿度调节。

还有如碳铵石类的矿物展品易受高温影响而挥发，该类矿物展品适合在低温湿润环境中封闭保存展示。在其展示空间里，还应放置适量的清水以保证适宜的环境湿度。而如水绿钒之类的展品易在空气中吸收水分并潮解褪色，故宜在其展示空间中放置适量的干燥剂来保证环境的干燥度。有的珍宝类展品，空气中的酸性或者碱性化学元素对其容易产生腐蚀。例如黄铁矿容易和空气中的成分发生反应，氧化速度较快，该类展品需放置在真空玻璃容器里进行保护（图 5-25）。

图 5-25　玻璃容器保护

图片来源：作者自摄

异位移置地质景观至博物馆的保护方式，不仅保护了科学而稀有的地质景观遗迹，同时也使游客增进了对地质景观的了解，并为其树立地质景观保护观念奠定了良好的基础。

三、综合保护性规划设计

因一些地质景观的特殊性，其博物馆规划设计可采取原址保护性建设加异位移置相结合的方式进行，该种方式笔者称为综合保护性规划设计。辽宁朝阳鸟化石国家地质公园的地质博物馆、5・12 汶川特大地震纪念馆等便是综合保护性规划设计的佳例。

（一）选址

2008 年 5 月 12 日，四川省汶川县发生的特大地震灾害几乎毁灭了整个汶川县。地震结束后，政府帮助汶川人民重建家园，并在北川地震灾害现场建设了 5・12 汶川特大地震纪念馆。

5・12 汶川特大地震纪念馆选址在北川羌族自治县曲山镇，这里是汶川大地震震灾最为严重的地方，也是崩塌、滑坡、泥石流、堰塞湖等次生地质灾害发生最为集中的区域。这里作为世界上面积最大的地质灾害保护现场，非常稀有，具有重大的地震科学研究价值。

（二）外观

5・12 汶川特大地震纪念馆的建筑外观以大地震中最典型的地质现象——裂缝作为创作构思，并将其应用到纪念馆的建筑外观造型上。纪念馆为地景式建筑，从主体建筑通过下沉式广场和人行步道向外延伸，给人以在大地震裂缝中穿行的震撼之感。纪念馆的室外馆划分为北川老县城地震遗址、唐家山堰塞湖遗址、沙坝地震断层三个部分，这里也是当前世界上规模最大的地震次生灾害遗迹区。采用了就地保护的方式，加固原有地震中被破坏的建筑及基础设施，原汁原味地保护了地震灾害遗迹（图 5-26、图 5-27）。

图 5-26　5·12 汶川特大地震室内纪念馆

图片来源:作者自摄

图 5-27　5·12 汶川特大地震原址纪念馆

图片来源:作者自摄

(三) 室内外环境

5·12 汶川特大地震纪念馆采用室内地震科学普及展示与室外灾害发生现场相结合的综合方式,向游客展示地震灾害的发生原因、发生过程及对地震灾害的预防措施等内容;警示人们要爱护地球家园,积极预防灾难发生。而其室内馆的地质景观科普展示内容主要由搜集整理的地震灾害遗留下来的实物、照片、文字等内容构成(图 5-28),真实反映了地震抗灾的感人场景,室内展陈的异位移置与地震原址良好的结合,使其成为综合保护性规划设计的极品佳例。室外展馆由地震废墟中塌陷的房屋及散落损坏的生活用品组成(图 5-29)。游客身临其境,可感受到地震给汶川带来的惨不忍睹的毁灭性伤害,警示人们爱护地球环境及积极掌握预防地质灾害发生的科普知识,以应对地震灾难的发生。

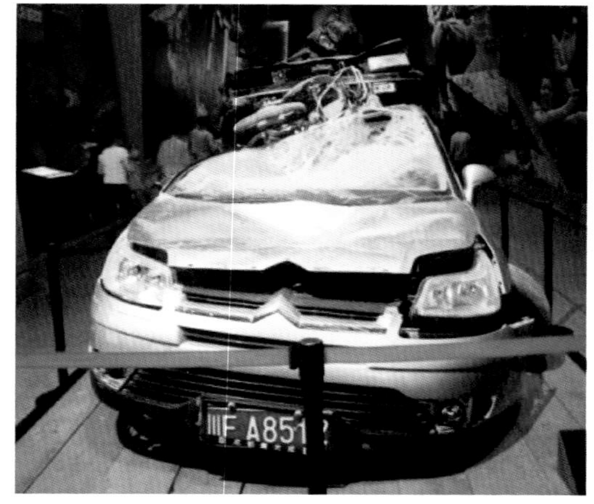

图 5-28　博物馆内地震灾害遗留物品展示

图片来源:作者自摄

图 5-29　博物馆室外馆地震灾害现场

图片来源:作者自摄

第二节　地质科普广场

地质科普广场是国家地质公园建设规范必备内涵，故而也是游线基础设施的重要构成部分。其一般布局在地质博物馆门前或地质景区出入口的位置，还有布局在景区中重要科普游线节点的情况。其保护性规划设计和地质博物馆一样，也可划分为原址保护、异位保护和综合保护 3 种方式。

一、原址保护性规划设计

（一）选址

设置在地质博物馆门前或其周边的地质科普广场是地质博物馆室内空间展示的延伸，与博物馆在展示内容上互动、互补是其功能的重要表现方面。根据地质科普展示内容的需要，地质科普广场往往在原址保护的基础上，增添一些异位移置的地质景观来增强广场的科普功能，此外它还承担着游人中转及休憩等功能。河南省汝阳恐龙国家地质公园的地质科普广场就设置在其博物馆门前，把博物馆室内原址科普展示的内容引申到室外，使室外的地质科普展示与室内的恐龙化石原址展示结合互动。

（二）景观组织

原址建设的地质科普广场的景观组织应严格遵循地质景观保护的原则，并应与地质博物馆内部科普展示内容相呼应进行景观组织。广场一般分地质科普区、休憩区等功能分区。其景观组织主要体现在以下几方面。

1．因地制宜

河南汝阳恐龙地质公园的地质科普广场便处于低缓山坡下的洼地处，故而其规划设计便依山就势、因地制宜地进行景观组织，以充分保护户外的地质环境。

广场在不破坏周边地质环境的基础上，以博物馆门前入口道路为轴线向两侧扩展。在道路两边分别布置全球不同时期的恐龙复原雕塑，用以补充完善博物馆内部空间不足而带来的缺憾；使人能更清晰全面地了解地球上恐龙发展演绎的历史过程。广场周边还布置有休息椅凳，兼顾了游客在接受地质科普教育的同时能有一个舒适的休憩环境的需求（图 5-30、图 5-31）。

2．低碳绿色

地质科普广场的建设充分利用本土材料，不仅使其景观具有强烈的乡土韵味，还具有低碳绿色的环保特征。该广场的地面铺装便采用本土的风化碎石铺地；雕塑小品则采用绿色降解的玻璃钢制成，其材质的色彩纹理也和地质景观环境相协调，从而对地质景观起到了良好的保护作用。

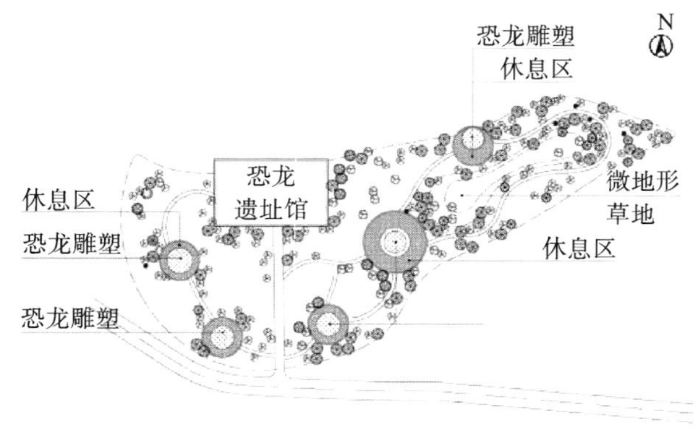

图 5-30　科普广场

图片来源：作者自绘

图 5-31　科普广场效果图

图片来源：作者自摄

二、异位保护性规划设计

同异位地质博物馆选址一样，异位地质科普广场的布局自由度较大，其创作表现的空间也更广。下边按其在景区中布局的位置分别给予阐述。

1. 地质博物馆门前及其周边的布局

该类地质科普广场多与地质博物馆位置相近选址建设。王屋山-黛眉山世界地质公园的地质科普广场就是异位保护性规划设计的佳例。

王屋山-黛眉山世界地质公园位于济源市西部，这里因寒武纪造山运动到新构造运动漫长的地质作用，形成了地形落差较大的峡谷地貌。其地貌以地质剖面为主，古生物、水体景观为辅。天坛山构造是一条极为罕见的地质剖面，集太古代、元古代、古生代、中生代和新生代地层层序于一体，记录了14.5亿～25亿年间中条运动、王屋山运动等重大地质事件。其地质科普广场便选址在天坛山下的地质博物馆前的空间里。

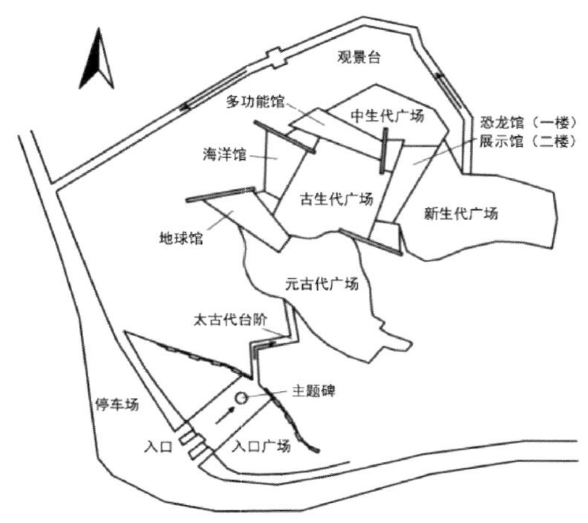

图 5-32　地质科普广场平面图

图片来源：作者自绘

该地质科普广场设计始终遵循着对地质景观特性保护的原则。其规划设计尊重原有地形，并因地制宜。科普展示内容按照入场顺序依次为太古代、元古代、古生代、中生代、新生代5个地质科普展示区。广场依山就势、就地取材，将每一地质时期的景观以地质剖面的形式微缩复原，使自然地质景观与人工地质景观融为一体（图5-32）。

地质科普广场的太古代、元古代展示区主要表现地球混沌初开至原始海洋形成、原始生命诞生的内容。古生代部分主要表现该地质时期海洋地质作用及丰富多样的海洋生物。中生代部分主要展示该地质时期火山爆发及恐龙绝灭前、绝灭后的场景。微缩景观再现了恐龙生活的场景;借助火山岩、硅化木等植物化石、古脊椎动物化石等表达火山爆发及恐龙灭绝的场景。在新生代展区表现人类的出现,结合传说“愚公移山”的故事,展现该时期的人类生活环境(图 5-33、图 5-34)。

图 5-33　古生代

图片来源:作者自摄

图 5-34　新生代

图片来源:作者自摄

通过对广场内地质知识的科普,游客观赏天坛山地质剖面时就能够较容易地理解该剖面的每一地层形成的原因与历史,在敬畏自然宏伟的同时,深深感悟到人类的渺小与地质景观的珍贵。

王屋山-黛眉山世界地质公园的地质科普广场利用室外地砖及碎石子铺地。这种材质的运用,既有海绵城市的功效,又绿色低碳,同时对地质景观还有良好的保护作用,又能在材质和色彩上与地质景观相协调。

2. 重要地质科普线路节点的布局

有的地质科普广场会布局在远离地质景观保护区,但又属公园空间的重要节点处。该类地质科普广场较异位地质博物馆门前的地质科普广场之规划设计自由度更大,内容也更为丰富。但其规划设计内容依然需和地质景观保护区的价值相呼应。

英国里维耶拉地质公园的地质科普广场就是这样的一个案例。里维耶拉地质公园位于佩恩顿海及其城市的部分区域,这是一个具有浓烈城市特色的地质公园。其间的暗礁记录了从泥盆纪到第四纪的漫长地质发展历史。其地质科普广场就布局在佩恩顿海边的地质科普游览线路上。该地质科普广场与其他地质科普广场不同的是其位于市区海边的区位。由于城市聚集的人流量较大,地质科普广场设计的宗旨是保护地质景观从娃娃做起,故而其主要面对的科普教育群体为儿童、学生。

整个地质广场分为儿童娱乐区、小学生娱乐区、中学生娱乐区。根据每一功能分区对应的孩子年龄段的不同,其广场景观的规划布局内容也有所不同。例如在儿童娱乐区,根据儿童喜爱嬉戏的天性模拟海滩沙地,其中搁置海边移来的海岸岩石,再在地面上塑造二叠纪时期的海底生物场景,另在沙土上摆放挖掘机等玩具,孩子们在此游玩时便对这些模拟场景产生了极大兴趣。把游戏与地质科普结合,从而产生寓教于乐的韵味(图 5-35)。

三叶虫是二叠纪时期的重要古生物,故而也成为该地质科普广场中儿童玩具的造型之源。生动形象的三叶虫压压床玩具吸引着孩子们前来游戏玩乐(图 5-36)。在游玩的同时,增强孩子们的好奇心，从而引发孩子们对地质景观的关注。此外，在小学生及中学生娱乐区设置的体育健身器材，例如转盘、单杠、跳跳床等也有类似表现（图 5-37）。

图 5-35　地质科普广场的二叠纪时期海洋场景模拟

图片来源：作者自摄

图 5-36　三叶虫造型的儿童玩具

图片来源：作者自摄

图 5-37　仿海洋生物造型的儿童玩具

图片来源：作者自摄

三、综合保护性规划设计

与综合保护性的地质博物馆一样，地质科普广场也存在综合保护性的规划设计类别，其内涵也是在地质遗迹原址基础上，另加异位移置的地质景观，在广场空间进行组合。其布局方式同样有地质博物馆门口和地质保护区的主要科普线路的节点处两种。下面给予阐述。

河南省嵖岈山国家地质公园的地质科普广场选址在地质公园南北方向的天磨湖-琵琶湖地质科普线路的节点处，是游客流动比较集中的地带（图 5-38）。

其景观组织在不影响地质景观原址风貌的基础上，补充穿插了一些异位移置的其他相关地质景观，从而弥补了全球范围内各类花岗岩地质景观特性的不足。该广场同时还对周边峭壁悬崖、奇峰林立的地质景观有良好的保护。

广场里异位移置的花岗岩地质景观布局在峡谷中的空地处，也分 9 个地质历史时期进行展示。9 个展区沿游览路线依次排列不同地质时代的花岗岩岩石标本，并设标识牌给予介绍(图 5-39、图 5-40)。

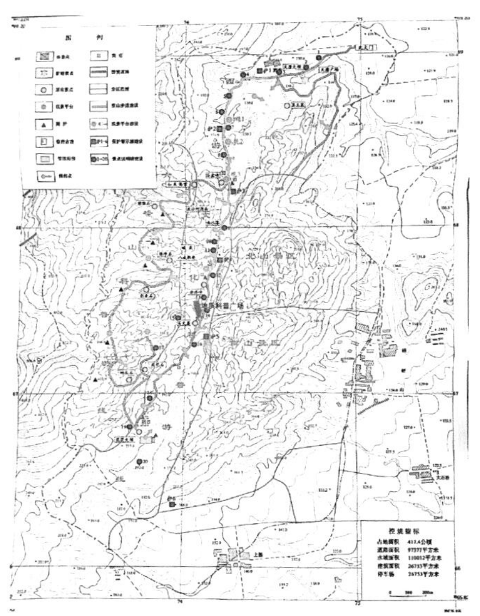

图 5-38　嵖岈山国家地质公园地质科普广场位置

图片来源:河南省国土资源科学研究院

图 5-39　嵖岈山国家地质公园地质科普广场总平图

图片来源:作者自绘

图 5-40　嵖岈山国家地质公园地质科普广场鸟瞰图

图片来源:作者自绘

该地质科普广场的游憩道路则采用取自峡谷的鹅卵碎石铺就，故乡土味浓郁。其间的小品景观也是用易降解的绿色环保材料制成。

第三节　地质科普旅行线路

依据《国家地质公园验收标准》，所谓科普旅行线路就是把景区内地质景观相对密集且价值较高的各地质景观点串联起来，以满足游客对地质景观的游览观光及地质科普需要的服务设施。因地质科普旅行线路是地质公园的重要组成部分，故而该部分内容也被纳入本书界定的游线基础设施中。其合理的规划设计对地质景观科学性、稀有性的保护也具有重要意义。

地质景观保护区一般面积较大、资源丰富，游客难以全面兼顾，故其地质科普旅行线路必须合理布局。其一般选址在地质科普内容丰富、地质景观稀有及科学价值较高的区域；也有按地质遗迹成因或者地质遗迹形成时期为线索进行规划布局的。其目的是让游客在观赏游览时，能够较为集中地了解地质景观珍稀的科学价值内涵，得到窥斑见豹的效果。

地质科普旅行线路规划布局主要受其所在园区地质景观特性影响。不同的地质景观，其科学性、稀有性的保护内涵也不同。本章概括为节点串珠、线性强制、生态环保 3 个方面，下面以此为纲进行阐述。

一、节点串珠

地质科普旅行线路的规划布局首先要将景区内地质遗迹汇总，然后对地质景观进行评价，选定分布较为密集、露头较好、岩性稳定、构造发育较好、观赏及科学价值较高的地质景观，并按照一定的顺序串联形成地质旅行科普线路。其串联形式一般有单线串联、环线串联、复合串联 3 种。下面给予阐述。

1. 单线串联

单线串联主要适用于特殊的地形地貌，如峡谷、溶岩洞穴等线性地质景观区。下面以河南省云台山世界地质公园的红石峡地质科普旅行线路为例进行探讨。

红石峡谷是集丹霞、碧水于一体的带状峡谷，此处地质遗迹点密集，丹霞特性突出、岩性较为稳固，是运用单线串联组织地质科普旅行线路的极佳场所。由于峡谷地形的制约，过多的道路建设会对其内的地质景观造成破坏，因此，单线的布局方式不仅将一线天、溶洞、青苔崖壁、谷中谷等地质景点串联一体，同时还对上述景点有良好的保护性展示作用(图 5-41)。

2. 环线串联

环线串联的地质科普旅行线路较为常见，河南省信阳金刚台国家地质公园就是采用环线串联方式组织地质科普旅行线路的优秀案例。

该园位于信阳市商城县城南，其地质遗迹以火山地貌为主，由汤泉池和金刚台两大景区组成。其中位于东部的东西河景群集中，地质构造演化呈现了基底形成、俯冲-碰撞、造山运动、脆性改造 4 个阶段，是典型的火山岩地貌景观类型。经地质景观评价分析，在园区内选择露头较好、岩性稳定、观赏价值和科学价值较高的地质景观串联起来，以此形成该园的地质科普旅游线路（图 5-42）。

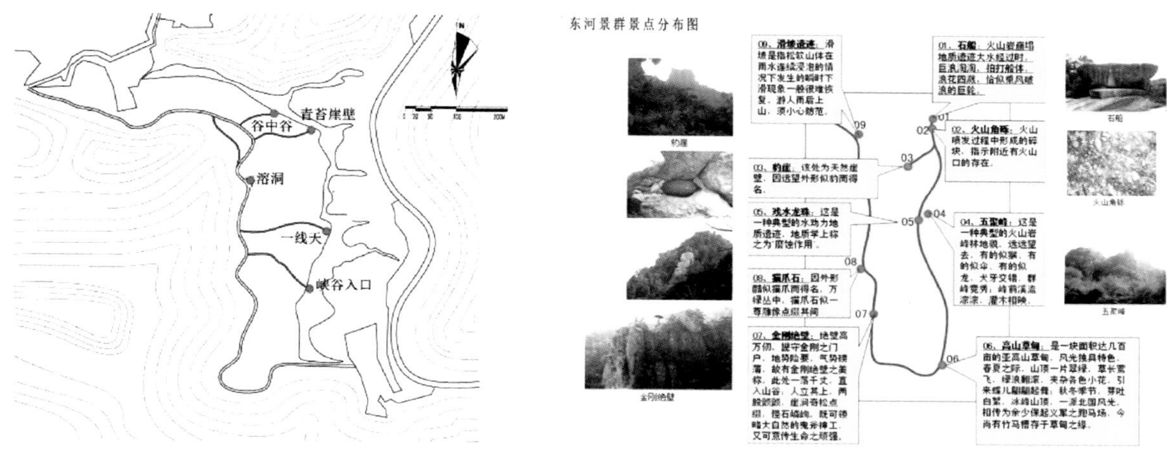

图 5-41　红石峡地质科普旅游线路图

图片来源：作者自绘

图 5-42　金刚台景区东西河景群地质科普线路图

图片来源：作者自绘

3. 复合串联

单线串联与环线串联结合的方式称为复合串联，该种地质科普旅行线路组织方式也较为常见，在峡谷或洞穴与开敞空间的结合地带，或者在海岸线较为曲折迂回的地质景观保护区，该方法便大有施展空间。下面给予阐述。

(1) 峡谷与开敞空间结合的复合串联。

王屋山-黛眉山世界地质公园的天坛山园区的地质科普旅行线路就是较为典型的复合串联形式。它贯穿山川峡谷等复杂地形，并将园区其他空旷地带的地质景观串联起来，系统地展示了太古代、元古代、古生代、中生代和新生代等不同的地层层序。地层剖面保存了多期次的大地构造运动遗迹，是一条举世罕见的地质画卷，其地质科普旅行线路则对此有良好展示（图 5-43）。

(2) 曲折迂回的海岸线与空间腹地的复合串联。

加拿大圣约翰石锤世界地质公园是北美洲第一个世界地质公园。分为回升瀑布景观、欧文自然公园、绿头岛、洛克伍德公园、马丁斯山村庄、芬迪湾自驾营地 6 处景区。景区内出露的地层有前寒武纪火山岩、沉积岩、变质岩等 16 处典型地质遗迹。因该园海岸线曲折迂回，为了地质科普连贯性需要，复合串联便成为将 16 处地质遗迹组织起来的重要手段（图 5-44）。

芬迪湾自驾车观光道路景观区位于地质公园东部的芬迪湾东北海岸，海滩出露前寒武纪火山岩和沉积岩；丘陵出露前寒武纪火山岩；其后为前寒武纪沉积岩；西部出露为三叠纪沉积岩（图 5-45）。其地质景观丰富而又较为分散，故而自驾车游线便成为复合串联中的一种组织类型。

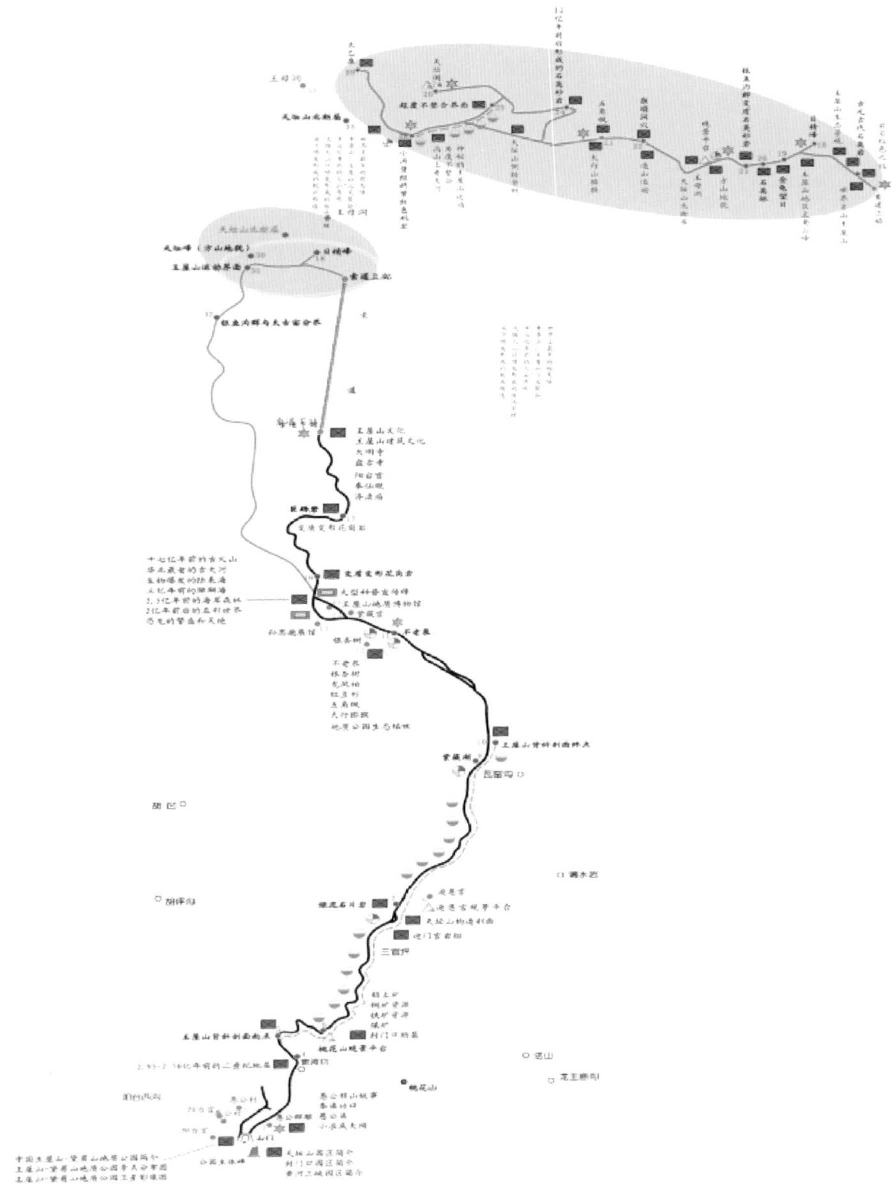

图 5-43　天坛山地质科普旅行线路

图片来源：河南省地质调查院

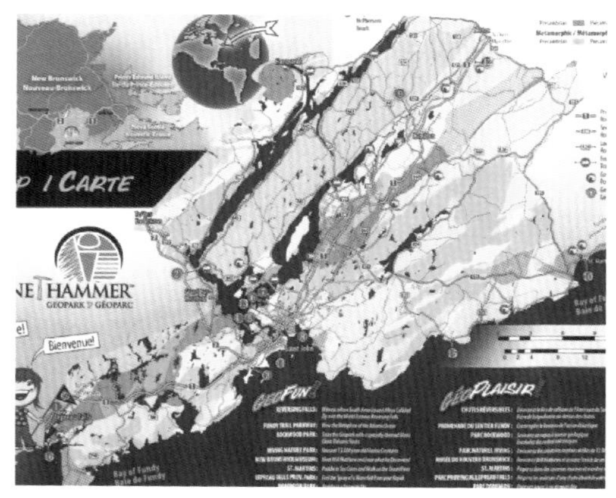

图 5-44　铁锤世界地质公园总平图

图片来源：作者自摄

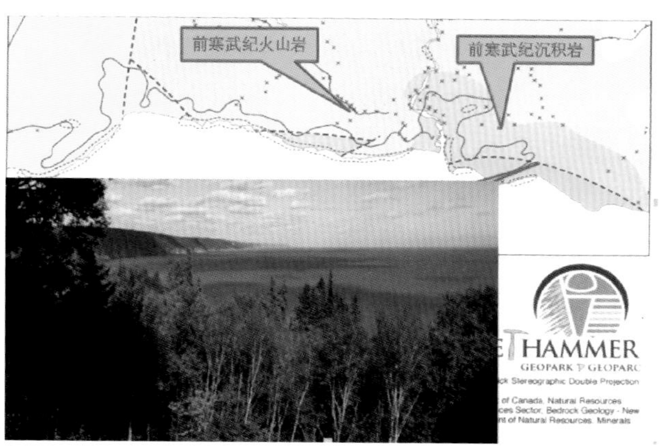

图 5-45　芬迪湾驾车观光道路地质景观

图片来源：作者自摄

二、线性强制

线性强制即利用游览线路规劝与引导游客游览通过，从而对游线外的地质景观产生保护作用的地质科普旅行线路设施布局方式。下面对其空间强制、容量强制、交通强制 3 个特性给予阐述。

1. 空间秩序的强制性

游客进入地质景区是依地质科普旅行线路的组织，并遵循一定时序而对地质景观逐一参观考察的，这使游客规避了无秩序的盲目游动，从而实现对地质景观的保护。尤其是在一些稀有及科学价值很高的地质景区，除地质科研人员外，游客是不允许进入的。该类游线还需添设一些防护、警示设施才可避免游客盲目闯入。游客盲目进入受保护的地质景观区，不仅会对其造成破坏，甚至因防护设施的缺乏，还会危及游客的人身安全。故而利用地质科普旅行线路的空间强制特点实现保护目的便是其重要的价值所在。

2. 空间容量的强制性

地质科普旅行线路上的地质景观科学性、稀有性更强，故而对其环境容量的要求也更高。地质科普旅行线路一般都有入口管理，该入口从容量控制角度看便是一处卡口。通过卡口容量控制实现景区内的容量控制管理便成为世界通行的管理模式。此问题在本书的第四章和第七章均有深入探讨，这里不再过多阐述。

3. 交通设施的强制性

景区内的交通设施一般沿地质科普旅行线路运行或布局，根据景区内地质景观的布局及特性选择不同的交通运行与布局形式，无疑对地质景观的科学性、稀有性保护都有着很大的意义。因此在规划设计中就应该规避选择对地质环境影响较大的交通运行与布局方式，这是其强制性内涵之一；其强制性内涵的另一表现则反映在交通工具及交通设施对游客行为的引导规范与管理方面。通过这些交通设施旅行的游客自然就不会践踏其他地质景观区，从而实现对地质景观科学性、稀有性的保护。

(1) 索道。

索道是对游客行为最具强制引导的交通设施之一,游客一旦进入索道,其行为便受轿厢空间的强烈限制,人们只能在其中观赏外部的景观而不能涉入地质景观。这为地质景观的保护创造了良好的条件。当前对索道建设非议最多的还是其建设期间对地质环境的破坏,故该种交通方式对地质景观的保护有双刃剑的特点。索道可在环境条件适合的区域里建设,尽量避免开挖土石方,也需避开地质景观核心区。例如云台山世界地质公园的索道,其选线落桩围绕地质景观精华布局,并采取山中小道与索道相结合的方式,避免了大规模开山炸石对地质景观特性的破坏(图 5-46)。

图 5-46　索道下的地质景观

图片来源:作者自摄

此外,索道能够缩短游客的行程时间和游行距离,客观上也对地质景观的科学性、稀有性起到了一定的保护作用。

(2) 高架桥。

高架桥有占用土地面积少的优势,在地质景观保护区的一些关键部位架设高架桥,可以跨越地质景观精华,在避免开山辟路破坏地质景观环境的同时,还可提高通行效率。还有一种小型的"高架桥",被称为栈道,其对地质景观的保护也在于用与地面接触最少的方式保证人们的通行。故而在贴近地质景观核心的部位,栈道便是一种具有保护性特点的、重要的、为地质科普旅行线路服务的游线基础设施。

(3) 观光电梯。

观光电梯与索道一样对游客行为具有强制性,其建设对地质景观保护也是一把双刃剑。不恰当的选址及建设方式则可能对地质景观的科学性、稀有性产生破坏,张家界武陵源的百龙观光电梯就曾受到世界自然遗产组织的警告。但观光电梯具有最少的立地、强大的输送能力等特点,其破坏面主要是崖壁的立面。故而选择地质景观价值低的合适的崖面来建设观光电梯是实现地质景观科学性、稀有性保护的重要方法。观光电梯对地质景观还有一种间接的保护功效,即其能替代大规模的登山道路建设,而这也是地质景观科学性、稀有性保护的最大障碍。另外观光电梯还能带给人们对地质景观进行欣赏的不同视点与全局鸟瞰,这也增添了观光电梯的魅力。

三、生态环保

在地质科普旅行线路的规划设计及建设中,低碳绿色的铺装材料的应用对地质景观的科学性、稀有性也有着一定的保护作用。相关内容在第四章已有详细阐述,本章不再赘述。

此外,索道、观光电梯多采用电力驱动,也大幅度降低了"三废"的排放以及噪声污染,更符合地质景观保护的要求。

第四节　标识与科普解说系统

依据《国家地质公园验收标准》，标识与科普解说系统也是园区构成的重要内涵。故而该系统也被纳入游线基础设施的框架中。对其保护性规划设计内涵进行阐述。

通常情况下，标识与科普解说系统因体量较小，难以对地质景观产生破坏。故而其保护性规划设计的主要目的便是绿色降解材料的使用和其内容对破坏行为的警示、警告及规劝作用；还有其对地质景观的宣介所产生的环保意识提升价值。下面从引导游览、科学普及、规范行为、绿色地材等几个方面进行探讨。

一、引导游览

导引牌对游客起着引导游览的作用。这能使游客明确目的，减免在景区的无谓穿梭。在地质景观保护区的入口处设置园区总平面布局图，简要介绍园区典型地质景观及其地质内涵，提醒游客在旅游时所要关注的重点，明确地质景点的分布位置。而每个地质景点设立的分区引导牌，在具备上述作用的同时还可引导游客更深入的游览参观。道路导向牌主要引导游客在不同的地质景点之间游览，在引导游客依序游览的同时，还可明确参观方向，避免人流混乱造成拥堵，以保证安全，并降低游客对地质景观造成破坏的可能。

不同的地质景观，其标识解说系统对地质景观科学性、稀有性的保护方式也各有特色。下面以加拿大圣约翰石锤世界地质公园为例给予说明。

鉴于该公园的海岸地形地貌曲折迂回，岸线较长，景点分散，景点之间距离较远，故该公园在每个园区的入口处都设置有科普线路总图，以指示游客当前所处的位置，并介绍核心景观特征及景点分布情况。这将有利于游客在进入景区游览时有较强的目的性，避免游客过于随意地游走而对海岸地质景观造成人为伤害(图 5-47)。

同样是在该园区，在去向每个地质景观点的游线重要节点或道路拐点均有道路导向牌指引游客前行。在芬迪湾海岸地貌景观区，游步道引导牌在指示景点游道方向的基础上，还警示游客不得驾车驶入。这种带有强制性的道路指示牌，也对海岸地质景观科学性、稀有性的保护起着重要作用(图 5-48)。

标识及解说系统的格局也会因地质景区特点而在地质景观保护性方面有所差异。下面以河南省嵩山世界地质公园为例说明。

与加拿大圣约翰石锤世界地质公园的海岸地貌不同，嵩山的三皇寨地势险峻，峡谷幽深，景点相对集中。其园区道路受地形局限，不存在车行道路；峡谷中仅一条山路贯穿园区南北。在三皇寨园区的入口处设置公园简介及三皇寨园区游览总图，使游客明确位置，加深对地质景观的理解(图 5-49)。由于三皇寨地质景观是科学性、稀有性极强的地质景观区，不允许游客攀爬进入，因此在通向地质景观的登山步道旁，多处设置了警示导向牌，引导、警示游客必须按引导的路线行走，从而有效地保护了地质景观的科学性、稀有性(图 5-50)。

图 5-47　圣约翰石锤世界地质公园平面图

图片来源:作者自摄

图 5-48　芬迪湾海岸地貌景观游步道指示牌

图片来源:作者自摄

图 5-49　三皇寨景区地质科普线路平面解说牌

图片来源:作者自摄

图 5-50　三皇寨景区地质科普线路导向牌

图片来源:作者自摄

二、科学普及

科学普及解说牌大多设置在典型的地质景观处,并结合实物介绍其类别、属性、形成时期、成因等科普内容,使游客较直观地了解地质景观的科学、稀有价值内涵。其设置位置的巧妙及其造型的独特趣味是该类设施的规划设计要点。有些地质景点还配有智能语音解说服务,创新了科普解说形式。下面就此给予阐述。

石锤世界地质公园瀑布回升景点便设置了面向瀑布回升地质景观的解说牌,宽广的视域及其直面景观的态势具有"面授机宜"的布局特点。解说牌与对面的瀑布回升景观遥相呼应,使人们在观赏之时还能对照解说牌解读瀑布回升的形成过程,了解其珍稀的科学价值(图 5-51)。

马丁斯山海岸地质景点也面对地质景观设立了一组解说牌。解说牌的组合富于变化与参与感,更吸引人们关注其知识内涵(图 5-52)。

图 5-51　石锤世界地质公园瀑布回升景点解说牌

图片来源：作者自摄

图 5-52　马丁斯山海岸地质景观解说牌

图片来源：作者自摄

位于嵩山国家地质公园三皇寨园区的“书册崖”是一处生动形象的地质景观，其科普解说牌的介绍极具特色并令人难忘。它把直立性褶皱形象比喻为书册（图 5-53），让游客面对雄伟的书册崖壁，阅读着浓缩于此的地球地质发展历史的沧桑巨变，由此震撼人们的心灵，并让游客深切感受到眼前的地质景观神秘的科学性和无比珍贵的稀有性，这正是对地质景观最好的保护。

科普解说牌内容：我是嵩山石英岩地貌的标志性景观之一。在距今 18 亿年前后，我的家园发生了一次强烈的造山运动——中岳运动，这次运动使我原本水平产出的白色石英砂岩发生强烈褶皱变为直立状，风化以后，貌似一本即将打开的地质史书，故取名为“书册崖”。

图 5-53　三皇寨景区道路引导牌

图片来源：作者自摄

三、规范行为

警示牌对地质景观的科学性、稀有性保护价值主要通过警示及警告及规范游客观赏游览行为而体现。其一般设置在地质景观脆弱性较强处、地质灾害发生处或岩石易崩塌坠落处等危险性较大的地带，在警示游客远离危险区域的同时，还避免其行为不当而造成对地质景观的破坏（图 5-54）。

图 5-54　三皇寨景区后面悬崖处的警示牌

图片来源：作者自摄

四、绿色地材

标识牌的制作多就地取材或选用低碳环保易降解的材料。例如嵩山世界地质公园、加拿大圣约翰石锤世界地质公园等众多景区的标识牌均是利用本地出产的花岗岩及防腐木等材质制成。这些标识牌不仅材质的纹理、色彩与地质环境相协调，其可降解或化学成分稳定的材料特点对地质景观环境也起着一定的保护作用。

第五节　本章小结

本章以《国家地质公园验收标准》规定的四大组成，即地质博物馆、地质科普广场、地质科普旅行线路、地质标识与解说系统为纲，探讨游线基础设施对地质景观科学性、稀有性的保护性规划设计内涵，并归结出其保护性规划设计的经验和规律。

探讨了地质博物馆、地质科普广场体现在原址保护、异位保护及综合保护三个方面的保护性规划设计方法。并围绕地质博物馆与地质科普广场的选址、建筑外观或景观组织、室内外设计解析了其规划设计手法与特征。指出了地质博物馆规划设计中涌现的仿生造型的特色，以及地质科普广场表现出的地质景观组合运用特色。

对科普旅行线路探讨了其节点串珠、线性强制、生态环保的保护性规划设计原则、理念和手法。

对标识与科普解说系统探讨了其引导游览、科学普及、规范行为、绿色地材的保护性规划设计特点。

游线基础设施对地质景观科学性、稀有性的保护性规划设计总的经验与规律可概括为:

科普旅行节点串珠,标识标牌绿色地材;
博物场馆原址优先,景观特征抽象仿生;
科学稀有多样保护,科普科研融合其中。

第六章　基于地质景观自然性、观赏性保护的游线基础设施规划设计

地质景观是大自然留给人类的宝贵遗产，其各类特性本身也是一种自然属性。地质景观一定是地质遗迹中最核心精华的部分，不言而喻，观赏性是其必备条件和根本属性。无论是深壑绝壁、危峰兀立，还是飞泉流瀑、大漠孤烟，它们都是大自然中最具美学欣赏价值的自然景观，故而本章将地质景观的自然性和观赏性连为一体进行论述。

第一节　自然性保护的游线基础设施规划设计

地质景观自然性主要包括原真性、完整性、多样性、生态性等诸多方面。本书重点围绕原真与完整两大特性展开，游线基础设施若符合对地质景观原真性与完整性的保护要求，则自然能满足其多样性、生态性等其他要求。下面分别给予阐述。

一、原真保护性规划设计

自然的原真性是国家地质公园的鉴定、评估、监控的基本要素之一。地质景观原真保护即是忠实于原有的地质景观，不能随意改变与破坏其自然状态。

（一）原真保护面临的问题

从古至今许多文人墨客便为地质景观的自然魅力所折服。唐代诗人贾岛对恒山地质景观就吟唱出“岩峦叠万重，诡怪浩难测”。原真保护就是要坚持景观的原始面貌，禁止在地质景观上盲目模仿、以假充真地建设，并使古人的吟唱不能成为绝响。

当前个别地质景观保护区为了经济利益而采用哗众取宠、博人眼球的手段，大肆在地质景观核心部位随意刻字、增添人工雕塑或盲目建设基础设施等。更有甚者以水泥塑件在天然溶洞中以假充真糊弄游客，严重毁坏了原真的溶洞景观。例如，内蒙古自治区乌兰察布的老虎山被人添枝加叶地在山头塑建老虎雕像，喧宾夺主并混淆地质景观事实真相（图 6-1）。而在受严格保护的泰山，管理者也未必恪尽职守，其山顶上的信号发射塔便修建在自然特性最明显的要点上（图 6-2），极大地破坏了地质景观的自然性。再如湖北链子崖风景区，在其最具地质景观价值的链子峰上修建吊桥，围建护栏，无中生有地修建“神根”雕塑，严重破坏地质景观的原真性（6-3）。

（二）原真保护性规划设计方式

游线基础设施对地质景观自然性的原真保护性规划设计概括起来有举轻若重、原汁原味、点

图 6-1　老虎山地质景观上的老虎雕塑
图片来源:作者自摄

图 6-2　泰山地质景观上的信号发射塔
图片来源:作者自摄

图 6-3　链子崖上方的吊桥及“神根”雕塑
图片来源:作者自摄

到即止 3 种方式。下面分别给予阐述。

1. 举轻若重

举轻若重在本书中意指在游线基础设施的规划设计中每一个小细节均需得到高度重视,并体现对地质景观原真性的保护作用。地质景区的每一条登山小道、每一座休息小筑均需巧妙设计,以最大限度地保护景观的原貌。下面以河南嵖岈山国家地质公园为例进行阐述。

笔者于 2010—2015 年一直参与该园的游线基础设施规划设计工作。其间始终以保护地质景观原真性为所遵循的重要原则之一。园区内的任何建设均是以“举轻若重”的思路来思考的。

该景区的道路当时有两种规划设计思路。一种是在天磨峰和巨龙回首两座山峰间开山修建登山步道,使游客可直接进入地质景区观赏游览;另一种是在两峰的对面,沿湖修建木栈道,游客可沿木栈道观赏对面山峰怪石林立的美景(图 6-4)。为保护天磨峰和巨龙回首两座山峰的自然原真状态,最终选择了造价偏高但对景观面貌影响最小的第二种设计思路。修成的木栈道环绕湖边,隐在大山脚下,和地质景观融为一体,浑然天成。

图 6-4 嵖岈山天磨湖景区的绕湖木栈道

图片来源:作者自摄

从天磨湖景区道路建设思路的认真比选所带来的保护效益来看,规划设计无小事,细节决定保护的成败。这种举轻若重的规划设计理念,直接影响了对地质景观自然原真状态的保护,故而也绝非小事。

2. 原汁原味

对于地质景观原真性最好的保护办法就是保持其原汁原味的风貌。然而当前在部分热门的地质景观保护区,无节制地修建游线基础设施,甚至建设游线基础设施范畴外的宾馆酒店、购物街等高度、规模、辨识度均远远超过景观本身的设施,这不同程度地破坏了地质景观的原真性。下面仍以嵖岈山国家地质公园为例说明。

该园琵琶湖景区的南部是一处未经开发的处女地。这里怪石林立、湖光倒影,山间树木郁郁葱葱,自然景观十分优美,特别是生长在花岗岩石上的石头花,更是罕见珍稀。针对这种原真性的景观,笔者以原汁原味为原则,利用原有的绕湖小道改造提升(图 6-5),并力求保持地质景观的原生自然美。自然原真美景也为地质科学爱好者和地质科研工作者提供一个自然原真的地质科研基地,从而使地质景观发挥更大的价值。

3. 点到即止

地质景观保护区的任何游线基础设施都不可避免地会对其原真性产生或大或小的影响,因此在满足最基本的功能性要求的基础上,尽可能不建或者少建游线基础设施便是首要原则,而在必须要建设的地方则需做到点到即止。

笔者在对嵖岈山天磨湖景区的游线基础设施进行规划设计时,为保护其地质景观原真性,即采用了中国画造景手法,以少生多、景少意长。

天磨湖周边几乎不建游线基础设施,仅在两峰对面的湖边做一段栈道作为观景台。在曲折

图 6-5　琵琶湖南部景区

图片来源:作者自摄

蜿蜒的栈道上观赏对面的地质景观具有步移景异的效果,时而是仿佛从天而降的石磨落在高高的山顶,时而是蓦然回首的巨龙,正回头凝望。湖光倒影,意境深长。天磨湖上散布着几只游船,游客可一边泛舟欣赏湖光山色,一边近距离观赏周边造型奇特的地质景观(图 6-6)。

图 6-6　舟在天磨湖的点景作用

图片来源:作者自摄

可见把中国画意境与立体的山水结合,充分利用"少就是多"的设计理念,不仅可突显地质景观自然原真的美,也是对地质景观原真性的最好保护方式。

二、完整保护性规划设计

地质景观的自然性除具有原真性以外,还需保持其完整性。游线基础设施的规划设计要服从地质景观的自然完整性才可谓为保护性规划设计。

(一) 完整保护面临的问题

在地质景观保护区,旅店、餐馆等服务设施因其相对大量的排污或油气污染都会对地质景观的完整性造成伤害，故而这两类设施均为游线基础设施所剔除。此外对地质景观完整性影响最大的当属道路的建设。地质景观区中的道路虽然截面宽度均不大，道路类型一般为环保型机动车辆道路与游步道两种，但其始终贯穿于地质景区，盘绕距离长，涉及地域广，包括其不合理的布局或者工程建设方式均会对地质景观完整性造成破坏。

常见一些地质景观保护区在其精华区凿石辟路，由此对地质景观的完整性造成无法弥补的损害。如河南省嵩山世界地质公园的三皇寨景区的书册崖，其地质年代素有"五世同堂"之说，地质景观恢宏壮观，其独特的观赏价值和自然性都依赖于出露地层的完整性。书册崖壁上栈道的开凿，犹如竖立的书册被拦腰截断（图 6-7），成为嵩山"五代同堂"地质景观保护的败笔。

图 6-7　嵩山世界地质公园三皇寨书册崖栈道

图片来源：作者自摄

再如长白山火山国家地质公园的天池，因地质造山运动，火山多次喷发而形成了巨型的伞面体。火山休眠后，其内的断裂带中，地下水不断涌出，并在火山口积水成湖而形成 10 余平方千米的天池水面，这也是中国最大的火山湖。当地政府管理部门为方便游客来此旅游参观，在高山苔藓地质景观保护区内修建了直达天池的盘山公路。宽阔刺眼的公路突兀地盘绕在高山苔藓植被区中，宛如一块巨大的碧毯被撕裂践踏。该高山苔藓植被区地质景观的完整性也因此遭到了极大的破坏（图 6-8）。

（二）完整保护性规划设计手法

游线基础设施对地质景观的完整保护性规划设计方式可归结为精华禁建、整体呈现、轻描淡写、防微杜渐 4 种手法，下面分别给予阐述。

1. 精华禁建

《中国国家地质公园建设工作指南》中明确指出，在一些重要的地质景观保护区禁止建设一切基础设施。在本书的第三章中也明确要求，地质景观评价为Ⅰ级的具有国际重大意义的区域不允许进行基础设施建设。在地质景观保护区中，游线基础设施是绝对不允许建设在其景观的

图 6-8　盘山路对高山苔藓植被区地质景观的破坏

图片来源:作者自摄

精华部位的。

当前国内部分地质公园的管理部门并没有按照《中国国家地质公园建设工作指南》的要求对地质景观保护区的游线基础设施进行规范的规划设计。除了上述凿山开路、提高道路规格使地质景观完整性遭到破坏的现象外,其他游线基础设施建设对地质景观完整性造成伤害的现象也比比皆是。例如在地质景观精华区开山炸石建设隧道,削平山头在其上建设瞭望塔等。因此,"精华禁建"应成为地质景观完整保护性规划设计的首要准则。下面以河南嵖岈山国家地质公园为例进行阐述。

嵖岈山国家地质公园的天磨湖与琵琶湖景区有一分水岭高高耸立于两湖之间,成为分割南北湖水的屏障(图 6-9)。对于此处的规划,设计时有三种设计方案。一是在分水岭中开凿隧道,使两个湖区南北贯通,游客可乘船由水路连贯地观赏湖区两岸的地质景观。其优点是贯通了南北交通,方便了游客观光游览,提高园区经济效益,缺点是破坏了原有地质景观的完整性。二是在分水岭上修建观景平台,两个湖区分别修建台阶直通分水岭。其优点也是可贯通南北景区,游客可在分水岭上俯瞰两湖,缺点仍然是破坏了原有地质景观的完整性。三是保护分水岭及湖区两侧地质景观的完整性,在此不设计任何基础设施。游客可沿原有登山小道,攀爬通过分水岭。其优点是最大限度地保护了原生地质景观的自然完整,同时也丰富了游客在地质景观中的游走方式。缺点是翻越分水岭的高难度攀爬使部分体力较弱的老人、儿童等难以通过。

经过设计师和当地公园管理部门及地质专家的反复研究,最终还是选择了利于地质景观完整保护的第三种方案。

2. 整体呈现

对于大部分科学价值很高并具备很好观赏性的地质景观,只有保持其本身的完整性,其价值才能得以充分展示。对地质景观核心区域的任何人为切割、分离等整体性的改变,都会使其价值大打折扣或完全丧失。因此对于地质景观整体呈现的效果,必须在游线基础设施保护性规划设

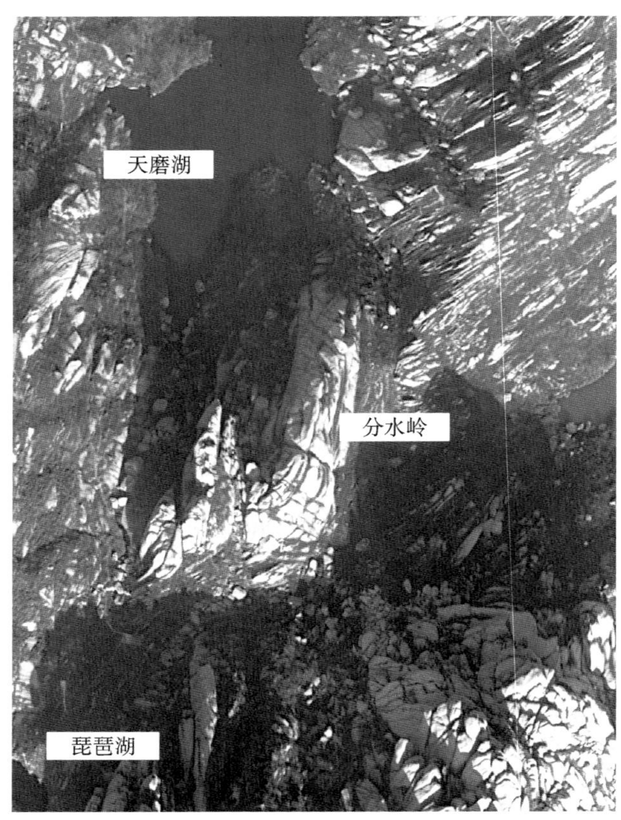

图 6-9　天磨湖-琵琶湖分水岭

图片来源:DWFviewer

计中予以高度重视。

嵖岈山琵琶湖景区的游步道是依据山地等高线因地制宜进行规划设计的。步道选择在湖边或崖壁缝隙间修建,道路宽度随地形而定。宽阔平坦的地带,人行步道宽度在 1.5 米左右,而在崖壁缝隙间则随崖壁实际地形灵活变化,力求使道路融于完整的景观中。这样的设计既增加了游客游走方式的丰富程度,也避免了在花岗岩景石上开凿道路而破坏地质景观完整(图 6-10)。

此外,嵖岈山琵琶湖景区北部分水岭处在不影响地质景观完整的前提下,修建了一些木质凉亭供游人休憩(图 6-11),可降解材料的应用也是对景观完整性的保护方式之一。

3. 轻描淡写

轻描淡写原指绘画时用浅淡的颜色轻轻描绘。本书意指为保护地质景观的完整性,在游线基础设施的保护性规划设计中,应采取的一种淡化游线基础设施存在感的建设理念。

笔者于 2012 年 10 月考察了英国的威尔士大森林国家地质公园。对 Herbert's Quarry 和 Craig-y-nos Country Park 两个园区的游线基础设施规划设计中奉行的轻描淡写设计理念印象深刻。

两个园区的矿山地质遗迹景观是过去遗留下来的废弃采石场。200 年前,这里是英国重要的

图 6-10　琵琶湖景区道路图 1

图片来源:作者自摄

图 6-11　琵琶湖景区道路图 2

图片来源:作者自摄

建材生产基地。本着轻描淡写的理念,第一,在景区几乎不建新的游线基础设施,对矿山遗址中的原有生产设备也完整保留;第二,维持原来的道路,在矿山地质遗迹景区中不再修筑新的道路。在 Herbert's Quarry 园区,只在入口处的荒原中设一导向牌及一桌一椅,石块则在桌椅周边散乱放置。在草地上随意点缀的小品,似乎是 200 多年前采石场的矿工遗留下来的。地质保护区内 200 多年前废弃坍塌的砖瓦窑及矿工工棚也不做任何复原。结合情景的轻描淡写,使时间定格于 200 多年前的瞬间,给人一种岁月的沧桑感。而该种处理手法也恰恰突显了遗产保护的完整性特点,在给人以美的享受的同时还引人深思(图 6-12、图 6-13、图 6-14)。

和 Herbert's Quarry 园区一样,Craig-y-nos Country Park 园区的矿山遗址也是采取轻描淡写式的手法来体现遗迹保护的完整性的(图 6-15、图 6-16)。

图 6-12　荒原中的休息桌椅

图片来源:作者自摄

图 6-13　烧制建材的砖窑

图片来源:作者自摄

图 6-14　废弃的房屋

图片来源:作者自摄

图 6-15　废弃的采石场

图片来源:作者自摄

图 6-16　废弃的砖窑场

图片来源:作者自摄

4. 防微杜渐

《宋书·吴喜传》:"且欲防微杜渐,忧在未萌"。意指错误的事情刚有苗头要发生时就先预防制止。游线基础设施规划设计就是要树立"防微杜渐"的理念,把地质景观完整性保护的思想贯穿始终。

(1) 宣传警示。

完整保护思想首先要从宣传警示开始。通过标识及解说系统,宣传地质景观保护的相关法律法规,使人们了解到地质景观自然保护的重要性。

地质景观具有很强的自然性、观赏性,尤其一些珍贵的植物、动物古生物化石等,比如被国家定为一级保护的恐龙蛋化石,这类地质景观的保护已具有法律的保障。针对这些价值极高的地质景观的自然完整性保护,就要通过宣传讲解,让更多的人了解并增强其保护意识。

图 6-17　石英岩岩峰
图片来源:作者自摄

(2) 防护先行。

对具有收藏价值、体量不大的地质景观加以自然完整性保护较为困难。例如恐龙蛋化石、翡翠、水晶、梅花玉、菊花石等,该类地质景观的自然完整性时常会受到人为的侵害。故而对于该类特殊的地质景观自然完整性的保护,除了法律保护、标志警示外,高科技的电子监控、监测也是不可或缺的保护措施。

葡萄牙纳图特乔地质公园的盆哈-加西亚化石足迹园区,矗立着距今 5 亿年的石英岩峰,富含石英岩紫晶矿藏。该地质景观的观赏、科学、经济价值均极高。纳图特乔地质公园针对这种地质景观的自然完整性保护,首先维持原有山间小路,禁建游线基础设施;重要区域则禁止游客攀登游览。其次从游线的解说、警示牌入手,使游客了解紫晶的珍贵性,增强对该地质景观自然完整性的保护意识(图 6-17)。

此外还有一些正在大自然中被侵蚀风化的地质景观,有的非常珍稀,为防止这类地质景观继续被侵蚀风化,还需采取其他保护措施以体现对其自然完整性的保护。

三、协调保护性规划设计

游线基础设施建设必须和地质景观的面貌协调一致,这需在游线基础设施的材质选用、造型、色彩等方面进行协调考虑。

(一) 协调保护面临的问题

在现有的地质景观保护区的游线基础设施规划设计中,常常出现脱离地质景观环境,孤立建设,造成地质景观自然性不协调的现象,主要体现在以下几个方面。

1. 材质

当前游线基础设施的材料运用比较混乱,材质应用和地质景观本身及所处的自然环境相协调的问题没有得到足够的重视。例如利用瓷砖铺设园区道路,不仅渗水效果差,而且遇到雨雪天气,路面防滑也会出现问题,且彩砖的质感与地质景观质朴的自然性不相协调。再如休息凉亭等小型建筑利用钢筋混凝土、不锈钢、玻璃等材料建设,放置在地质景观中显得突兀孤立,也影响了地质景观的自然协调。

2. 色彩

个别地质景观保护区游线基础设施五颜六色,这与自然的地质景观极不协调。有的景区为了吸引游客,在道路的铺设、景区的建筑等基础设施上采用艳丽的红色、黄色等,这也导致基础设施与地质景观的不协调。

3. 体量

地质景观保护区内游线基础设施存在造型奇形怪状且体量过大等现象，这些也是与地质景观及周边自然环境不协调的主要表现。例如面积过大的停车场、体量过大的建筑、过于宽阔的道路等，都会导致其与地质景观严重比例失调，对地质景观产生胁迫。

（二）协调保护性规划设计手法

承如上述，造成游线基础设施与地质景观的自然性不相协调的主要因素，就是由在规划设计过程中，游线基础设施的材质选用、造型、色彩等方面出现不和谐的问题所致。针对这些因素，下面从就地取材、控制尺度、因地制宜、物尽其用 4 个协调保护性方面结合案例给予阐述。

1. 就地取材

本土材料的利用一方面可节约建设资金，另一方面其材料的质感、色彩与其所处地质环境一致。葡萄牙的纳图特乔地质公园内的一些设施建设在该方面便有良好表现。

埃什特雷拉山脉的蒙桑图以“石头村”闻名，其先祖从 16 世纪起就借助山上的巨石洞穴建造住所。公园巧妙地把该村落作为全园的旅游服务接待区，一方面满足了旅游服务需求，另一方面也增加了当地居民的经济收入。而其风貌保护的首要原则便是建设活动的自然协调性，就地取材又是其中最为重要的一个建设行为准则。

(1) 村中的岩石均受保护。建筑一律隐藏在巨型花岗岩中，借助花岗岩材料修建房屋，并利用建筑与岩体的关系形成墙壁、屋顶等。建筑和花岗岩相连处均利用本土风化的碎石砌筑，这使墙体与大地景观无论是材质还是色彩均协调统一，在保护花岗岩自然风貌的同时还大大节俭了建设成本(图 6-18)。

(2) 对出露在房屋内部空间的花岗岩巨石不做任何破坏性切割，保持其原生态造型。房屋围绕石头的造型展开布局，地面利用花岗岩风化碎石材料铺设；房间内部则用本色岩石与白墙形成对比，更加彰显了地材的自然美(图 6-19)。

图 6-18　巨型花岗岩下的房屋

图片来源：作者自摄

图 6-19　房屋内部的巨型花岗岩

图片来源：作者自摄

2. 控制尺度

游线基础设施的尺度要与地质景观相协调,要服从于地质景观的自然尺度。

还是以蒙桑图花岗岩地貌保护区为例。当地民居建筑体量不大,并根据地形特点布设 2.5～6 米的空间。房屋高度则以巨石高度为限(图6-20)。园区的道路一般为 1～1.5 米宽,有的甚至只有几十厘米宽,仅供游人通过即可(图 6-21)。村内建筑避免张扬、喧宾夺主,以保护地质景观的自然性。

图 6-20　园区建筑高度控制
图片来源:作者自摄

图 6-21　园区道路宽度控制
图片来源:作者自摄

3. 因地制宜

依山就势、因地制宜,是地质景观自然性保护的游线基础设施规划设计要遵循的重要原则之一。

不同地域的地质景观所处的自然环境也各不相同,其游线基础设施的规划设计还要充分考虑其与自然地形、地貌、坡度、坡向、海拔、温度、湿度、日照、降水、通风和采光等因素的配合与限制。例如多雨的地质景观保护区的建筑设施要考虑屋顶的排水、通风、防潮等地方自然环境问题;在干旱区域则要考虑其节水、储水等自然条件带来的功能性需求;山地的建筑布局要考虑尽量利用南坡朝阳的环境优势;海岸地质景观保护区还要考虑游线基础设施的海洋环境承受能力,如海水潮汐变化、通风防潮、防腐等因素。

因地制宜便是解决上述问题的重要思想方法与技术手段。蒙桑图小村庄的建筑和道路规划设计就是以此为指导进行的。该村的建筑布局尊重地形的复杂多变,房屋空间、造型也依据岩体现状高低错落设计,或在岩石下方(图 6-22),或在两巨石之间,或镶嵌于上下巨石之中(图 6-23),因地制宜,巧妙利用。故而整个村落环境与自然环境高度协调一致。

4. 物尽其用

为了保护地质景观的自然性,还应做到各种资源设施的物尽其用,从而达到自然保护的目的。下面以葡萄牙纳图特乔地质公园为例进行阐述。

该园的盆哈-加西亚化石足迹园区是以古生物化石地质景观为特色的。距今 5 亿年的石英岩

图 6-22 巨石下方

图片来源:作者自摄

图 6-23 上下巨石之中

图片来源:作者自摄

峰和灰色的地层剖面、三叶虫和角石足迹化石及虫迹化石在园区随处可见。这些珍贵的足迹化石自然裸露于山体岩石之上。为保护其自然性,园区充分利用原有建筑与道路,巧妙改造再利用。

园区入口有一座古代战争遗留下来的瞭望台(图 6-24),站在这里可以鸟瞰整体的石英岩地貌。将瞭望台和地质科普观景平台合二为一,既让游客感受到其历史文化的厚重,又使游客可在此体会地质景观精华。观景平台墙体利用原汁原味的本土天然石材,色彩、建筑肌理都和园区地质景观环境相协调,同时还使文物遗址体现了物尽其用的价值。

图 6-24 瞭望台、科普观景平台

图片来源:作者自摄

该公园的地质博物馆是整个园区地质遗迹化石科普展示的补充。本着物尽其用的思想，园区还将部分废弃民居改造为地质博物馆(图 6-25)。民居为单体坡屋顶建筑，依山就势而建。因博物馆内部采光需要，在原民居的屋顶上置入明瓦为室内提供自然光(图 6-26)。博物馆内部有序地陈列着当地地质遗迹矿石标本。

图 6-25　博物馆建筑外观

图片来源：作者自摄

图 6-26　博物馆内部

图片来源：作者自摄

盆哈-加西亚化石足迹园区将废弃民居、原有山间小道与地质科普展示相结合，物尽其用，保证了园区游线基础设施建设与地质自然景观的和谐(图 6-27)。

图 6-27　山间道路

图片来源：作者自摄

第二节　观赏性保护的游线基础设施规划设计

一、基于地质景观观赏性的理论基础

地质景观的观赏角度、观赏点是游线基础设施观赏性保护的最重要的内容，本节便围绕此问题进行论述。

（一）视觉感知美学角度、位置的选择

对于大多数类型的地质景观，30～50 米的视距能使人明确看到其细部构造；250～270 米的视距能使人们辨识其类别；500 米视距则仅能辨认地质景观的外轮廓。在视域方面，通常垂直视角为 26°～30°、水平视角为 45°时观景效果最佳，地质景点与最佳观赏位置的距离计算公式见式(6-1)及式(6-2)。

$$\mathrm{DH}=(H-h)\cot\alpha=(H-h)\cot(1/2\times 30^\circ)=(H-h)\cot 15^\circ=3.7(H-h) \tag{6-1}$$

$$\mathrm{DW}=\cot 45^\circ/2\times w/2=\cot 22^\circ 30'\times w/2=2.41w/2=1.2w \tag{6-2}$$

H 为高度，w 为宽度，h 为人的视高，α 为垂直视角。垂直视角下的视距为 DH，水平视角下的视距为 DW(图 6-28)。

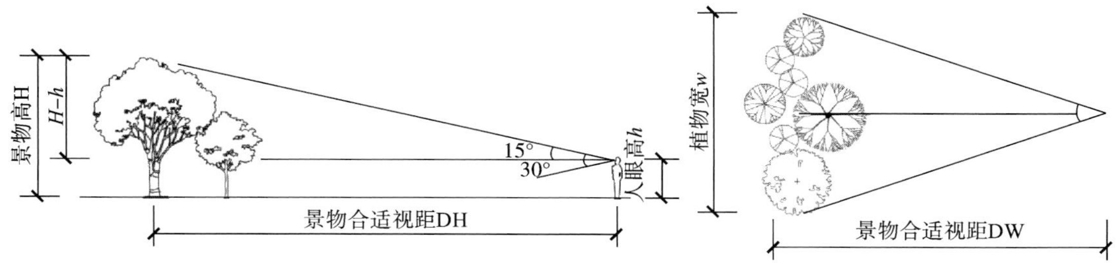

图 6-28　最佳视距与景物高度或宽度的关系

图片来源：作者自绘

以上观赏规律可成为地质景观观赏点布局的技术依据与指导。

（二）基于地质科普传达的选择

受地质景观所处环境的局限，如博物馆内的展览空间、峡谷、洞穴等，游客的观赏视角、视距难以完全进行理想化的布局，往往是被动式的选择。这时就要以地质科普传达角度为依据进行布局。

观赏点通常会选在地质构造明显、观赏性强、科普价值高的地方。不同类型地质景观的地质构造及特性不同，其观赏性的保护性规划设计方式也不同。本书根据地质景观的地貌特征分类，以 5 种典型的地质景观为线索，来考察基于地质科普观赏性的保护性规划设计经验与规律。下

面先对这5种地质景观线索的观赏特点给予简述。

1. 山岳类

常见的山岳类地质景观有大型山体、土体地质遗迹剖面,峰丛、峰林、丹霞、雅丹、火山等地貌,该类地质景观一般规模宏大,在没有交通制约的前提下,其观赏特点表现为远眺或近观,俯瞰或仰视。

2. 峡谷类

峡谷类地质景观一般分布在山岳之间。空间狭窄、地形曲折、谷深坡陡,常有奇石、瀑布、跌水等附属地质景观。因长期受到雨水的冲刷剥蚀,地层剖面特征明显。其观赏一般沿峡谷线性序列式展开,受谷地地形限制,仰视或平视是其观赏的重要特征。

3. 洞穴类

洞穴一般分为两类:一类为天然洞穴,其内多有钟乳石、石柱、石笋、暗河等;另一类为人工洞穴,主要是为了科研和地质科普的需要,在地层景观比较集中的地段深层挖洞,把深埋在地下的地质景观展示出来。因洞内黑暗,这两类洞穴均需照明辅助进行观赏,一般选择在地质景观安全距离许可的范围内以近距离平视、俯视或仰视的形式去观赏。当然洞穴观赏与峡谷一样,也是线性依序展开的。

4. 微型类

常见微型类地质景观多为古生物化石,例如恐龙骨骼化石、恐龙蛋化石,鸟、鱼、虫化石等,对该类地质景观观赏点的选择,即在地质景观安全防护距离许可的范围内近距离地平视、俯视,或以仰视的形式去观赏。

5. 沙漠、海岸类

沙漠、海岸类地质景观一般地势较为平坦、开阔,其景观一般可一览无余,如浩瀚的沙漠风蚀地貌、海岸沉积岩地质景观等。该类地质景观传达给人们的是风蚀、海蚀作用形成的科普信息。因其地貌浩瀚辽阔,空中俯视或平视是其观赏特点。

下面针对上述5类地质景观的观赏特点,就其游线基础设施的保护性规划设计进行深入解析。

二、山岳型地质景观观赏的保护性规划设计

山岳型地质景观通常是由复杂的地质构造作用、岩浆活动、变质作用等不同类型的地质作用所形成的形形色色的地质体。这些地质体一般由火成岩、沉积岩、变质岩三大类别构成,不同岩石类型构成的地貌景观的地质特性不同,对风化、侵蚀的抵抗能力也不同,层状岩石的不同层岩石之间抗风化能力强弱也可能会有极大的差异。正是岩石类型的不同、所处环境的不同以及抗风化能力的差异等因素的共同影响,才形成了峰丛、峰林、丹霞、雅丹、火山、冰川等特征迥异的山岳型地质地貌。

地质景观脆弱性评价也是观赏性保护的基础依据。在规划设计中,地质景观观赏角度、观赏位置的选择同样都要受到其脆弱性的限制。因此,在对琵琶湖、天磨湖两景区的观赏点及观赏位置进行选择时,首先还是要对其地质景观脆弱性进行分析评价。

该园的核心景观由抗风化能力较强的花岗岩岩体构成,包括琵琶湖西边的六峰山、东边的南

北山、中间的大断裂带。断裂带对嵖岈山整个山体的挤压,使岩体产生了大量次一级的节理裂隙,并经过风化剥蚀而形成现状的丘陵盆景奇观。其脆弱性经综合分析评价,等级为"一般",属二级保护范畴。因此,在规划设计中对观赏点与观赏距离的选择没有太大的限制。

下面以河南嵖岈山琵琶湖、天磨湖花岗岩地貌为例来探讨其地质景观观赏性的保护性规划设计。

(一)山岳型地质景观观赏的保护性规划设计案例1——琵琶湖景区

1. 地质景观观赏点的选择

本书前文已对山岳型地质景观总结出远眺、近观、俯瞰、仰视4种观赏要求,本小节结合琵琶湖景区的空间特点拟分别以俯瞰、仰视、360°环视、平视4种观赏方式,运用空间虚拟技术对其观赏点的选取进行探讨(图6-29、图6-30)。

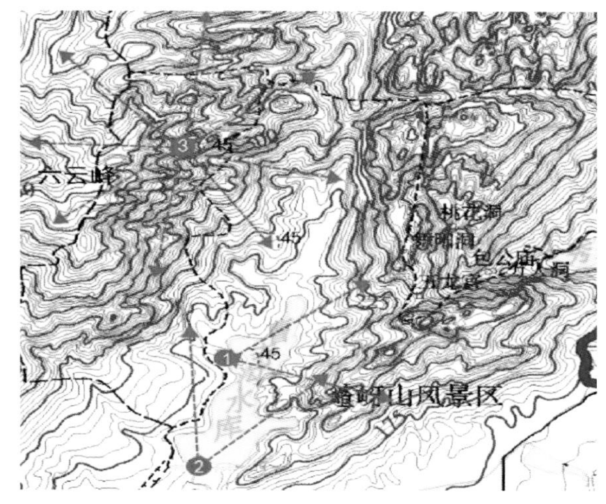

图6-29 琵琶湖景区地质景观观赏点的选择
图片来源:作者自绘

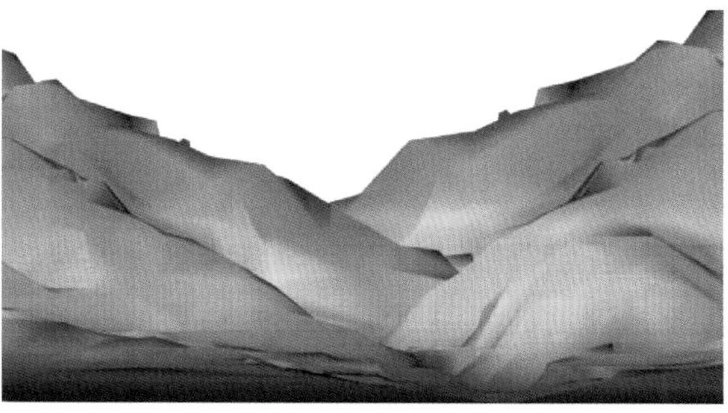

图6-30 琵琶湖景区地形模拟
图片来源:作者自绘

(1)琵琶湖景区的空间虚拟。

根据地形图,利用ArcGIS等三维软件,提取数字高程信息,并形成三维空间模型,结合嵖岈山空间实际,对观赏点进行试错模拟实验,明确优选的观赏点,并根据景观最佳视点计算公式对优选的观赏点进行数据复核,最终确定最佳观赏点的位置。

(2)最佳观赏点的复核。

受山地特殊地形的限制,有的地质景观观赏点处于峡谷处,不能以正常地形的理想视距进行评判,故本书仅选择45°水平视角及30°垂直视角为最佳视域标准进行复核,并以此作为视点选择的标准,据此确定的最佳观赏位置有S_1、S_2、S_3。

2. 游线基础设施的保护性选址配合

S_1:该点属远眺平视观赏大断裂带景观的最佳视点(图6-31)。点位基地高程为192米,地质景观最高高程为334米,$H=142$米,水平视角取45°、垂直视角取30°。由此求出S_1点的最佳视距为525.4米(图6-32)。据此,专门在此处规划设计观景平台,而该处恰好滨水,故也顺势设计成为亲水观景平台(图6-33)。

图 6-31　观赏点 S_1 选择

图片来源：作者自绘

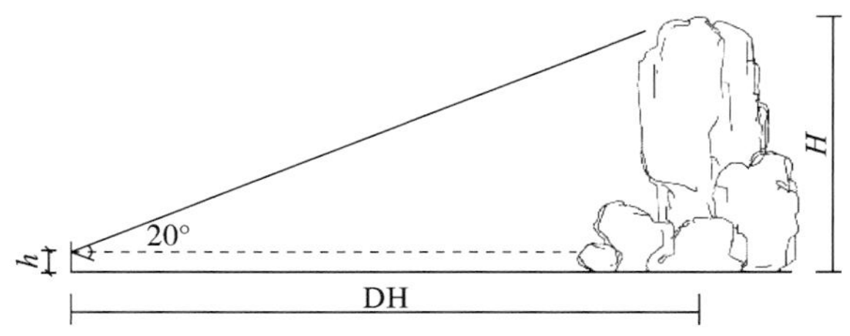

图 6-32　观赏点 S_1 最佳视点

图片来源：作者自绘

图 6-33　从观赏点 S_1 观赏到的最佳地质景观

图片来源：作者自摄

S_2：该点亦属远眺平视观赏大断裂带两侧景观的最佳视点（图 6-34、图 6-35）。景域视宽有 650 米，水平视域取 45°，由此求出 S_2 点的最佳视距为 780 米。据此，专门在此处配置观景平台，而该处正处于水库坝体的位置，故也顺势设计成为高坝观景平台（图 6-36）。

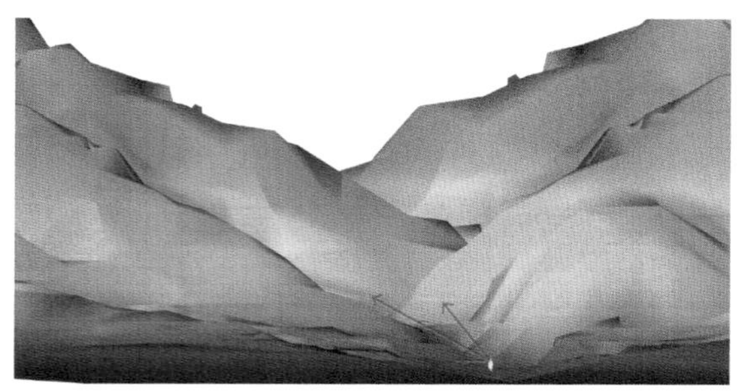

图 6-34　观赏点 S_2 选择

图片来源：作者自绘

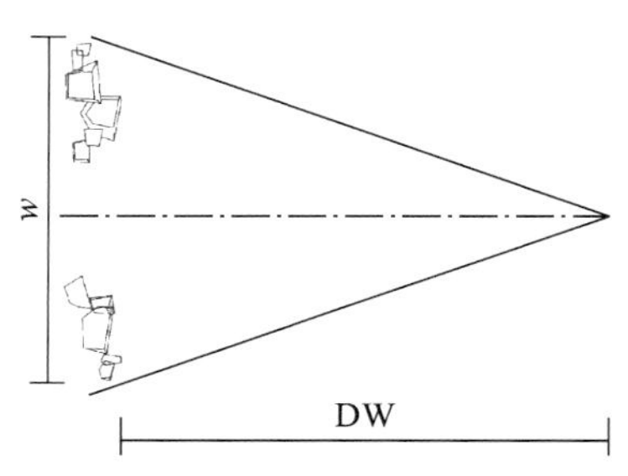

图 6-35　观赏点 S_2 最佳视点

图片来源：作者自绘

图 6-36　从观赏点 S_2 观赏到的最佳地质景观

图片来源:作者自摄

S_3:该点属俯视及360°环视观赏大断裂带两侧景观的最佳视点(图6-37)。选址位置为六云峰最高点,与上述两点选位的科学性不同,该点的选位是直觉判断的结果,计算机模拟仅是为了验证复核。专门在此处配置观景平台,而该处正是六云峰山顶位置,故也顺势设计成为山顶观景平台。

图 6-37　六云峰山顶地质景观观赏点 S_3 最佳景观选择

图片来源:作者自摄

S_4:因嵖岈山为侵入岩岩体,地形突兀,而山地四周则较为平缓,故而其山下存在很多可仰视花岗岩地貌山顶俊秀的地方,特别是嵖岈山顶峰奇妙的一石三景之猴子象形石(图6-38、图6-39、图6-40、图6-41),因此山景轮廓观景点的布局也非常重要,由于选择余地较大,故不再赘述。

(二) 山岳型地质景观观赏的保护性规划设计案例2——天磨湖景区

1. 地质景观观赏点的选择

同琵琶湖景区的游线基础设施选址方法一样,下面对天磨湖景区的地质景观观赏点进行选址研究。

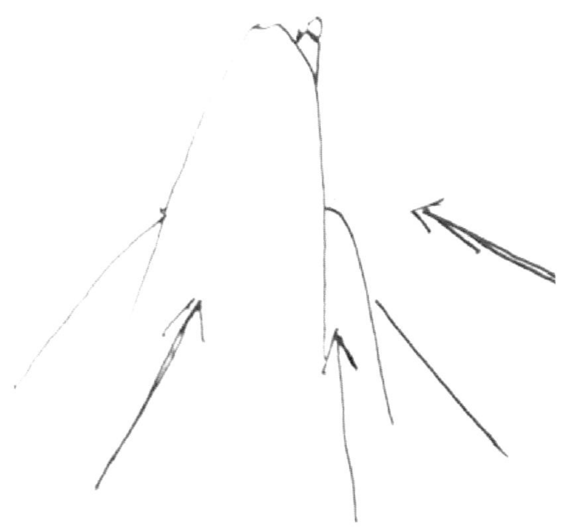

图 6-38　山体高点作为视点

图片来源:作者自绘

图 6-39　从西向东观看:石猴面西而坐

图片来源:作者自摄

图 6-40　从东山门观看:大猴背小猴

图片来源:作者自摄

图 6-41　从北门观看:一对热恋青年

图片来源:作者自摄

天磨湖景区的南面耸立着北山和六峰山,是嵖岈山南北大断裂带的北面沟口。根据观赏审美理论,利用空间模拟,结合现场实证,对天磨湖景区的地质景观最佳观赏点进行试错布局探讨(图 6-42)。

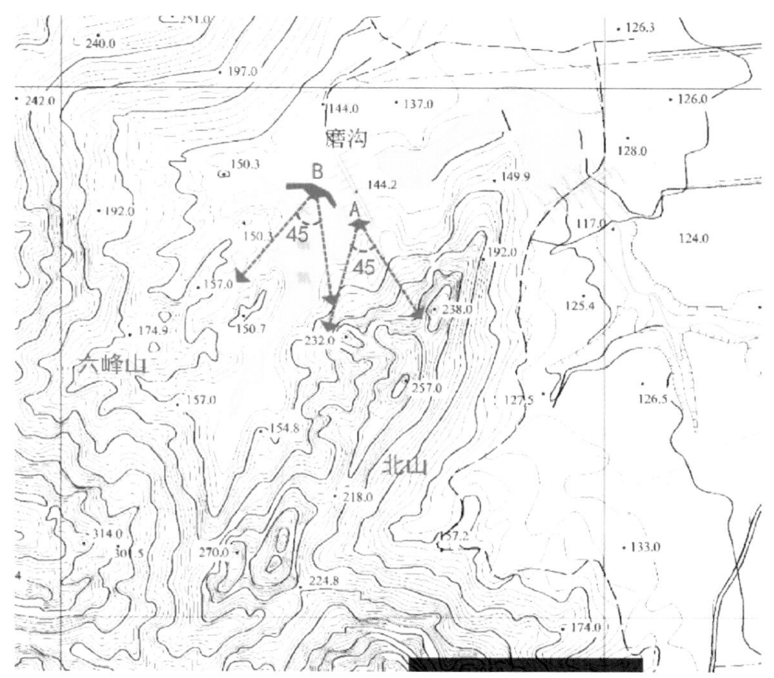

图 6-42　天磨湖景区地质景观观赏点的选择

图片来源:作者自绘

2. 游线基础设施的保护性选址配合

S_A:该点属仰视观赏北山天磨峰景观的最佳视点(图 6-43)。与上述仰视观赏点选位方法相同,该点是运用直觉判断进行选位的,计算机模拟仅是为了验证复核。选点恰处天磨峰山脚的滨水位置,故而顺势设计成滨水观景平台(图 6-44)。

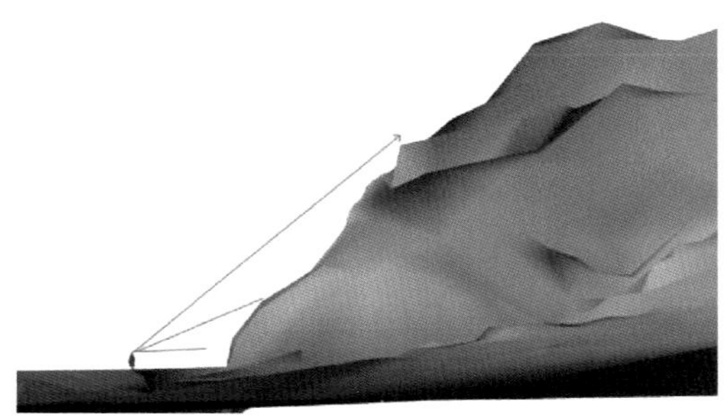

图 6-43　天磨峰地质景观仰视观赏最佳观赏点选择

图片来源:作者自绘

图 6-44　从观赏点 S_A 观赏到的天磨峰最佳地质景观

图片来源:作者自摄

S_B:该点属远眺平视观赏大断裂带景观的最佳视点(图 6-45)。点位基地高程为 150 米,地质景观最高高程为 270 米,H=120 米,水平视角取 45°、垂直视角取 30°,由此求出 S_B 点的最佳视距为 442.89 米(图 6-46)。据此,在相应距离的位置亦即天磨湖北岸边布局了绕湖木栈道,游人可在木栈道上游动观赏对面的地质景观,称为栈道观景平台(图 6-47)。

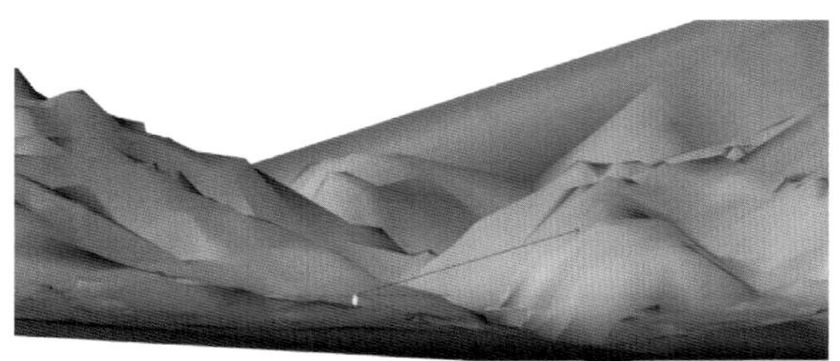

图 6-45 观赏点 S_B 位置选择

图片来源:作者自绘

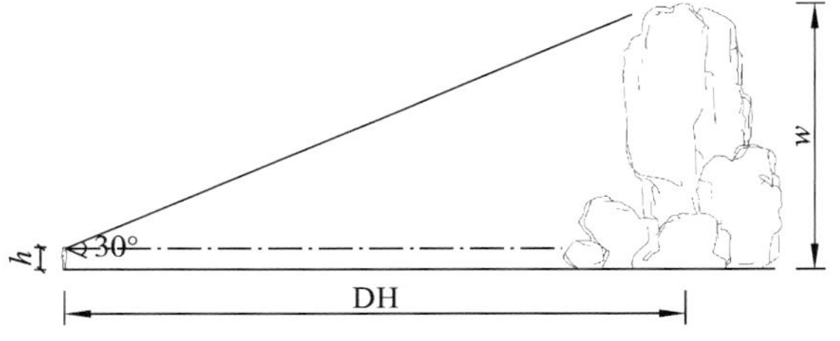

图 6-46 观赏点 S_B 最佳视点

图片来源:作者自绘

图 6-47 从观赏点 S_B 观赏到的天磨峰最佳地质景观

图片来源:作者自摄

三、峡谷型地质景观观赏的保护性规划设计

峡谷一般发育在由坚硬的岩石组成的谷坡地段,多是水流沿断裂构造岩石的薄弱处深度切割形成的。其谷壁因河水长时期冲刷、侵蚀、剥落而形成地质剖面,且谷内两侧崖壁之间间距狭窄,更适合人们近距离观赏地质景观。

不同地域的峡谷地貌,因其岩石构成及成因、规模不相同而有巨大的差异。世界上著名的峡谷有很多,例如美国的科罗拉多大峡谷由寒武纪到新生代各个时期的红砂岩层构成,其地质景观雄伟壮观、红石如火、气势磅礴。尤其在大峡谷南缘老鹰崖处,地质景观特征格外鲜明。科罗拉多大峡谷有一处非常著名的地质景观观赏点,即老鹰崖"U"形马蹄铁。该观景台建设在老鹰崖距谷底 1200 米的高空,是一处"U"形悬空玻璃廊桥,宽 3 米、外挑 21 米。高空玻璃廊桥的建设,不仅使游客可在此全方位地俯瞰、平视大峡谷的整体景观(图 6-48),也避免了在峡谷地面修筑道路对地质景观造成破坏,对地质景观的观赏性起着很重要的保护作用。

图 6-48　科罗拉多大峡谷老鹰峡观景廊道

雅鲁藏布大峡谷是世界上最深、最大的峡谷,属于花岗岩峡谷地貌。处于印度洋板块和亚欧板块俯冲的东北角,地质景观复杂多样,在世界峡谷河流发育史上罕见。这里的海洋性温性山谷冰川,是雅鲁藏布大峡谷的重要地质景观特征。因其延伸长、跨度大,其地质景观观赏点的选择也随其地形地貌的变化而变化。通常游人以乘车慢行的方式观赏峡谷风貌,而高空索道则可鸟瞰总览雅鲁藏布大峡谷雄伟壮观的全貌(图 6-49)。

图 6-49　西藏林芝雅鲁藏布大峡谷地质景观

下面以河南焦作云台山世界地质公园的红石峡为例，来探讨峡谷观赏的游线基础设施保护性规划设计。

1. 地质景观观赏点的选择及其保护性选址配合

红石峡是造山运动形成的一个断层带，主要由紫红色砂岩构成，因红砂岩里所含的铁质成分不均形成了色彩丰富的崖墙。峡谷长时期受雨水的腐蚀冲刷、风化剥离，出现了一系列的断阶，能够清晰地看到造山运动过程的断层剖面。整个峡谷呈“U”字状，具有特殊的峡谷微气候。峡谷内温度、湿度相对稳定，清泉幽谷、断崖飞瀑，景色宜人。

峡谷内景观的观赏受不合理的游线基础设施建设影响而存在一定的保护问题。当前景观观赏游线布局在一侧崖壁上，这无可厚非，但其开石凿壁建设游线的方法较之于栈道却值得商榷。这种只为其上之人视觉观赏着想而不顾及整体观赏的做法，笔者认为是个败笔。在保护了一侧峡谷崖壁景观之时，却又破坏了另一侧崖壁观赏性的做法是不值得提倡的(图 6-50)。

在带状特征的峡谷景观中，其观赏特征及观赏位置的选择肯定有些特殊性(图 6-51)，下面结合红石峡谷给予阐述。

图 6-50　红石峡地质景观观赏点基础设施现状

图片来源：作者自摄

图 6-51　地质景观观赏点的选择

图片来源：作者自绘

对该峡谷地质景观进行评价，其地质景观综合性评价分值为 80 分，属于Ⅱ级地质景观保护；脆弱性综合分值为 5.7132，属于二级地质景观脆弱性。依据地质景观综合性评价等级划分及地质景观脆弱性等级划分对游线基础设施规划设计的要求设置基础设施，并在其上确定地质景观的最佳观赏位置。

S_1：出入口观赏点。

峡谷型游览区由于交通上下不便，故而缺乏高空鸟瞰观赏的视点，但其出入口却是一个例外。经现场反复寻觅，最终将观赏点选定在红石峡入口处的桥梁上(图 6-52)，在此能够较为整体地观赏到红颜碧水的峡谷地质风貌。而桥的下方则是一个极佳的仰视观赏位置(图 6-53)。上下连接的通道则为不同角度的观赏创造了条件。从峡谷下方向上仰视，赤壁在蓝天白云的映照下，显得更加幽深峻拔；峡谷两侧峭壁上的节理、裂隙地质构造也有清晰的呈现。如此选择使桥梁与峡谷景观一体化，也成为地貌环境中的一个亮点。自然的观赏性在此得以更充分的体现。

图 6-52　入口桥上地质景观最佳观赏点

图片来源:作者自摄

图 6-53　入口桥下仰视峡谷地质景观

图片来源:作者自摄

S_2:青苔崖壁观赏点。

青苔崖壁是红石峡内微气候下形成的特有景观,其成因一是由于山体内的积水因内部压力随崖壁断层处的无数泉眼喷发而出,形成飞瀑流泉的地质景观;二是峡谷内的微环境适宜植被生长。因峡谷泉水所含石灰质在崖壁形成钙华,而钙华层则成为苔藓及藻类最好的生长载体。故在峡谷断层处的红石崖壁上形成了青苔崖壁的景观,构成一幅具有很高观赏价值的美妙画卷。

受狭窄地形的影响,此处地质景观较为适宜的观赏角度为仰视和平视两种(图 6-54)。经过三维模拟及现场验证,最终选择在此处设置一个小型观景台。观景台通过水潭阻隔游客触摸崖壁,减少了对地质景观可能的损坏。

在此处向上仰视,厚厚的苔藓附在崖壁上,并随泉眼有规律地竖向分布。飞泉下方水量较多的地方,苔藓的色彩嫩绿;远离飞泉的地方,苔藓色彩偏紫褐色。从崖壁苔藓植被的分布及色彩情况可反映出峡谷内温度、湿度微气候对景观的影响(图 6-55)。

图 6-54　青苔崖壁处的地质景观观赏视线分析

图片来源:作者自绘

图 6-55　平视青苔崖壁处的地质景观 1

图片来源:作者自摄

在此处平视青苔崖壁时，还能够近距离观察到崖壁断层的地质构造。因长期受到泉水冲刷侵蚀，裂隙出露较好。附在崖壁上的钙华越到崖壁下方沉积越厚，苔藓生长越为茂盛(图 6-56)。此处观景小平台的设置，不仅将美景一收眼底，还对地质景观具有极好的保护作用。

图 6-56　平视青苔崖壁处的地质景观 2

图片来源：作者自摄

S_3：一线天观赏点。

一线天位于红石峡谷口南端，因地层断裂，山体受到挤压形成。山谷狭窄处有几十厘米宽，仅容一人通过。此处绝壁高耸，向上仰视，天空状如一线。峡谷底端水流湍急，冲击着岩石产生轰鸣声，因山谷回音声势如涛，越发显得一线天地貌的峻险。阳光好的时候，一道强光透过石缝照进谷底，景象奇异(图 6-57)。平视能够近距离看到崖壁两侧受流水切割留下的螺旋状多层地质构造遗迹，断裂带的地质遗迹特性显著，观赏价值较高(图 6-58)。

针对红石峡狭窄的地形，该景观的观赏点只能布局在摩崖栈道上，显然，游客流量的控制在此处成为保护地质景观观赏性最重要的因素。

2. 游客流量控制对地质景观观赏性的保护

每逢节假日，慕名而来的游客拥堵在红石峡内，这对峡谷的微气候产生了很大影响，客观上也干扰了峡谷地质景观及其生态的自然过程，从而影响了峡谷未来的观赏性。根据前期所做的红石峡地质景观脆弱性分析评价，可知其脆弱性为二级，这就要求峡谷内要适当控制客流量，以此保护峡谷内地质景观的观赏持续性。

因红石峡内地质构造属红砂岩沉积岩断层，易风化，人流过大会增加峡谷荷载，加快峡谷红砂岩地貌的氧化速度。此外，红石峡崖壁上的青苔适合在峡谷微气候下生长，过大的人流将增大峡谷的空气流动，造成峡谷微气候失衡，从而会导致崖壁上藻类植物的死亡。红石峡总长 1.5 千米，最宽处约 20 米，最窄处 5 米左右，故控制客流量既是对地质景观观赏性的保护，也是对峡谷特殊的微气候环境的保护。

图 6-57　仰视：一线天处的地质景观

图片来源：作者自摄

图 6-58　平视：一线天处的地质景观

图片来源：作者自摄

四、洞穴类地质景观观赏的保护性规划设计

按洞穴的地质成因，洞穴类地质景观主要可分为碳酸岩洞穴、石膏洞、砾岩洞、玄武岩洞、砂岩洞、花岗岩洞、冰川洞等类型。其大小相差悬殊，有深邃硕大的洞穴，也有发育在崖壁上的小洞穴，有小到直径只有几米的洞穴，也有直径大到几千米的洞穴。因其地质成因不同，大小不同，其内的地质景观观赏特点也各有侧重。本书仅以碳酸岩洞穴和砂岩洞穴为例，就洞穴类地质景观观赏的游线基础设施保护性规划设计内涵进行探讨。

（一）碳酸岩类洞穴观赏的保护性规划设计

碳酸岩类洞穴即人们常说的溶洞，是因碳酸盐类岩石受流水溶蚀作用而形成的地貌。该种洞穴往往规模较大，堆积物造型丰富，千奇百怪，如石林、石笋等。该种洞穴还有旱洞、水洞之分。其地质景观观赏需借助洞内照明设施的辅助进行，并依靠洞内步道、观景台、游船等游线基础设施的配置得以体现。

下面我们通过一些典型的案例来说明该类洞穴观赏的游线基础设施的保护性规划设计。

美国肯塔基州中部的猛犸洞是世界上最长的岩溶洞穴。洞内有流石、钙华、扇形石、石槽以及穹窿石膏晶体等地质景观。目前探明其总长度约 600 千米，其中约有 16 千米对游客开放。开放的洞穴由五层组成，每一层相互连通。洞穴中多处有大厅、地湖、暗河、瀑布。其中有一座含锰的黑色氧化物形成的“星辰大厅”，在顶部含锰的黑色氧化物中点缀着雪白的石膏结晶，仰视感觉像天空闪烁的星光。

洞内采用步道加游船的方式辅助游客观赏(图 6-59、图 6-60)。步道从一层随着洞穴地势一直通往五层,游客在步道上可任意选择较好的位置观赏地质景观。栈道强制性引导游客的观赏线路,避免游客直接接触地质景观而对其造成破坏。

图 6-59　步道对地质景观观赏性的保护

图片来源:作者自摄

图 6-60　游船对地质景观观赏性的保护

图片来源:作者自摄

洞内采用白光照明,以保持岩溶的原生色彩,并对地质景观起到很好的保护作用。

我国幅员辽阔,洞穴资源丰富,因南北气候差异,溶岩洞穴主要分布在东南部地区。著名的洞穴有贵州的织金洞、湖南的黄龙洞、重庆的雪玉洞等。

织金洞属于旱溶洞,位于贵州省织金县的六冲河南岸。地质构造运动影响地块隆升,导致河流下切溶蚀岩体而形成了洞穴。洞长 6.6 千米,分为上、中、下三层,洞道纵横交错,洞内地质景观有石笋、石柱、石芽、石峰、地下湖等。

游客在洞穴内的观赏主要通过洞内步道及观景平台等实现。洞内的步道强制引导游客按一定的秩序参观游览。游客可任意在步道上进行选择性观赏,但不能接触洞穴物质,以免对其观赏性产生破坏。

灯光是洞内地质景观观赏不可缺少的设施。织金洞为烘托地质景观的环境氛围,布置了大量灯具用以照明。灯光五彩斑斓,恍若地下宫殿。但灯光照明的大量运用,提升了洞穴温度,加速了地质景观的氧化速度,同时也造成洞内地质景观的光污染,反而破坏了其观赏性(图 6-61、图 6-62)。

笔者认为,当前国内不少洞穴类地质景观的观赏性照明存在上述光污染问题。只考虑灯光的烘托效果,却忽略地质景观原生色彩的美感,以及大量照明对地质景观产生的光污染破坏。建议洞穴内照明采用冷光型光源并声感控制开启,游客来时灯就亮了,游客走时灯即灭。这样既节约了电能,又减少了污染。

图 6-61　光污染对地质景观观赏性的破坏 1

图片来源:作者自摄

图 6-62　光污染对地质景观观赏性的破坏 2

图片来源:作者自摄

(二)砂岩类洞穴观赏的保护性规划设计

砂岩类洞穴多是由较晚期的沉积砂岩在构造作用及流水侵蚀下形成的。下面仍用几个较典型的案例来说明。

英国南部拖基海岸里维耶拉地质公园的肯特洞穴为较典型的砂岩洞穴,其洞内的游线基础设施便采取原生态观赏的保护性规划设计方式进行。

砂岩洞穴是由于地质构造运动使地块发生了断裂,经挤压隆起形成。洞穴内的砂岩经风化剥蚀及含碳酸钙水流的侵蚀,形成了砂岩洞穴奇特的地质景观。

里维耶拉地质公园的肯特洞穴便属红砂岩旱洞洞穴(图 6-63)。该洞穴整体结构为树枝状,当前开放的深度仅有 1 千米左右,洞穴内砂岩经地下水溶蚀形成了各种各样的地质景观。为了保护这些景观的观赏性,采用了以下规划设计手法。

图 6-63　城市中的肯特洞穴

图片来源:作者自摄

先对该公园地质景观进行评价，得出其地质景观综合性评价分值为 78 分，属于Ⅱ级地质景观；脆弱性综合分值为 6.2615，属于二级地质景观。依据地质景观综合性评价等级划分及地质景观脆弱性等级划分对游线基础设施规划设计的要求为基础设置基础设施，并在其上确定地质景观的最佳观赏位置。

(1) 采用卡口管理，控制游客流量，保护洞内地质景观的观赏性。采取网上预约团队参观的形式，每周开放一次，每次人数控制为 70 人。该措施有效地控制了游客流量，减少了游客流量过大造成的地质景观快速氧化，同时也减少了人为因素对地质景观观赏性的影响。

(2) 用极简主义思想配置游线基础设施。一条步道贯穿洞内所有地质景观观赏点，既是游客通道，也是观赏位置。灯光照明集中控制，局部感应，人走灯灭，这样有效地控制了灯光散发出的热量及光污染对地质景观观赏性造成的负面影响。

这里的砂岩洞穴主要由二叠纪红砂岩组成，洞内的溶岩堆积物(图6-64)是红砂岩层渗出的富含碳酸钙水质氧化后慢慢沉淀形成的地质景观，故其地质景观造型虽然丰富，但体量较小。堆积物造型奇特，宛如仙山楼宇，又似远古的沙漠古城，给人以神秘的联想。游客站在此处的隔离栏内，刚好处于适宜的观赏位置，又避免了游客近距离接触对其观赏性的破坏。

采用白色冷光映衬景点，适宜的强度下，能够真实反映洞内红砂岩的色彩和发育节理状况，同时也对地质景观有良好保护作用(图 6-65)。

图 6-64　砂岩洞穴中的溶岩堆积物

图片来源：作者自摄

图 6-65　仰视：砂岩岩洞

图片来源：作者自摄

福建省泰宁县的丹霞洞穴属较典型的红砂岩洞穴，是因流水侵蚀、软岩层风化剥落和崩坍形成的。洞穴按其造型分有额状洞、扁平洞、拱形洞、穿洞、蜂窝状洞穴等，有“丹霞洞穴博物馆”之称。

对该洞穴群地质景观进行评价，得出其地质景观综合性评价分值为 72 分，属于Ⅱ级地质景观；脆弱性综合分值为 6.9873，属于二级地质景观。依据地质景观综合性评价等级划分及地质景观脆弱性等级划分对游线基础设施规划设计的要求设置基础设施，并在其上确定地质景观的最佳观赏位置。

其中位于塞下大峡谷赤壁上的蜂窝状洞穴，星罗棋布在丹霞崖壁上。洞穴直径较小，且崖壁高耸、峡谷狭窄，游客只能从崖壁下方的道路上仰视观赏其沧桑的美。平视的角度可近距离观赏到崖壁上砂岩、砾石及砂质填隙物经不断风化逐渐形成的椭圆形凹坑，相互之间有间隔，形如蜂窝(图 6-66)。

图 6-66　红砂岩蜂窝状洞穴
图片来源:作者自摄

在崖壁下方设置有护栏和警示牌,利用护栏这种安全防护设施及警示牌来规范引导游人的地质景观观赏行为。

甘露岩拱形洞是沿垂直于崖壁的共轭节理和平行于崖壁的垂直裂隙经风化、崩塌,慢慢形成的外阔内窄的拱形洞。甘露寺即借助该洞穴建设。整体上感觉寺庙和洞穴浑然天成,寺庙所处位置也是拱形洞穴的最佳观赏点,游客可站在寺庙下方的院子里仰视洞穴,也可沿步道进入洞穴寺庙感受人文与地质科学相结合的另一番意境(图 6-67)。此外,出于对寺庙的安全考虑,在寺庙周边的崖壁上做了加固防护处理,减缓了砂岩洞穴的风化速度,保证了游人安全,对地质景观的观赏性也起到了一定的保护作用。

景区里上清溪崖壁上的水平并列洞穴群独具特色。绝壁之上层层排列的洞穴,给人以玄奥神秘的视觉之美。该景点是因崖壁在雨水冲刷过程中差异性风化而形成的,当雨水向下流淌时,侵蚀崖壁砂岩形成沿夹层分布的各种造型的凹洞(图 6-68)。

图 6-67　甘露岩拱形洞穴仰视效果
图片来源:作者自摄

图 6-68　上清溪崖壁并列洞穴
图片来源:作者自摄

观景点地处峡谷中,竹筏作为水上交通设施是对地质景观观赏性的最好保护方式,人们乘坐竹筏顺流而下,在碧水丹霞之间畅游,可以较好地观赏两侧崖壁奇特的洞穴景观,避免了游人在河道上紧贴崖壁行走的危险,也减少了在崖壁上修筑栈道对地质景观观赏性的直接破坏。

五、微型地质景观观赏的保护性规划设计

微型地质景观因其自身体量较小,故常采用异位移置保护的方式,也有异位和原址相结合的

综合保护形式。微型地质景观主要以古生物化石居多，有体量小、易风化、形成时间久远、价值极高且珍贵稀少的特点。许多古生物化石被列为国家一级保护文物。其地质景观观赏性保护的难度较大，时常有偷盗、毁坏等现象的发生，因此安全保护成为该类地质景观观赏性保护的首要内容。

下面以我国较典型的两个化石遗迹地质景观为例，说明其观赏性的保护性规划设计要点。

1. 辽宁朝阳鸟化石国家地质公园

辽宁朝阳鸟化石国家地质公园是我国最重要的化石遗迹公园之一，其中的中华龙鸟化石享誉全球。其地质遗迹以中生代古生物化石为主，其中硅化木、鸟类化石较多，迄今为止，已发现了最早的鸟类和最早的开花植物。朝阳因此被誉为“第一只鸟飞起的地方，第一朵花绽放的地方”。这赋予该公园古生物化石地质景观观赏性保护的重大责任。据此，在遗址处就地搭建博物馆，同时将一些体量小、易风化的化石移置到馆内进行保护性展示。园区的木化石展厅，采用遗址内部修建木栈道的形式供游客近距离游览观赏(图 6-69)。

图 6-69　木化石原址的栈道是对硅化木化石观赏性的保护

图片来源：作者自摄

对该公园地质景观进行评价，得出地质景观综合性评价分值为 86，属于Ⅰ级地质景观；其地质景观脆弱性综合分值为 6.9831，属于二级地质景观。依据地质景观综合性评价等级划分及地质景观脆弱性等级划分对游线基础设施规划设计的要求设置基础设施，并在其上确定地质景观的最佳观赏位置。

玻璃与钢搭建的博物馆建筑使其内有着充足的自然光源，也保证了室内适宜的温湿度。遗迹旁修建的木栈道可供游客近距离观赏硅化木，同时木栈道也具有强制引导游客观赏的功能，避免游客接触化石而对其产生破坏。木化石、木栈道、自然光的元素组合，使化石遗址与其游线基础设施浑然天成。此外，博物馆上方安装了摄像头，对遗址内部进行安全监控。这些设施有效地保证了博物馆内的地质景观观赏性，并丰富了观赏形式内涵。

除采用木化石展厅这种原址方式外，公园还在园区内的特定位置，将部分珍贵的硅化木地质遗迹移置在一起，形成了较大规模的硅化木林。玉树临风，碧草蓝天下，更加衬托出了木化石的玉质之美(图 6-70)。道路及绿地的强制性引导有效地将景观围护起来，使硅化木群地质景观的观赏性得到较好保护。

图 6-70　木化石林

图片来源：作者自摄

2. 湖北省青龙山恐龙蛋化石群国家地质公园

湖北省青龙山恐龙蛋化石群国家地质公园位于湖北省十堰市郧阳区柳陂镇青龙山。其最大特点是恐龙蛋化石遗迹分布集中、保存完整、埋藏浅。因恐龙蛋古生物化石暴露在外面容易氧化，因此对其地质景观观赏性的保护也采用了就地建馆覆盖形式。

对该公园地质景观进行评价，得出地质景观综合性评价分值为 88 分，属于Ⅰ级地质景观；其地质景观脆弱性综合分值为 6.3526，属于二级地质景观。依据地质景观综合性评价等级划分及地质景观脆弱性等级划分对游线基础设施规划设计的要求设置基础设施，并在其上确定地质景观的最佳观赏位置。

馆内游线采用木栈道贯通全程，利用栈道把游客与恐龙蛋化石隔离，强制性引导游客站在木栈道上近距离观赏恐龙蛋化石，但不得触摸，以避免游客接触恐龙蛋化石造成化石损伤(图 6-71)。此外，使用木质铺装道路，当博物馆室内潮湿时，原木可吸收空气中的一部分水分，当室内干燥时，可释放自身的水分，更有利于保持室内干湿度的平衡。适宜的室内温度、湿度可以减缓恐龙蛋化石的氧化过程，对其观赏性起到一定的保护作用。

照明系统是采用屋顶镶嵌百叶窗，将自然光引入室内，经光筒折射集中照亮恐龙蛋群，对恐龙蛋化石特写采用点光源照明。光线从屋顶下来，直接照射在恐龙蛋化石遗址上，更加突显恐龙蛋化石原始沧桑的美。展厅内除在木栈道边沿位置安装微弱的 LED 节能灯照明外，馆内其他地

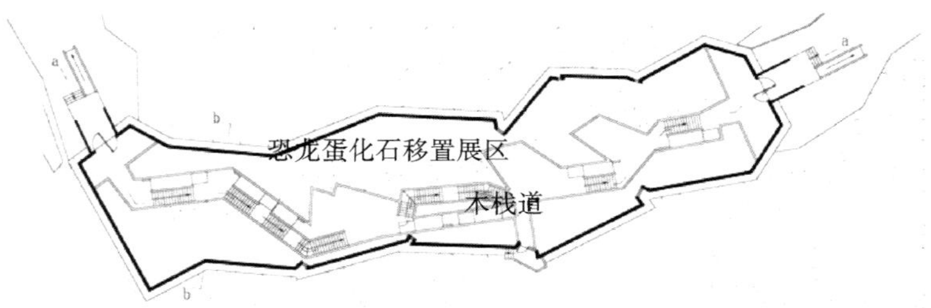

图 6-71　博物馆总平布局图

图片来源:李保峰

方不用灯光照明,这样可以减少照明对恐龙蛋化石产生的光污染,减缓恐龙蛋化石的风化速度(图 6-72),对恐龙蛋化石的观赏性起到有效的保护作用。

图 6-72　恐龙蛋化石群

图片来源:作者自摄

此外,在博物馆内布有警示牌及电子解说器,介绍恐龙蛋化石的地质背景、形成过程,使人们了解恐龙蛋化石的重大科学价值,增强对恐龙蛋化石的保护意识。客观效果上也是对博物馆内地质景观观赏性的一种保护。

六、沙漠、海岸类地质景观观赏的保护性规划设计

对于沙漠和海岸类地质景观,因其地质景观的特殊性,游线基础设施对地质景观的观赏性保护有别于其他地质景观类型。

(一) 沙漠地质景观观赏的保护性规划设计

沙漠地质景观一般为土地、岩石干旱风化形成,也有因河流泥沙冲积而形成的。因所处地理

位置的不同，其沙漠地质景观也不相同。因沙漠地质特性独特，驼队及马队这种古老的旅行方式反而是其观赏性保护的重要措施。

下面分别以巴西的拉克依斯马拉赫塞斯国家公园、中国内蒙古自治区的阿拉善沙漠世界地质公园为例进行说明。

1．巴西拉克依斯马拉赫塞斯国家公园

该公园位于巴西北部的马拉尼奥州境内，由众多白色的沙丘和深蓝色的咸水湖组成，该地年降水量为1600毫升，是地球上较为凉爽的沙漠。因沙漠降雨量较大，每逢雨季，沙漠便演变成千百个翠绿水湾。湖水清澈晶莹，像绿色的月亮点缀在沙漠中，世界罕有，恰似大地的波谱艺术，给人以极高的视觉艺术享受（图6-73、图6-74）。

图6-73　沙漠新月景观

图片来源：作者自摄

图6-74　马队驮运

图片来源：作者自摄

该类沙漠一望无际，游人可根据需要自由选择地点进行观赏。

2．中国内蒙古自治区的阿拉善沙漠世界地质公园

该公园是我国唯一的沙漠地质公园。与巴西拉克依斯马拉赫塞斯的沙漠地质景观相比，中国内蒙古自治区的干旱少雨使阿拉善沙漠多表现为沙漠、戈壁、峡谷、风蚀地貌等，其中“金字塔”形的沙漠地貌景观是阿拉善沙漠典型的地质特性。该公园包括腾格里园区、巴丹吉林园区和居延海园区。三个园区因地质成因不同，其地质景观观赏性保护的方式也不相同。

对该公园地质景观进行评价，得出地质景观综合性评价分值为80分，属于Ⅱ级地质景观；其地质景观脆弱性综合分值为6.4525，属于二级地质景观。依据地质景观综合性评价等级划分及地质景观脆弱性等级划分对游线基础设施规划设计的要求设置基础设施，并在其上确定地质景观的最佳观赏位置。

腾格里园区的沙峰巨大而高耸，有的沙峰高达500米，是世界上最高的沙峰，有沙漠“珠穆朗玛”之称。本书在该园区众多观景点中选取了两个，对其观赏性进行了分析（图6-75）。

S_{17}：从该点仰视必鲁图峰，看到的是高耸的沙峰在漫长岁月中经过风蚀作用的改造过程及“金字塔”形状的形成和变化过程（图6-76）。从沙峰的侧面仰视，阴阳交界处的明暗关系使峰脊线清晰可见，峰脊线被岁月的风蚀雕刻出优美的几何曲线，给人以艺术的视觉美。

S_{20}：该点位于高处，属俯视点。金黄色的脊峰宛如扭动着的巨龙伏于湖边。阿拉善沙漠地质景观观赏点始终选取沙峰峰脊的受光与背光交界处，通过倾斜的峰脊线突显阿拉善沙漠“金字塔”地质景观独特的观赏特性（图6-77）。

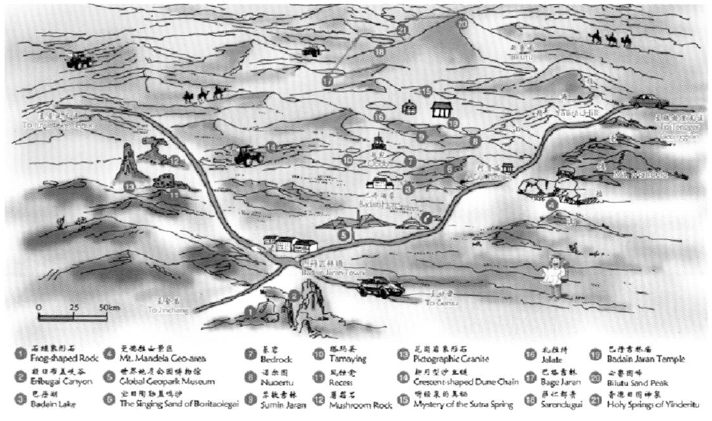

图 6-75　地质景观观赏点分析

图片来源:阿拉善沙漠世界地质公园管理处

图 6-76　必鲁图峰地质景观

图片来源:作者自摄

图 6-77　音德日图神泉地质景观

图片来源:作者自摄

(二)海岸地质景观观赏的保护性规划设计

海岸是分布较多的一种自然地貌型的地质景观,其观赏性主要包括海岸特有的地形地貌以及不同类型的岩石在海蚀作用下形成的多姿形态两部分。因此对该类地质景观观赏性的保护侧重点也不尽相同。下面分别选取国内外的典型实例给予阐述。

1. 英国的里维耶拉地质公园

该公园是典型的海岸地质遗迹景观公园。公园内海岸地质遗迹有从二叠纪到泥盆纪的地质地貌、沉积岩石和大量的古生物化石,对泥盆纪时期初始特征的形成有着重要的科学研究价值。高空俯视海域,一望无际的大海,曲折幽长的海岸线,彰显了其良好的观赏性(图 6-78)。

该公园的海岸长期受海水的侵蚀剥落,其岩层节理及裂隙发育较为显著;处于海岸中部的天涯海角礁石,因海水侵蚀而中空,远远望去,似一扇出入大门;礁石边被海水冲蚀出的洞穴,是海鸥及各种海洋生物栖息的场所。为对此进行观赏,在其对面岸边设置了观景台;也可通过海上小

图 6-78　里维耶拉地质公园海岸线鸟瞰图

图片来源:里维耶拉地质公园官网

型游轮,或驾舟靠近礁石,近距离环视观赏地质景观,望远镜也是海岸地貌观赏的重要设备(图6-79、图 6-80)。

图 6-79　观景平台处观赏海岸礁石景观

图片来源:作者自摄

海岸边的砂岩经海水冲刷风化,岩层之间裂隙明显。在漫长的地质演化过程中,这里发生了大的地质构造变动,海底隆起,海岸下陷,埋藏在岩层中的众多从二叠纪到泥盆纪时期的各种海洋古生物化石得以出露地面,这对海洋古生物研究有着重大科研价值。考虑到景观的奇特礁石造型及科普作用,对该地质景观的观赏性保护,采取了在其附近最佳观赏角度处规划设计休息区的方式,在满足游客观景休息需求的同时,也杜绝了人与化石的接触(图 6-81)。

2. 大连滨海国家地质公园

大连滨海国家地质公园主要以海蚀地貌为主。笔者在园区选择了 3 个观赏点进行分析验证。

图 6-80　驾舟环游观赏海岸礁石景观

图片来源:作者自摄

图 6-81　海岸礁石景观

图片来源:作者自摄

对该公园的地质景观进行评价,得出地质景观综合性评价分值为 80 分,属于Ⅱ级地质景观;其地质景观脆弱性综合分值为 6.1887,属于二级地质景观。依据地质景观综合性评价等级划分及地质景观脆弱性等级划分对游线基础设施规划设计的要求设置基础设施,并在其上确定地质景观的最佳观赏位置。

恐龙园区的金蛙峰是倒转背斜地形,其地质构造与地形构造形迹不一。该类地质景观褶皱变化大,观赏性较高。为减少对地质公园的人为干扰,笔者建议景区采用短距离游船的方式远望或平视观赏景观,结合海边步道仰视观赏。这对地质景观的保护产生良好功效,并创新了地质景观观赏形式(图 6-82)。

图 6-82　倒转背斜金蛙峰地质景观

图片来源:作者自摄

在该园的棒棰岛,有着著名的海蚀地貌——叠瓦石构造。海岸岩石经海水冲刷风化剥落后,沉积地层裸露出来,犹如一幅地球演化的多彩画卷。游客可乘船在海水中平视或者仰视观赏叠瓦石景观，也可在叠瓦石的下方海滩上，驻足仰视。在叠瓦石下方设有讲解牌，详细讲解了该构造的形成由来及地质内涵，使游客在欣赏大自然美的同时，得到了有益的科普教育(图 6-83)。

图 6-83　叠瓦石地质景观观赏角度分析

图片来源：作者自摄

南部海岸园区的老铁山景点刚好位于黄海、渤海分界处。黄海、渤海的浪潮由海角两边涌来，交汇于此。海底地沟运动和黄海与渤海水色的差异，形成一道泾渭分明的自然景观，即黄渤海分界线(图 6-84)。黄海为清水，渤海为黄水，具有很强的观赏性。

图 6-84　俯视黄渤海分界线观赏角度分析

图片来源：作者自摄

在岸边设置有针对性的观景台，游客在此可俯视海面，观赏这特有的景观，也使该景观的观赏性得以完美的展现。

第三节 本章小结

本章阐述了地质景观自然性、观赏性的相互关系及统一性。并基于这两种特性的不同保护方式，探讨游线基础设施保护性规划设计在其间的作用和内涵，总结了其保护性规划设计的一些经验和规律。

对地质景观自然性的保护，其核心体现在对其原真性、完整性及与环境的协调性三个方面。

原真保护：分析了当前地质景观原真保护所面临的问题，阐述游线基础设施的保护性规划设计应秉持的理念及保护方式。指出游线基础设施应秉持举轻若重、原汁原味、点到即止的设计理念和保护方式；认为游线基础设施的建设能够满足游客游览基本需要即可，泛滥的建设是对地质景观自然原真性的极大破坏。

完整保护：分析了当前地质景观完整保护所面临的问题，阐述了游线基础设施对地质景观完整性的保护性规划设计应秉承的精华禁建、整体呈现、轻描淡写、防微杜渐 4 种方式。提出在地质景观保护区内，严禁在最具核心价值内涵的部位修建游线基础设施的基本要求。对部分具有珍稀性的地质景观应采取异位移置的防护措施，从而体现景观的完整保护性。

本章的第二节便是对地质景观观赏性的保护性规划设计，明确指出游线基础设施作为地质景观观赏的载体，其规划设计要从地质景观的视觉感知美和地质科普传达的角度出发，把地质景观最具核心价值的内涵以最佳的视角传递给人们。

以山岳、峡谷、洞穴、微型及沙漠、海岸 5 种类型的地质景观为线索，就其观赏性保护的观赏位置选择进行了理论阐述与实践分析。运用三维模拟技术，探讨不同类型地质景观的仰视、俯视、平视、360°环视以及栈道、游船等的适宜性保护的游线基础设施配合，突显其观赏保护。

本章的要义可归纳为：

举轻若重自然显，原汁原味少人工；
精华禁建整体美，轻描淡写防渐变；
求得一处观赏地，自然地景满人间。

第七章　基于地质景观脆弱性保护的游线基础设施规划设计

第一节　地质景观脆弱性影响因素解析

地质景观脆弱性主要受制于其形成机制及内部特性、外部的自然环境、人为影响等众多方面。其内因与外因的作用也都不是孤立存在的，大多数情况下，地质景观脆弱性是二者共同作用所致，只不过是各方面因素作用的程度有差异。而地质景观脆弱性的保护也必须从这些内外部因素入手。

影响地质景观脆弱性的内因主要有其形成机制的脆弱及地质构成脆弱等。由岩浆岩、沉积岩、变质岩等不同类型的岩石构成的地质景观，其脆弱性也各有差异。其物理性质(硬度、比重、渗水性等)还有矿物成分组成(石英质、硅酸盐类、碳酸盐类、黏土类等)是导致地质景观本身脆弱性的主要内因之一。如石英质的地质景观硬度大、化学性质稳定，不易被侵蚀风化；而碳酸岩类地质景观则易被水流溶蚀；成分差异较大的层状沉积岩更容易被风化等。在形成机制方面，像古生物化石遗迹、地质灾害遗迹等，这些类别的地质景观因其形成机制的原因本身就非常脆弱。当这些地质景观受到外界干扰时就会加剧或改变其演化进程。地质景观的脆弱内因就人类生命历程而言不可把控，故本书主要从地质景观受外部环境干扰导致其内部因素发生变化而产生脆弱性的角度来解决当前地质景观脆弱性保护所面临的问题。

一、自然因素对地质景观脆弱性的影响

自然因素对地质景观脆弱性的影响大体可分为两方面。一是地球内动力作用的变化导致的诸如火山喷发、地震、塌陷等地质灾害的发生，这常常会造成地质景观外形的巨大改变，甚至完全摧毁地质景观。二是自然环境变化或称为外动力作用引起的各类风化作用的影响，常见的主要风化作用有降水、光照及其引起的环境温度、湿度变化，风蚀，还有海水、河水、地下水的溶蚀，空气成分变化引起的岩石化学分解，植被发育等一系列物理的、化学的影响因素，均会使地质景观产生一定的脆弱程度变化。

例如位于新疆库车大峡谷国家地质公园的地质景观风化较为严重，岩石松散，脆弱性增强。主因就是四季、昼夜温差较大，山体表层岩石受热胀冷缩作用，结构发生变化，加之雨雪流水侵蚀，而最终碎裂剥落而致。

如台湾省新北市野柳地质公园，因其所处地域常年受到海浪的侵蚀，岩石风化，造就了海蚀洞沟、蜂窝石、蕈状岩、壶穴等地质景观。该公园著名的蕈状石“女王头”已有4000多年历史，深

受人们喜爱。因受当地气候的影响，该石长期受到海蚀、风化，其颈围已从 2006 年的 144 厘米缩为至今的 126 厘米，经专家预测，如再继续风化 5 年，其颈部将会因海蚀风化而断掉(图 7-1)。

植被的生长发育也会对地质景观脆弱性产生很大的影响。土壤里植被根系发达，盘根错节，无孔不入，有的根系生长在土壤覆盖下的石缝里，植被根系在生长过程中，汲取石缝里的水分，体量也在不断增长，导致石块内部构造发生变化，最终破裂(图 7-2)。一些由结构松散的岩层、土层构成的地质景观，其岩层、土层因得不到植被的保护导致水土流失、沙漠化等，也会极大地增强景观的脆弱性。

图 7-1　女王头

图片来源：作者自摄

图 7-2　石头缝里的树

图片来源：作者自摄

从上述各类现象分析中我们可看出，各类风化作用一方面成就了千姿百态的地质景观奇迹，另一方面它也是地质景观脆弱性加剧的最大推手。因此这也给地质景观脆弱性保护的规划设计指明了一个重要的方向，就是如何保护地质景观的生存环境状态，最大限度地阻止或减缓环境变化引起的地质景观脆弱性加剧。

二、人为因素对地质景观脆弱性的影响

人类的生产活动常常会改变自然环境，扰乱自然界的平衡。大的基础设施的建设，例如大型水库的修建，会引起区域地质应力的变化，打破周边地质构造之间的平衡，导致灾害类现象发生，比如地震、塌陷等，由此而导致地质景观脆弱性发生变化。

局部的人类活动，比如修路筑桥、矿业开采、基础设施建设等，同样也会造成局部地质体的结构构造、应力平衡、地形地貌及微环境等特性的强烈变化，并导致原来的山体岩石松动、崩塌，环境生态系统紊乱等现象，从而加剧地质景观的快速恶化。事实上，该类人为活动对地质景观的威胁更为直接。

例如张家界世界地质公园的武陵源风景区百龙电梯的建设，就对地质景观的脆弱性造成了极大的负面影响。

位于湖南省西北部的张家界世界地质公园的武陵源风景区，主要由独特的石英砂岩峰林组成，其园区内石柱石峰、断崖绝壁是该景区的特色地质景观。2002 年，武陵源风景区为了缩短游客登山时间，同时也是为增加景区噱头，在百龙峰林中安装了所谓的“天梯”。该电梯是世界地质景观保护区最高的电梯。电梯采用钢架竖井的结构形式，为增加电梯的稳固性，在山体内部开挖 157 米的深度作为基础，将该电梯埋置在山体中，上部的 170 多米裸露在山外。施工使山体内部大面积岩石被挖空，破坏了原有山体的岩石构造，造成岩石结构的不稳固，山体的安全稳固性能也受到了很大影响，反过来又使电梯的安全稳定性受到严重影响。同时，百龙电梯伸向山外的 170 多米的钢架结构突兀地矗立在俊美的峰林中，在阳光下熠熠闪光。不仅破坏了景观的原真美，还极大地破坏了地质景观的完整性(图 7-3、图 7-4)。

图 7-3　山体上方的电梯

图片来源:作者自摄

图 7-4　山体下方被挖空的部分

图片来源:作者自摄

此外，地质景观保护区内游客的无节制涌入，也会伴生一些影响地质景观脆弱性的现象，如在地质景观区内随意涂抹、乱刻乱画、垃圾倾倒等，过多的人流还会带来微气候的改变，这对诸如洞穴、峡谷等生态敏感类的地质景观也有严重干扰，增强了地质景观的脆弱性。

因此，在地质景观的游线基础设施保护性规划设计中，对游线基础设施的类型及施工方式的选择，要慎之又慎。

针对上述情况可以看出，在地质景观保护区内，对地质景观脆弱性影响最大的应属游线基础设施的工程建设。游线基础设施必须以地质景观脆弱性的保护为前提，这是本书自始至终强调的一个观点。但我们也需注意另外一种情形，即不少地质景观自身的脆弱性需要得到防护加固。如果其自身的自然脆弱性问题得不到解决，则其他利用改善环境的手段对其脆弱性的保护也显得苍白无力。毕竟地质景观是人居环境的一部分，在地质景观区保证人的安全也是首要任务，其游线基础设施的地质景观脆弱性保护规划设计也应包含地质灾害防护的相关内容。下面本书将从地质景观的稳固性、不适应性两大方面进行探讨。

第二节　地质景观稳固性保护的游线基础设施规划设计

从影响地质景观脆弱性的主要因素分析中我们可以清楚认识到，地质景观自身的稳固性是影响其脆弱性变化的内因，也就是根本因素。因此，在地质景观游线基础设施规划设计中，一方面要尽量减少必需的游线基础设施建设以保护景观脆弱性，另一方面要主动增加对其脆弱性的防护，即增强地质景观的稳固性。这两方面都是保护地质景观脆弱性不再扩大的基础，下面给予阐述。

一、稳固性保护的规划设计

在地质景观保护区，即使必需的功能性游线基础设施建设也会不同程度地对地质景观的稳固性造成破坏。因此，对设施类型的选择、功能的实现方式都必须针对地质景观的类型和特性因地制宜、合理规划，以最大限度地降低对地质景观稳固性的影响。所有的游线基础设施规划设计，要在对地质景观进行脆弱性分析及等级评价的基础上开展。

下面以郑州黄河国家地质公园的五龙峰景区为例，对黄土地质景观稳固性保护的游线基础设施规划设计展开探讨。

该地质公园位于河南省郑州市北郊的黄河之滨，黄河中、下游的交接处，是华北平原与黄土高原的自然地理分界线。五龙峰地质景区位于该地质公园的核心位置，内有厚达 80 余米的黄土与古土壤层，保存有大量的古气候、古环境、古生命及黄河演化等重大地质事件信息，是揭示地球第四纪奥秘的一个理想的地质载体。

对五龙峰园区的地质景观脆弱性进行评价分析，得出其地质景观脆弱性综合分值为 5.5220，属于二级地质景观脆弱性(表 7-1)。

表 7-1　黄河国家地质公园邙山五龙峰地质景观脆弱性权重评价及赋值

指　标	权重	因　素	权重	依　据	赋　值
自身稳定性	0.350	岩土体软硬度	0.084	岩土体较硬	8
				岩土体硬度一般	
				岩土体硬度较弱	
		岩土体抗风化度	0.084	岩土体抗风化能力强	5
				岩土体抗风化能力一般	
				岩土体抗风化能力弱	
		节理发育	0.016	密集度小	6
				密集度中	
				密集度大	
		地形地貌	0.166	缓坡度	5
				陡坡度	
				负坡度	
自然影响	0.371	气候环境	0.081	好	5
				一般	
				恶劣	

续表

指　　标	权重	因　　素	权重	依　　据	赋　　值
自然影响	0.371	生态环境	0.164	好	6
				一般	
				差	
		土壤环境	0.126	好	5
				一般	
				差	
人为影响	0.279	旅游与生产活动	0.090	密度小	6
				密度适中	
				密度大	
		矿业开发	0.098	密度小	5
				密度适中	
				密度大	
		基础设施建设	0.091	道路稀疏	5
				道路适中	
				道路密集	

根据地质景观脆弱性等级划分明确其游线基础设施的建设要求：五龙峰园区可根据游览需要尽量少建，以使黄土地质景观的稳固性得到保护。

1. 游步道的强制引导

五龙峰园区游步道从地质博物馆一直到极目阁处的山顶。中间穿过古土壤、马兰黄土、黄土与沙尘暴、蜗牛化石、古地磁等一系列典型的标志或界线的黄土知识科普点，是一条典型的科普线路。

黄土剖面的景观脆弱性较强，随意踩踏就会对其稳固性产生极大的破坏。因此，该线路的选择就是根据其黄土地层剖面所显示的地层年代的先后而依序贯穿。控制游步道宽度，除必要的消防通道外，其余步道均为 1.5 米宽，强制引导游客按照一定的顺序有秩序地对地质景观进行观赏。此外该园区还控制客流量，避免过多游客涌进景区，踩踏黄土景观，从而有效地保护了黄土地质景观的脆弱性。

2. 安全防护

因五龙峰黄土中蜗牛古生物化石遗迹较多，且道路距路边的蜗牛化石较近。针对这种情况，为便于游客更清晰地观看，同时避免游客近距离接触蜗牛化石对其造成破坏。景区特意在一些道路距地质景观过近的地方设置了安全防护栏。此外，因蜗牛化石壁薄，很容易风化破损，又专门在典型的蜗牛化石上设置安全防护窗，用玻璃罩在上面，以防止风霜雪雨对其的侵蚀，同时也预防游客因好奇挖走蜗牛化石。客观上也是对地质景观脆弱性的保护。

3. 建筑容量的控制

鉴于五龙峰黄土地质景观脆弱性较强，游线周边的服务建筑本着不建或少建的原则进行控制。五龙峰地质景观保护区因历史原因，山上有索道站房、黄河引水灌溉设施，这些建筑及其运行对黄土地质景观脆弱性产生了一定影响(图 7-5、图 7-6)，对地质景观整体的稳固性是一个潜在的威胁。

图 7-5　黄河引水灌溉设施

图片来源:作者自摄

图 7-6　索道站房

图片来源:作者自摄

五龙峰地质景观保护区的建筑规划设计应根据其脆弱性尽快做出调整，拆除现有的索道及索道站房、观光电梯房等，恢复黄土的自然原貌。

二、稳固性的主动防护规划设计

在游线基础设施规划设计中，对于一些岩石松散或地形过于险峻的景点，因为其地质景观自身的脆弱性极强，对其采用主动防护的手段，以增强景观自身的稳定是规划设计的一项重要任务。尤其在邻近景点的诸如摩崖步道或者峡谷狭窄地带的道路设计中，必须要以加固保护地质景观，避免其过强的脆弱性导致灾害发生为前提。

因地质景观自身脆弱性所导致的常见灾害主要有崩塌、滑坡、泥石流 3 种类型。通常崩塌、滑坡与泥石流 3 者之间的联系非常紧密，崩塌和滑坡现象常常容易共生，因崩塌、滑坡发生前后，岩土受水流的浸泡、冲刷也极易转化为泥石流。可以理解为泥石流是滑坡和崩塌的次生灾害。

下面就针对常见的崩塌、滑坡、泥石流 3 种类型的灾害，利用一些典型案例，就其游线基础设施保护性规划设计中采用的常见主动防护措施分别给予阐述。

(一) 崩塌防护的规划设计

崩塌(危岩)是在特定自然条件下形成的。地形地貌、地层岩性、构造裂隙和卸荷裂隙是崩塌的主要地质灾害诱因。

根据地质景观保护区内危岩现状空间几何特征、结构面组合特征分析，危岩体破坏方式一般分为滑移式崩塌、坠落式崩塌两种形式。滑移式破坏模式是岩体受相对较平缓结构面的切割，或者部分基座松散岩类受风化雨水的掏蚀形成危岩体。危岩体在自重力等作用下剪切变形，发生滑移型破坏。坠落式破坏模式是受裂隙切割和下部岩腔影响，高悬于陡岩上端和岩腔顶部的危岩体，随卸荷裂隙不断加深而加宽，一旦裂隙发育切割整个危岩体，危岩在重力作用下从母体突然脱离失稳产生崩塌。

例如湖北省宜昌市秭归县屈原镇的长江西陵峡瓶颈南岸的链子崖，高约 750 米，悬崖绝壁上节理、裂隙发育明显，是中国典型的崩塌治理工程。因地层岩性、地质构造的影响，链子崖自身处于崩塌、滑坡、泥石流易发区，底部是软弱煤系地层，产生塑性变形，并导致上部坚硬岩层开裂。同时，底部的采煤、江水冲蚀等因素更加促进山崖开裂速度。链子崖上部的危岩一旦砸落下来，将会堵塞长江水流，造成极大损失(图 7-7)①。

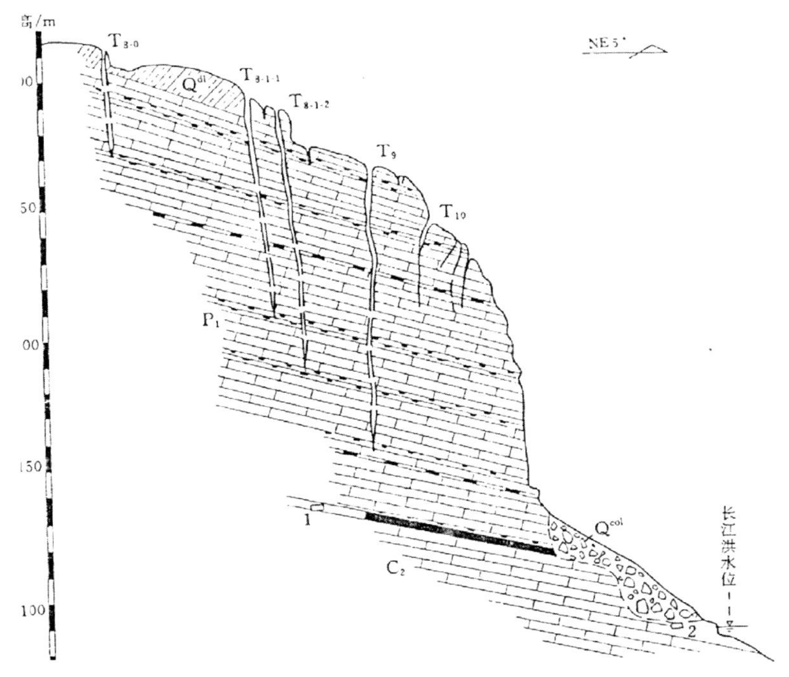

图 7-7 链子崖危岩剖面图

图片来源：李萍

针对链子崖的地质情况，将危岩体上部的岩体及两侧的崖壁锚上 173 根巨型锚索，以铁链牵制危岩体。下部修建拦石大坝，充填采煤塌陷区，修建排水沟等来防止危岩崩塌砸落(图 7-8)。

嵩山世界地质公园的三皇寨寺庙后通往少林寺园区的道路上方的岩石裂隙充分发育，偶尔发生崩塌现象。高耸山体上方的石块坠落下来会砸毁三皇寨寺庙后方通往少林寺方向的道路。该条道路盘绕在悬崖峭壁间，下方是万丈深渊(图 7-9)。

针对这一类型的地质灾害，通过对该危岩岩体的地质背景进行分析，研究岩石坠落的各种影响因素，对危岩进行脆弱性定性定量评价，最终确定对危岩岩体的加固治理方案。

---

① 李萍. 长江三峡库区链子崖危岩体的稳定性分析[D]. 天津：天津大学，2003.

图 7-8　链子崖

图片来源:作者自摄

图 7-9　嵩山世界地质公园三皇寨景区崩塌

图片来源:作者自摄

首先要把滑落的碎石渣清理干净,然后再设主动防护体系。当山坡上的岩体节理裂隙发育,风化破碎,崩塌落石时,崩落下来的岩体或岩块被阻挡在拦截网内,不能侵入道路(图 7-10)。

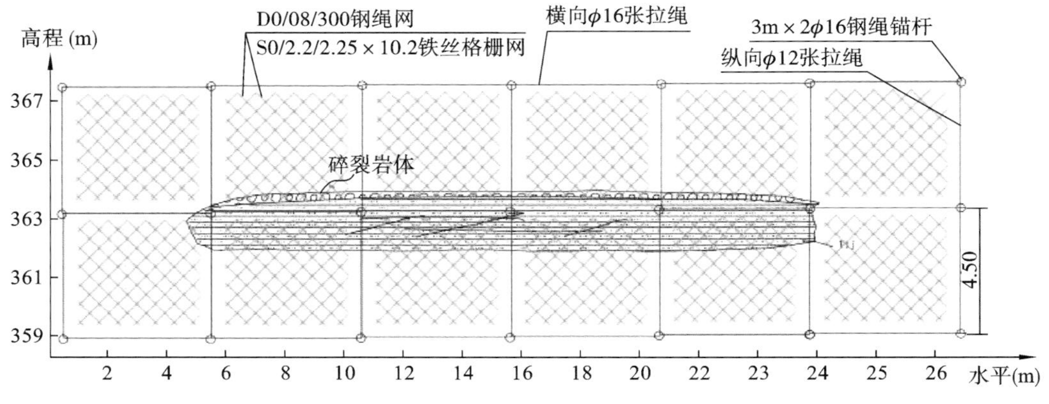

图 7-10　三皇庙后山崩塌危岩主动防护网立面图

图片来源:作者自绘

除了对崩塌危岩的岩石进行主动防护外,还要对人们的行为进行警示。在崩塌落石区范围外设置警示牌,对人们进行危岩岩体的地质成因的科普教育,警示人们崩塌的危险性,不可随意挖掘挪动崩塌区的任何一块岩石,以免造成危岩岩体松动而崩塌,警告游客在前面崩塌区 15 米处快速前行,不可逗留。

游线基础设施对地质景观崩塌的防护,一方面加强了地质景观自身的稳固性,保证了地质景观的自然完整,另一方面保证了游客的安全。

（二）滑坡防护的规划设计

滑坡一般发生在地质景观的斜坡上，形成的原因主要是受地震或者自然因素和人为活动的影响，例如雨水浸泡、河流冲刷、地下水活动、开矿、人工切坡等外部影响。

地震引起山体坍塌变形，导致山坡上的岩体或者土体在重力作用下，沿着一定的软弱面或者软弱带，整体地或者分散地顺坡向下滑动。在地质景观结构松散、脆弱性较强的区域，滑坡现象时有发生。

河南三门峡沿黄矿山公园位于三门峡市的东北部，在三门峡水库大坝下游约 3 千米的黄河南岸。这是一座露天开采铝土矿、粘土矿、山西式铁矿和地下浅层采煤的综合性矿山（图 7-11、图 7-12）。现矿石已基本开采完毕，开采后留下的露天开采场产生的滑坡、崩塌、泥石流灾害直接影响了三门峡水库大坝风景区的安全。针对该滑坡区的治理，首先要对每一个滑坡点的情况进行分析、计算，在此基础上对其进行加固防护。

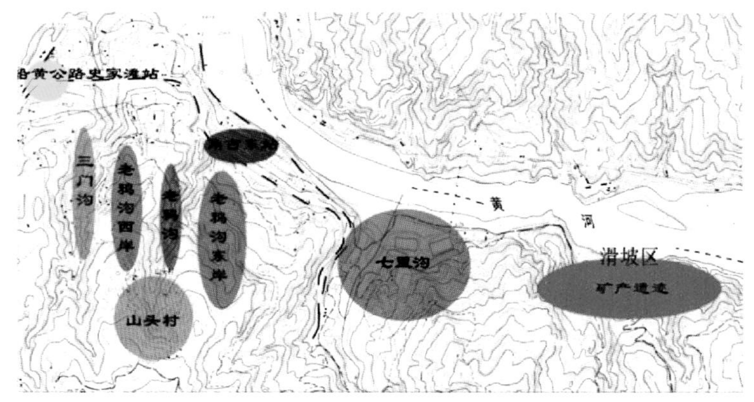

图 7-11　矿产遗迹区滑坡位置

图片来源：作者自绘

图 7-12　滑坡现状图

图片来源：作者自摄

滑坡体形成机制包括滑坡的内因和外因两个方面，它们是相互联系、相互补充的。其中内因方面包括地形地貌因素、岩土性质因素、构造因素、水文地质因素等；外因方面包括持续强降雨及流水作用、人类开采矿产活动等。

滑坡是经过漫长时间演化而逐步形成的，因此，做好矿产遗迹区的边坡的日常防护，消除或减弱影响滑坡产生的因素也是很必要的，其边坡的防护措施如下。

(1) 维持边坡的原始生态环境，防止边坡坡脚的开挖破坏原有的自然力学平衡。

(2) 做好地表排水工作，通过截水沟、截水槽等及时排除坡面汇水，防止雨水渗入滑坡体，造成土体软化，降低土体的抗滑力。

(3) 地下水排除：主要是排除边坡中的地下水，应根据地下水类型、地层的渗透性等条件及对环境的影响，采取拦截、引排、疏干等措施，地下水的排水设施应与地表排水设施相协调。地下水埋藏浅或无固定含水层时，可采用暗沟、渗沟等；当地下水埋藏较深或存在固定含水层时，可采用仰斜式排水孔、渗井、排水隧道等。

(4) 坡面的防护：为了防止坡面遭受冲蚀、风化，进而引发边坡的不稳定，应做好坡面的防护。可采用挂网喷护，防止其表面风化脱落。

此外，在此处设置警示牌，警示游人这里是滑坡灾害多发区，不要在此过多逗留。

(三) 泥石流防护的规划设计

泥石流是地质景观保护区内经常遭受的一种地质灾害，一旦发生往往对景区设施造成毁灭性的破坏。泥石流灾害往往突发且猛烈，一般发生在6—9月，晚间发生较多，因受雨季的影响，泥石流发生的周期性较强。

泥石流的发生具备以下几个条件。

(1) 地形条件，狭窄的沟谷，沟底具有一定的坡降，利于堆积物的集聚流动。

(2) 有一定的汇水面积，具有激发泥石流形成的水动力条件。

(3) 上游有一定的松散堆积物，有泥石流形成的物源。

(4) 人为活动，例如伐木毁林、过度放牧等造成山坡裸露、冲沟等情况发生，加速泥石流形成。

世界上许多著名的地质景观保护区均有泥石流发生，例如日本的富士山，美国的黄石公园、冰川公园等均属泥石流多发区域。1970年5月31日，秘鲁安第斯山脉瓦斯卡兰峰顶因地震冰帽发生冰崩，发生了世界上规模最大的一次泥石流。泥石流将重达3吨的岩块夹带至600米之外，冰川翻越高度为100米的分水岭，将其附近的城市覆盖毁灭。经调查统计，中国的地质景观保护区有三分之二曾经有过泥石流发生，神农架世界地质公园、四川省的九寨沟等地也会有泥石流发生。泥石流按其成因可分为自然泥石流和人为泥石流两种情况。自然泥石流多为沟谷型，人为泥石流多为坡面型。

英国威尔士大森林地质公园位于布雷肯比肯斯国家公园内。主要地质景观现象有古代海洋、造山运动、海陆变迁以及最后一次冰期作用形成的地质遗迹。其中 Craigy Ddinas 园区的山体石灰岩风化较为严重，园区局部有泥石流发生。针对这种情况，公园对于坡地处容易风化磨损的道路采用钢丝网防护，既防治了碎石泥沙滑落，保护了道路，又起到了防滑作用(图7-13)。

在通往风化较为严重,容易产生崩塌灾害的山体的交通要道处,就地取材,利用原生态树枝等绿色植被护挡,阻止游人进入危险区,既避免了游人进入灾害区加速地质灾害的产生,又保证了游客的安全,还节省了建设护栏游线基础设施的费用(图 7-14)。

定时对泥石流易发区的沟壑进行清渣、清淤,疏通流水,沟壑护岸种满植被,利用植被根系对沟壑两边的坡地进行加固保护,防止滑坡发生,堵塞沟壑,产生泥石流的隐患。

在园区入口人流汇聚较多处易风化的山体上,已经有小面积滑坡发生,针对这种情况,直接在山体上拉网覆盖,阻止滑坡发生。一是以免石块滚入山下沟内,堵塞水流,造成泥石流发生,二是避免砸伤路人。被覆盖的山体本身就是一种警示信号,警醒游客这里有安全隐患,不要靠近或随意攀登。并根据山体地质景观的节理、裂隙风化情况,计算其灾害发生所伤及的范围,并在该范围外设立护栏,阻止游人进入危险区(图 7-15)。

图 7-13 钢丝网对道路的保护

图片来源:作者自摄

图 7-14 树枝绿色护挡

图片来源:作者自摄

图 7-15 拉网滑坡

图片来源:作者自摄

河南省伏牛山世界地质公园内栾川的养子沟位于伏牛山的北坡，沟长约4千米，宽度在40～100米，汇水面积为6平方千米。在养子沟的上游，因山体风化较为严重，常有风化碎石剥落堆积，此外，一些杂草浮木也长期堆积。这些都为泥石流的形成提供了客观条件。2010年“7·24”特大暴雨时，大量雨水汇聚沟内，造成山洪暴发，引发了该沟泥石流的产生。泥石流来势凶猛，卷着上游大量泥沙石块滚滚而下，对沟内的地质景观造成严重的冲击，导致沟两侧的地质景观被损伤，沟内的旅游设施几乎全部被冲毁（图7-16、图7-17、图7-18）。

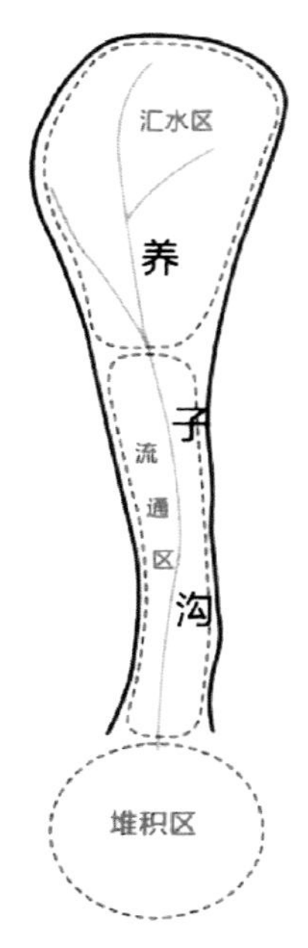

图7-16　养子沟泥石流形成示意图

图片来源：作者自绘

针对养子沟的泥石流成因，其泥石流防治规划治理措施主要以预防预警为主，工程治理为辅，主要工程措施有4点。

（1）重要的旅游设施不能建在泥石流沟谷的流通区、堆积区，应建在堆积区以外地势高的地方。

（2）沟内需要建设的次要旅游设施，应选择地势较高、场地较为开阔、沟谷边坡稳定的地方，禁止在沟底建设旅游设施。

（3）在养子沟泥石流易发区建立泥石流观测站，科学观测泥石流动向，及时预防泥石流的发生。

（4）小规模的泥石流沟可修筑导流沟渠、疏排沟等设施；大型的泥石流沟处修建格栅坝、拦渣坝，对沟内泥石流的固体物质进行拦截、固定、滞停，或消减其动能及冲击力。

图7-17　养子沟景区被冲毁的旅游设施1

图片来源：作者自摄

图7-18　养子沟景区被冲毁的旅游设施2

图片来源：作者自摄

通过以上防护治理的基础设施规划设计，以达到对养子沟泥石流的防护，减缓地质景观脆弱性的发展速度。

第三节 地质景观环境不适应性保护的游线基础设施规划设计

地质景观在未开发之前所处的环境，无论物理的、化学的、生物的环境都处于一种自然的平衡状态。其自身原有的脆弱性与之相对应，基本处于一种稳定的平衡状态。而随着地质景观后期不断地开发利用，原有的环境平衡被打破，地质景观所处的环境也随之不断地变化，尤其是原来被覆盖的地质景观，如古生物化石遗迹类景观。伴随着后期被剥露或移置，其生存的环境变化是巨大的。加之在开发利用过程中，景区基础设施建设、游客的大量涌入，都进一步推动了生态环境的变化。而环境的巨变导致地质景观极大的不适应性，其自身脆弱性不断加剧，对地质景观的生存构成了持续的威胁。

因此，在游线基础设施保护性规划设计中，如何最大限度地减缓生态环境的变化，为地质景观提供更好的环境保护条件，是规划设计要考虑的重要因素。下面就地质景观的易风化性及地质景观环境的承载力两方面，结合具体的实例，来分别阐述游线基础设施保护性规划设计在其中的作用。

一、易风化性保护的规划设计

由于地质景观形成机制及岩石特性等因素的差异，决定了其脆弱性对其所处环境的气候、温度、湿度等环境条件有着不同的敏感性，外部环境条件的变化都会不同程度地加剧景观的风化速度，从而对地质景观造成破坏。而自然界中许许多多的地质景观也正是由不同类型的风化剥蚀成就的。可见对于地质景观的观赏者——人类来说，这类地质景观的保护，就是要尽量保持一个其风化的平衡点。

例如福建东山岛海滨崖上的“风动石”景观。该景观由风化的花岗岩组成，是花岗岩体经过地质运动的抬升，受区域构造的挤压碎裂，形成节理、裂隙，经过自然界漫长的风化剥蚀、流水侵蚀而成的奇峰怪石。该石重约 200 吨，底部触地仅数寸，风吹石动(图 7-19)。该花岗岩地貌就是在风化剥蚀的作用下形成的。当前对于该地质景观的保护手段是在其周边布局护栏，并设解说牌、警示牌，介绍该花岗岩奇特景观形成的地质背景，让游人了解“风动石”的地质科普与观赏价值。警示牌警示游客禁止靠近或攀爬“风动石”，以免加速花岗岩风化速度，改变原有风化地貌的平衡点，从而保护该地质景观。

对于一些形成于偏还原环境中而后被剥露或移置于地表的地质景观，例如古生物化石类、岩溶洞穴类地质景观，具有极强的不适应性，环境中空气的温度、湿度及通风条件、微环境气候等因素的变化都会加速它的氧化过程，导致其过快风化分解。河南西峡恐龙遗迹园恐龙蛋化石遗址即属于该类典型的古生物化石遗迹景观。

根据地质景观脆弱性评价分析，西峡恐龙遗迹园的地质景观脆弱性为 5.1901，属于二级脆弱性保护。

图 7-19　风动石

图片来源：作者自摄

图 7-20　西峡恐龙蛋遗址洞穴顶部的吊挂恐龙蛋

图片来源：作者自摄

恐龙蛋化石原本深埋于地下，隔绝外界空气的侵入，在真空封闭状态下保持地质结构的稳定性。但为满足科研人员对恐龙蛋化石的保护研究及广大恐龙爱好者对恐龙蛋的地质科学知识的渴求，经过地质科学家反复论证，在河南西峡三里庙选择了一段恐龙蛋化石较为集中的地段作为恐龙蛋化石展示区。该处的恐龙蛋化石深埋于地下十几米甚至二十几米处，因恐龙蛋化石的上部在漫长的演化过程中大部分受到损伤，埋藏在沙土里的下部保存完好。故恐龙蛋化石遗迹展示采用原址保护的形式，在原址地下挖掘隧道，以倒挂的方法对恐龙蛋进行科学性保护展示，游人所观赏到的恐龙蛋化石遗迹都是从恐龙蛋下部挖土裸露展示出来的（图 7-20）。深埋地下的恐龙蛋化石被挖掘裸露在空气中，具有极强的不适应性，在湿度较高的环境中与空气接触会加速它的氧化过程。为了保持洞内通风干燥，减缓恐龙蛋化石的氧化分解速度，景区在洞穴中间连接部位设置天井，这样可以使洞内空气流通，保持洞内适宜的温度、湿度，进而更好地保护恐龙蛋化石地质景观。三里庙恐龙蛋化石一号原址展馆顺着产蛋层位开挖建设，长 238 米，由前庭，过厅，引洞，恐龙蛋化石一、二、三号洞，三里庙天井剖面及疏散通道组成（图 7-21），遗址展馆内剥离出恐龙蛋化石 1000 多枚，在这里可以身临其境地观赏到稀世珍宝恐龙蛋化石倒挂在岩石上的原始赋存状态。其中的三里庙天井剖面直径为 6 米，深 18 米，是上白垩统马家村组三里庙恐龙蛋化石遗迹现场的一段红层沉积。借助挖掘过程中修建的天井，可以在局部范围内了解到含恐龙蛋化石地层的沉积特征，同时天井还起到通风送气的作用，以降低由于风化、氧化作用对这些暴露的恐龙蛋化石的破坏（图 7-22）。通过天井将两个进口的恐龙蛋遗址洞穴相连。由于两个进口之间有一些高度差，

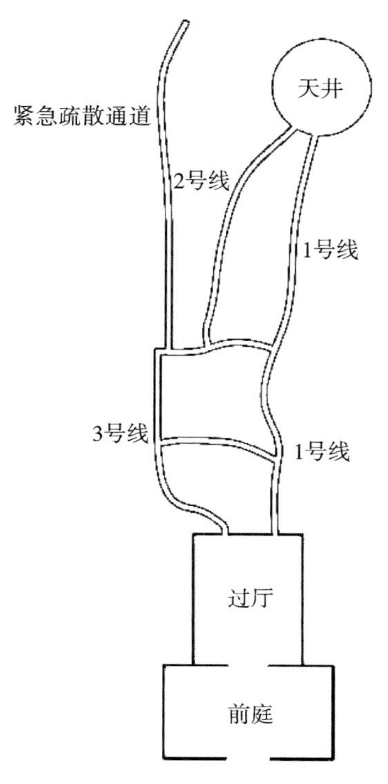

图 7-21　三里庙恐龙化石遗址游线布局
图片来源:作者自绘

图 7-22　三里庙天井剖面
图片来源:作者自摄

造成洞穴内外气温和气柱压力的不同,"烟囱效应"作用使得空气在低进口处形成气压差,并形成相应的洞穴气流。随着季节变化,洞穴内外的气压梯度方向也随之改变,所以这种洞穴气流的方向是随季节改变的。

经过洞内气温测量实验,冬季恐龙蛋遗址洞穴外面干冷的空气因烟囱效应而在洞内流通,可使整个洞穴内变得干冷,相对湿度可在40%以下。夏季的时候,因两个进口高度相差不大,恐龙蛋洞穴内不发生烟囱效应,暖热的外部空气很难直接进入洞内。保持了恐龙蛋遗址洞穴内气温及湿度的平衡,从而减缓恐龙蛋化石的氧化(图 7-23、图 7-24)。

在灯光布置上尽量减少灯光的数量和功率,仅在恐龙蛋化石比较密集的地方及局部节点布置感应白光灯,使恐龙蛋化石的原真性得以更好地展示。在恐龙蛋化石展区游道两侧的下方布置两条亮度很小的 LED 节能灯带作为引导人们前行的导向灯(图 7-25、图 7-26),通过以上灯光设施的精细布设,最大限度地减少灯光产生的高温及光污染对恐龙蛋化石生存环境的影响。

此外,大量的游客进入恐龙蛋化石遗址洞穴,引起气流的紊乱及空气成分的变化,也会促使恐龙蛋化石的氧化。因此景区严格控制参观人数,每天可允许 10～15 位游客进入洞内参观游览,减少对恐龙蛋化石的环境扰动,保持恐龙蛋化石遗址洞穴内空气的稳定,避免恐龙蛋化石因过快氧化而受到损伤。

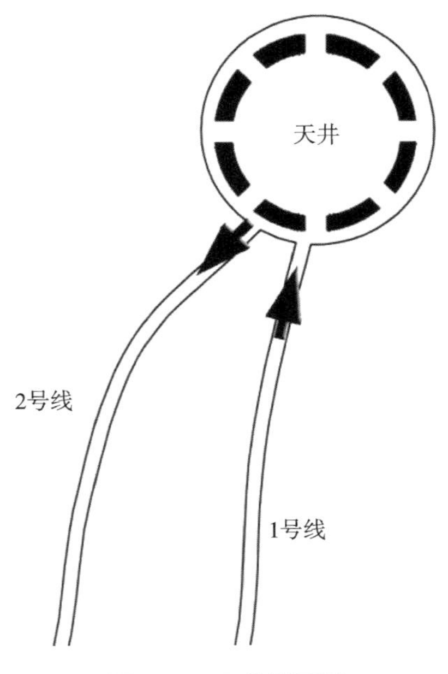

图 7-23 天井平面图

图片来源:作者自绘

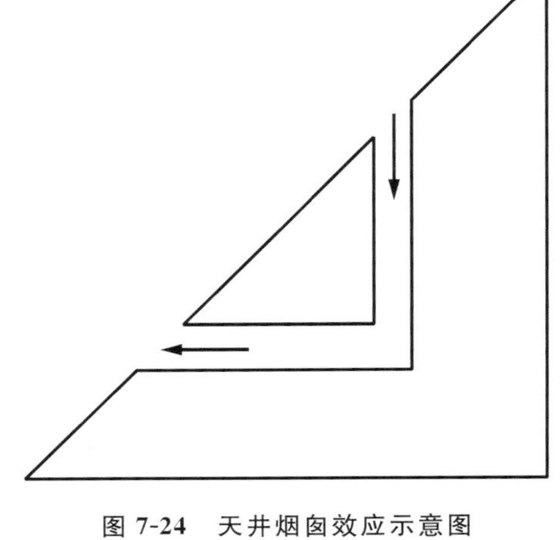

图 7-24 天井烟囱效应示意图

图片来源:作者自绘

图 7-25 点光源白光照明图

图片来源:作者自摄

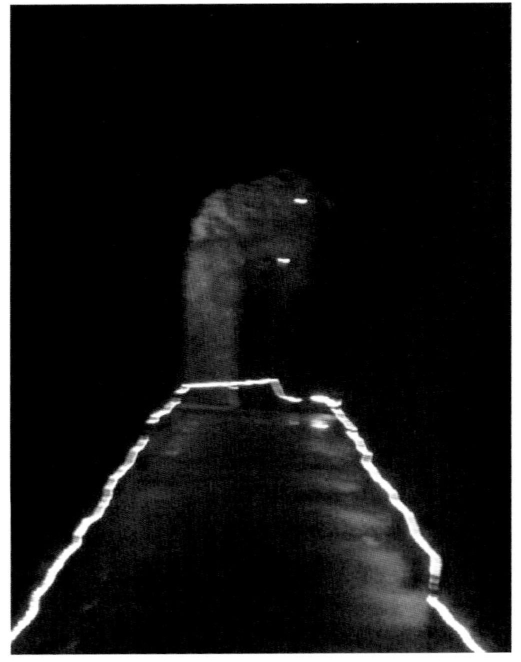

图 7-26 LED 节能灯白光照明

图片来源:作者自摄

二、承载力不适应性保护的规划设计

地质景观自身及其所处的生态环境都有其特定的承载能力，基础设施的过量、规模过大，及核心景区游客流量过大，如果超出其既定的承载能力，都会改变景观所处的生态环境的平衡，使地质景观产生强烈的不适应性，从而增强地质景观的脆弱性，甚至对地质景观造成不可弥补的破坏。因此，其游线基础设施规划设计必须要在参照地质景观及其环境承载力的基础上进行。对基础设施的数量、规模以及游客流量进行合理的控制，从而保护地质景观的自然生态环境的平衡。

地质景观环境容量控制应该因时、因地而异，可以通过不同的手段去实现。如在游客高峰期严格控制进入景区的游客数量；控制每日最高售票数量，适当延长门票有效日期；在园区单线游览区的部分路段增设返程游览路线或索道；增设必要的交通引导牌等来分流游客，以减轻地质景观的不适应性。

下面以美国的黄石国家公园、中国的云台山世界地质公园为例，来具体阐述游线基础设施保护性规划设计对地质景观承载力不适应性的保护。

1. 美国黄石国家公园

该公园地处素称“美洲脊梁”的落基山脉，位于美国中西部怀俄明州的西北角，并向西北方向延伸到爱达荷州和蒙大拿州。这里的黄石破火山口是北美最大的火山系统；诺里斯间歇泉是世界上最活跃的间歇喷泉。该公园有300个间歇喷泉（图7-27）。黄石公园每年都会经历几千次小地震，形成地震湖。

本书对该地质公园的地质景观脆弱性分析评价分值为7.1901，其地质景观脆弱性等级为一级。根据地质景观脆弱性等级的划分对其游线基础设施的建设要求，应不建或者少建基础设施，以免增加地质景观的承载压力，加速其脆弱化速度。

园区道路从功能上将大部分景区公路划分为乡村次级干道，这样可以减小道路容量，降低地质景观的承载压力（图7-28）。此外对景区内的卡口进行控制，根据公园的地质景观脆弱性保护的需要，每天限定一定数量的游客对其观赏游览。

图7-27　美国黄石国家公园地热喷泉

图片来源：作者自摄

图7-28　美国黄石国家公园沿湖道路

图片来源：作者自摄

2. 中国云台山世界地质公园

该公园内的云梦山组波痕遗迹为园内的一个重要景点，由滨海浅水环境的水流和波浪作用于床沙形成，是暴露于地表的前滨环境过渡到浅水的临滨环境的海水侵蚀过程的产物(图 7-29)。云梦山组波痕地质景观内容复杂多样，由小流水波痕、双脊波痕、改造波痕、干涉波痕、浪成波痕等组成。站在这里，游客能够感受到古海陆变迁的过程和地质漫长岁月的沧桑。对这种科普及观赏价值极高的地质景观，当前云台山世界地质公园为了满足游客的科普求知欲，没有对云梦山组波痕地质景观采取良好保护，游客可以随意到上面逗留观赏，特别是旅游旺季，大量的客流拥堵于此，对波痕地质景观直接产生人为的磨损破坏，已经造成地质景观严重的不适应性。

图 7-29　波痕地质景观

图片来源：作者自摄

针对云梦山组波痕地质景观的保护，本书认为，在波痕遗迹处应设出入口，并根据波痕遗迹的面积及其地质景观脆弱性的特殊要求计算卡口容量，每日限定 200 人的游客数量前来观赏、科普学习，以免客流量过大对波痕地质景观造成伤害。

在游线基础设施的保护上，要坚决制止游客随意在波痕上逗留、休闲玩耍。另外应在波痕遗迹的周边设护栏，护栏外面设观景平台，除特殊地质科学工作者可进入波痕遗迹现场考察研究外，游客可站在波痕周边的观景平台用望远镜对波痕地质景观进行观赏。用护栏和道路将游客与波痕地质景观隔离，既能够避免游客进入地质遗迹区域对其产生直接的磨损破坏，又可利用望远镜清晰地观赏波痕遗迹(图 7-30)。

图 7-30　波痕地质景观保护

图片来源：作者自摄

第四节　本章小结

本章主要以地质景观脆弱性的内外因为立足，归纳了当前地质景观脆弱性保护所面临的问题，针对地质景观自身稳定性、不适应性两个方面，阐述基于地质景观脆弱性保护的游线基础设施规划设计的内涵、要点及其规律。

针对地质景观稳固性的防护，提出以下几点。

(1) 利用游线基础设施的功能增强地质景观稳固性，主要有道路强制引导、安全防护设施、建筑容量控制等方式。

(2) 地质景观稳固性的主动防护。主要是对因地质景观自身脆弱性导致的崩塌、滑坡、泥石流 3 种灾害的主动防护。

针对地质景观环境不适应性的保护，提出以下几点。

(1) 易风化保护：主要从道路强制引导、安全防护、温湿控制、科普警示 4 种地质景观保护方式，以阻止或减缓地质景观的风化作用。

(2) 承载力不适应保护：主要通过容量控制、卡口控制、安全防护等措施，来控制地质景观核心景区的游客流量，减弱对景观的直接损坏以及对景观生存环境的负面影响。

归纳总结地质景观脆弱性的保护宗旨为：

景观脆弱设施护，主动加固是基础；
道路护栏重引导，基础设施合理布；
游客流量宜控制，珍稀重视温湿度；
自然生态环境好，游览保护须兼顾。

第八章　实践案例分析

第一节　河南省焦作市龙翔矿山公园规划设计

一、背景解读

（一）项目背景

河南省焦作市龙翔矿山公园前身为焦作中站粘土矿山，中站粘土矿原是武钢耐火原料的生产基地，曾经对焦作市经济的快速增长做出卓越贡献，但因长期的无序开采，导致生态敏感脆弱，矿山环境破坏严重。近年来，随着经济的高速发展，人们对生活环境的要求越来越高，国家也十分注重矿山环境的生态保护与修复，2008 年 3 月，焦作市被国务院列入全国首批 12 个资源枯竭城市名单，2010 年，焦作市作为资源枯竭型城市，在中央及地方政府财政的大力支持下，对中站粘土矿山地质环境进行了修复治理。此举极大地改善提升了焦作市的人居环境，并由此产生更多的经济发展契机，为焦作市带来了更多的社会、经济、环境效益。此次规划设计基地位于焦作市中站区武钢粘土矿废弃矿山，现状用地为农用地、林地、工矿用地等，地质环境破坏严重，露天开采导致矿山内有深达数十米的深坑多处，裸露采石遗迹随处可见，大风吹过，黄土飞扬。如何克服现状存在的问题，把握和利用现有环境带来的机遇，优化矿山功能结构，突出矿山环境特色，改善矿山环境效益，将资源枯竭城市的第二产业转为第三产业，是矿区改造面临的重要挑战，亦是本次规划着手解决的问题。

（二）龙翔矿山公园建设的必要性及意义

1. *龙翔矿山公园建设的必要性*

（1）对焦作中站粘土矿山矿业历史文化起到很好的保护传承作用。

焦作中站粘土矿山在长期的开采过程中遗留下了大量的采矿遗迹，这些遗迹记载着中站粘土矿业生产的过程，有着悠久的粘土采矿历史和深厚的矿业文化底蕴，是焦作市矿业旅游的代表景观之一。中站粘土矿山公园的规划建设，能够展示中站粘土矿产地质遗迹和矿业生产过程中探、采、选、冶、加工等活动的遗迹、遗址和史迹。规划建设以矿业遗迹景观为主体，体现矿业发展的历史内涵，具备研究价值和教育功能，可供人们游览观赏、科学考察，对焦作中站粘土矿山的历史文化起到很好的保护传承作用。

(2) 对焦作中站粘土矿山生态保护修复具有很强的拉动力。

①矿山公园相对普通公园的优势。

因中站粘土矿山经过多次开采,出现大量的矿渣堆积、坑洞等地形地貌变相状况,龙翔矿山公园建设在中站粘土废弃矿山遗址上,并对其进行了重新规划改造,通过植树、种草等绿化方式来还原自然生态系统,并且对矿坑、矿渣等进行清渣加固等安全处理,以防止发生意外伤害。最大限度地保留了矿区独特的地貌肌理,融合独特、悠久的中站粘土矿业文化,因地制宜地改变粘土矿山的功能性质,具有独特的游玩性和文化宣传性。

②龙翔矿山公园规划后优势。

前期粗放型开采造成了中站粘土矿山土层的无规律裸露、绿地覆盖率低、空气环境恶劣等问题。通过本次规划改造,可以在保留原有矿业遗迹特色的基础上,进行景观恢复和景点改建,做到不破坏原始框架,成功从第二粗放型产业转换成第三服务型产业(图 8-1)。

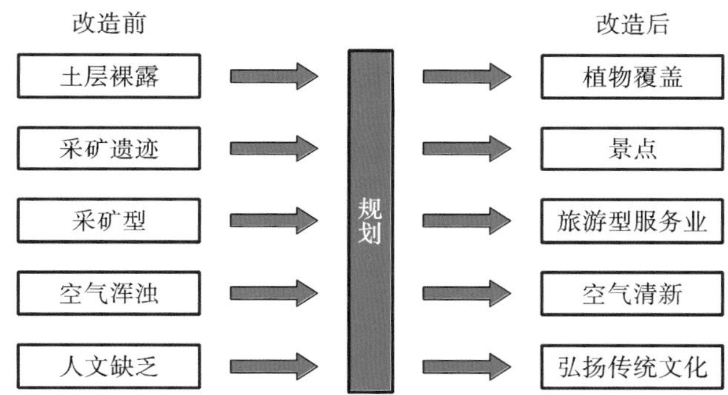

图 8-1　矿山公园规划前后对比

③龙翔矿山公园的建设助推焦作市低碳城市发展。

因长期开采,造成中站粘土矿山土地裸露,伴随粘土被挖出的灰质岩石块被随意抛弃,整座矿山上的植物完全消失,生态破坏严重。龙翔矿山公园的建设,将科学合理种植乔木、灌木及草本植物等固碳植被,对大面积的废弃荒山进行绿化建设,可增加城市的绿化覆盖率,并有效吸收城市产生的二氧化碳,对焦作市的低碳发展有着重要作用。

2. *龙翔矿山公园建设的意义*

(1) 龙翔矿山公园的建设对焦作市产生的影响。

①有效保护焦作市的矿业遗迹。

焦作的矿业遗迹是人类矿业活动的历史见证,是具有重要价值的历史文化遗产,建设矿山公园可使不可再生的矿山遗迹资源得到有效保护和永续利用。

②促进焦作市地方经济的发展。

焦作长期以来以矿业经济为主导产业,矿产为不可再生资源,焦作市最终会面临资源枯竭和经济转型升级等问题,矿山公园的建设对焦作市的经济转型和社会发展具有非常重要的意义。

龙翔矿山公园的建设可以变废为宝,将矿业生产过程中探、采、选、冶、加工等活动留下的遗迹、遗址和史迹进行开发利用,为科普教育、科研活动提供场所,通过各种方式开展科普旅游活动,从而充分利用原有废弃的矿山,或将废弃矿段打造成休闲娱乐及地质科普的旅游空间,提高当地的旅游经济收入。

龙翔矿山公园的建设将使中站粘土废弃矿山生态环境的修复及治理成为符合国家标准的、与周围环境相协调的人文及地质文化景观的游览地，建成新的旅游资源，促进旅游业的发展。

以龙翔矿山公园建设为契机，以中站粘土矿山为导向，在国家矿山公园的框架下将焦作市中站区独特的粘土沉积作用及丰富的变质作用、地质灾害及防治工程等地质遗迹景观，与自然人文景观进行整合，形成焦作地区又一鲜明的旅游形象和旅游亮点，并可凭借焦作市优越的旅游区位及成功申报全国优秀旅游城市的大好时机，大力发展旅游经济。

焦作市龙翔矿山公园的建设，将中站粘土矿山的开采痕迹和地质灾害地作为旅游资源来开发利用，将一举改变焦作市全市属地质灾害易发区的不利现状，树立全新的焦作市形象，并大大提升焦作市的知名度。高知名度是一种无形资产，会给焦作市带来无尽的财富。

③促进焦作市生态建设。

焦作市龙翔矿山公园的建设，将结合矿山生态环境的恢复和治理进行，将生态文明建设和生态环境保护工作作为基础性、底线性任务，着力解决环境问题，持续提升生态环境质量，以此为切入点，将大大促进焦作市的生态建设，为国家及河南省委省政府提出的生态河南建设目标作出贡献。

(2) 龙翔矿山公园的建设助推焦作市城市经济发展。

回顾我国城镇化的历程，先后经历了起步发展、超常发展、波动发展、恢复发展和平稳发展五个阶段。焦作市的城镇化正以惊人的速度快速发展，相应的，城市产业结构也在慢慢发生变化。第二产业的煤炭业由于资源不可再生及对环境的破坏，生产规模逐渐缩小。第二产业向第三产业转化是一个城市长久发展的立本之源，而因地制宜的转化更是焦作市发展第三产业、促进文化旅游发展的核心前提，龙翔矿山公园的建设是加快焦作市产业结构优化的推动力(图 8-2)。

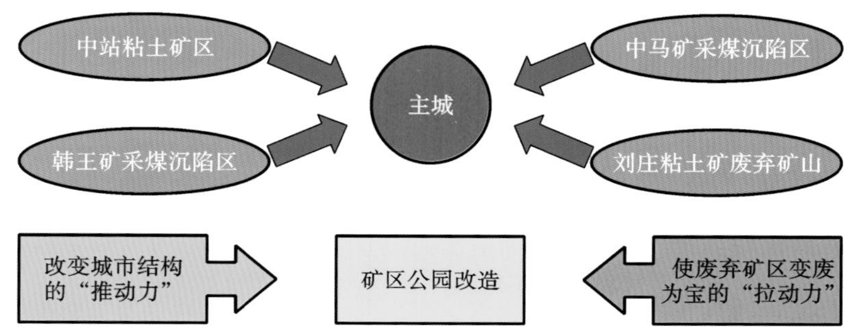

图 8-2　焦作市发展推动力示意图

(三) 规划范围

龙翔矿山公园规划用地位于焦作市主城区西北部，晋焦高速公路以东，影视路以北，总用地面积为75.53公顷(图 8-3)。

(四) 技术路线

龙翔矿山公园规划的技术路线如图 8-4 所示。

图 8-3　公园规划范围图

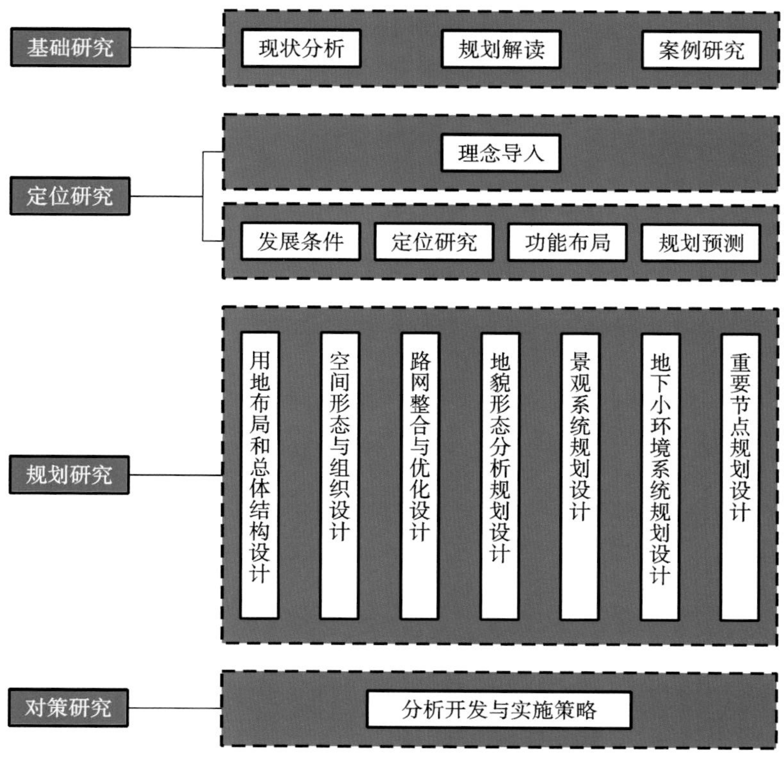

图 8-4　技术路线示意图

二、基地解读

（一）区位解读

1. 河南省区位解读

河南省简称“豫”，省会是郑州市。位于我国中部偏东、黄河中下游地区，全省土地面积为16.7万平方千米，东接安徽、山东，北接河北、山西，西连陕西，南邻湖北，呈望北向南、承东启西之势。河南是华夏文明和中华民族的重要发源地。河南既是传统的农业大省和人口大省，又是新兴的经济大省和工业大省。

2. 郑州都市圈解读

郑州都市圈位于我国中部、黄河中下游地区，是由郑州及开封、洛阳、平顶山、新乡、焦作、许昌、漯河、济源等八座外围社会经济联系密切的城市所构成的城市功能地域。郑州都市圈的发展布局将按照极核带动、轴带提升、对接周边的思路，着力构建“一核一副一带多点”的空间格局。将郑州基本建成具有国际影响力的国家中心城市，将郑州都市圈建成经济发展高质量、开放创新高层次、公共服务高品质、生态环境高水平、协同治理高效能的现代化都市圈。

3. 焦作市区位解读

焦作市北依太行山，与山西省接壤，南邻黄河与郑州，与洛阳隔河相望。焦作是一个区位优势非常明显的城市，它地处我国南北交会点，东西接合部，又是新欧亚大陆桥在中国境内的中心地带，具有承东启西、沟南通北的枢纽地位。

4. 规划矿区解读

龙翔矿山公园位于焦作中站区武钢粘土矿区内，位于焦作市西北区域，西邻晋焦高速公路，南接城市主干道，与焦作缝山国家矿山公园呈一字排开，拥有良好的区位与交通优势。

（二）文化解读

焦作有底蕴深厚的历史文化，古为冀州覃怀之地，古称河内、山阳、怀州、怀孟、怀庆，俗称怀川，是我国较早出现人类活动的中心地区和黄河文化发源地之一，是华夏文明的发祥地之一。现存有距今1万至2万年的博爱县寨豁乡汉高城村旧石器晚期文化遗址，有2处距今8000多年的新石器早期的裴李岗文化遗址，有30多处距今5000多年的新石器中期的仰韶文化遗址，有近40处距今4000年的新石器晚期的龙山文化遗址。有被评为1999年“全国十大考古新发现”的府城早商城址，焦作是商汤革命的起始地，是武王伐纣的前沿根据地，是后汉光武中兴的大本营。

1. 矿业文化

焦作市因矿而建，因矿而兴，矿产资源丰富，开采历史悠久，矿业文化底蕴浓厚。考古发现了东汉时全国较大的冶炼基地之一的山阳城遗址；地处焦作东北部的当阳峪，是北宋熙宁年间我国著名的陶瓷基地，有堪与中国四大瓷窑相媲美的当阳峪瓷窑遗址、宋代瓷窑遗址；煤炭资源的发现，使煤炭成为民用和手工业作坊的上等原料，焦作也因“焦家小作坊”而得名。到了近代历史时期，焦作煤矿的开采更加鼎盛，建立了第一家现代采矿企业——英福公司，建立了最早的发电厂——李封发电厂，开办了中国第一所矿业学校——焦作路矿学堂，系现在河南理工大学前身，为煤矿行业培养了大批专业技术人才。据统计，焦作市达到珍稀级的矿业遗迹有李封煤矿、当阳峪瓷窑遗址等10处，达到重要级矿业遗迹的有盘古寺断层、缝山公园等12处(图8-5、图8-6)。

图 8-5　焦作粘土

图 8-6　焦作煤

2. 山水文化

焦作市得天独厚，具有独特的山水文化品格和精神气质，拥有丰富的旅游资源。焦作市是一个天然的地下水汇集盆地，其北部山区及晋东南山地约1400平方千米的广大地区，均为焦作市地下水的补给区，这些地区的浅层地下水和部分降水，在复杂的地质构造控制下，汇集到该市，形成较为丰富的岩溶水资源。焦作云台山世界地质公园因红石峡、潭瀑峡、泉瀑峡、子房湖、茱萸峰、叠彩洞、猕猴谷、百家岩等独特的地质风貌而闻名世界。优越的地理位置和数千年历史文化的积淀，造就了这里丰富而独特的自然景观和人文景观(图8-7、图8-8)。

图 8-7　焦作云台山红石峡景观

图 8-8　焦作神农山景观

3. 名人文化

焦作市地处豫北怀川平原，北依巍巍太行，南邻滔滔黄河，这片道生澧泉的肥沃土地人杰地灵、物华天宝、人才辈出。最具代表性的有唐代诗人李商隐、韩愈（图 8-9）；著名的军事家、政治家司马氏家族的司马懿（图 8-10）、司马师、司马昭；杰出音乐家、数学家朱载堉；元代杰出政治家、教育家许衡；陈氏太极拳创始人陈玉庭。

图 8-9　焦作名人（韩愈）

图 8-10　焦作名人（司马懿）

（三）现状解读

1. 现状用地分析

龙翔矿山公园处于山地，地势环境特殊，开发条件好。焦作中站区武钢粘土矿区位于城市近郊区，地势起伏，西北高，东南低，离市区主干道 2000 余米，与焦作影视城和焦作缝山国家矿山公园连成一线。规划区内有少量村庄和农用地，其余大部分均为长期开采遗留下来的工矿用地。山体因长期开采，土壤破坏严重，生态环境极差，特别是山体东北部和西北部的矿坑，深达数十米，泥石流、崩塌、滑坡等地质灾害时有发生，人为对矿山造成的破坏遗留下大量的矿山开采遗迹，矿山自然环境和生产遗址亟待修复保护（图 8-11）。

2. 现状自然条件分析

焦作市属温带季风气候，日照充足，四季分明，年平均气温在 12.8～14.8 ℃。自然资源丰富，是华北地区的富水区，有充足的地表水资源，境内河流众多。同时拥有丰富的矿产资源，焦作矿产资源品种较多，储量较大，质量较好，经过普查的矿产资源有 40 余种，占全省已发现矿种的 25%，探明储量的有煤炭、石灰石、铝矾土、耐火粘土、硫铁矿等 20 多种。焦作区内土地资源丰富，地貌类型较全，自北向南，山地、丘陵、平原、滩涂皆备。生物资源也很丰富，有猕猴、豹、虎、

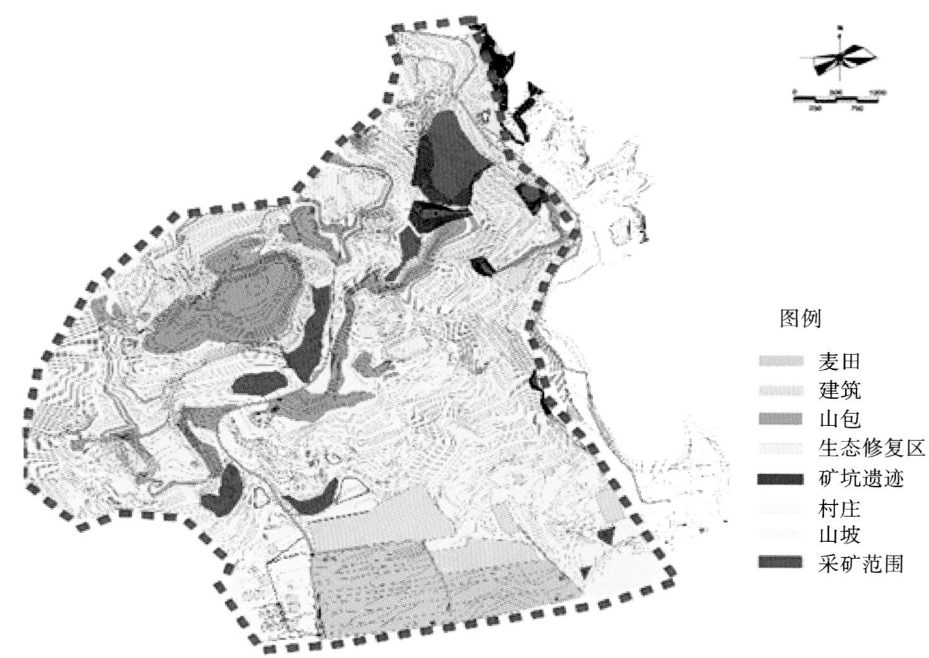

图 8-11　现状用地分析

狍、香獐、狐、青羊等野生动物 190 余种，其中属国家保护珍稀动物的有 20 多种。焦作属华北植物落叶植被区，有木本植物 143 科 875 种，草本植物 69 科 469 种，属国家保护的珍稀树种有红豆杉、连香树、山白树、银杏、杜仲、青檀等。主要粮食作物有小麦、玉米、水稻，主要经济作物有花生、棉花、大豆、怀药等。1200 公顷的竹林是华北地区最大的竹林，"四大怀药"（山药、牛膝、地黄、菊花）闻名中外。

3. 人口现状分析

截至 2022 年年末，焦作市常住人口为 352.35 万人，其中城镇常住人口为 226.74 万人，乡村常住人口为 125.61 万人；常住人口城镇化率为 64.35%。焦作市因自然资源枯竭，部分矿务人员外出谋生，农村的青壮年也外出务工，人口流失较为严重。如何发展当地经济，召回原住民回焦作创业也是本次矿山公园规划设计的目的之一（图 8-12）。

4. 现状经济分析

焦作历来就是我国中原地区的富裕之地和经济重镇，有较为雄厚的工业基础，是河南省近现代工业的起源地。焦作拥有 41 个工业门类中的 38 个行业大类，处于国际领先地位的工业产品有 9 个，处于行业领先地位的产品有 11 个，处于国内领先地位的产品有 26 个，处于全省领先地位的产品有 10 个，培育形成了装备制造、绿色食品、汽车及零部件等一批千亿级、百亿级产业集群。2018—2022 年焦作市地区生产总值如图 8-13 所示。

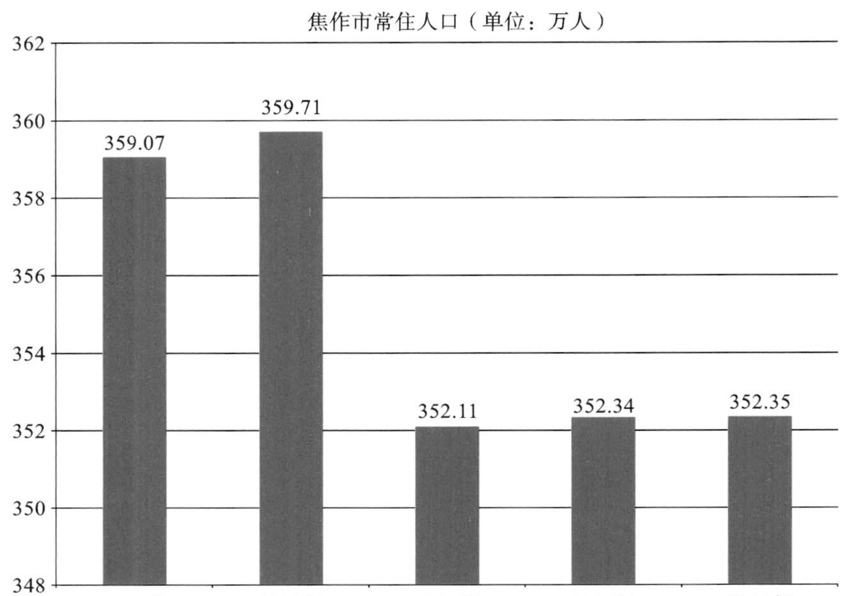

图 8-12　焦作市常住人口(2018—2022 年)变化柱状图

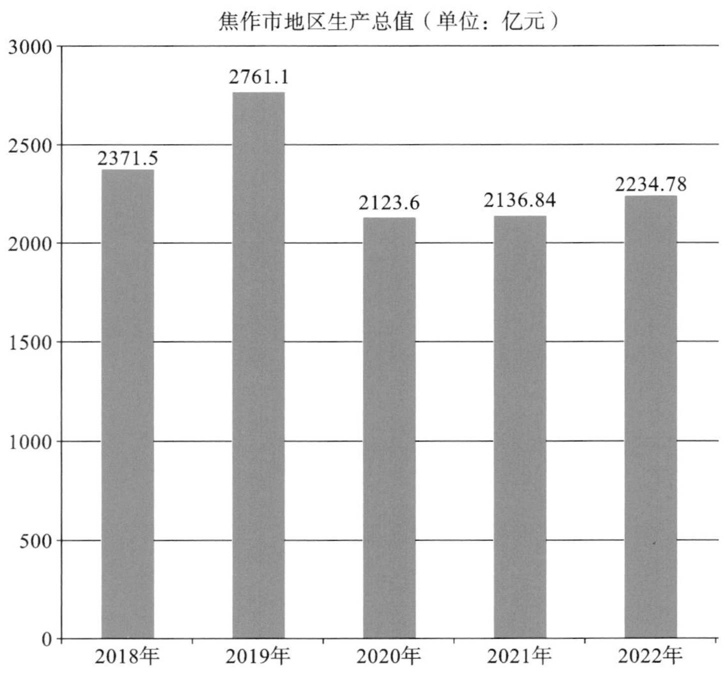

图 8-13　焦作市地区生产总值(2018—2022 年)变化柱状图

5. 规划地块周边分析

焦作中站区武钢粘土矿区位于主城区西北方向，交通便利，和城市主干道相连，组成焦作市近郊旅游经济区，周边基本属山体地块，地形起伏不平，有少量农用地和村庄(图 8-14)。

图 8-14　规划地块周边分析

6. 现状道路分析

现状交通条件：对外交通便捷，内部交通欠缺。

外部交通条件：基地外围交通便捷，与城市主干道衔接，晋新高速公路从基地西侧经过(图 8-15)。

图 8-15　现状交通图

内部交通条件：基地现状内部交通欠缺，虽有环山道路一条，车行道、人行道各一条，但是未构成框架，缺乏统一规划。

7. 现状环境分析

基地及周边绝大多数地区为采矿遗迹用地，自然景观覆盖率低，土层破坏严重(图 8-16)。

图 8-16　现状环境分析图

（四）参考案例研究

1. *黄石国家矿山公园*

公园概况：黄石国家矿山公园位于湖北省黄石市铁山区境内，黄石铁矿是中国近代工业先驱张之洞创办洋务企业唯一保留下来仍在正常运作的矿山，是中国第一家用机器开采的大型露天铁矿，是亚洲最大、最早的钢铁联合企业——汉冶萍公司的主要组成部分。黄石国家矿山公园内的矿冶大峡谷，最大垂直高度达 444 米，东西长 2.2 千米，宽 900 米，坑口面积达 108 万平方米，被誉为亚洲第一采坑。黄石国家矿山公园是亚洲最大的硬质岩复垦基地，也是中国首座国家矿山公园。

规模与水平：为了治理生态环境，该矿投资数千万元建成了亚洲最大的硬质岩复垦基地。2006 年 7 月，以大冶铜矿区、铜绿山谷铜矿遗址区组成的“一园两区”，经国家矿山公园评审委员会评审通过，确认为黄石国家矿山公园，规划面积为 30 平方千米。

定位：黄石国家矿山公园是一座外形独特、科学内容丰富、科普地质文化和弘扬传统文化，教育兼休闲娱乐旅游为一体的综合性矿山公园。

公园风格：以原有矿山痕迹为主，充分利用现有资源，废弃资源再利用，为矿山生态环境再生与营造的自然生态风格。

分区规划：以大冶铁矿区、铜绿山谷铜矿遗址区组成“一园两区”，主要由矿冶大峡谷、矿业博览园、石海大绿洲、井下大探幽和矿山博物馆 5 个专类园组成。

规划意义：黄石铁矿矿山生态环境得到了有效恢复，同时，复垦林吸收了空气中的有害成分，每年还释放出大量的氧气，进一步改善矿区的空气质量，并对黄石市低碳减排起到了很好的作用。黄石国家矿山公园的建设，提升了黄石市的旅游品牌效应，吸引了更多的外地旅游人群，拉动了本地第三产业发展，且增强了文化教育，弘扬了中国传统精神(图 8-17)。

图 8-17　黄石国家矿山公园

案例启示：①矿区规划不仅可以保护矿业遗迹，传承矿业文化，还能对破坏的矿山环境进行修复改造，提升矿区的生态环境，更能促进当地的旅游经济发展，这一优势将会成为地区经济发展的决定性推动力；②完善的配套设施将吸引更多的游客，从而推动矿区的可持续发展。

2. 遂昌金矿国家矿山公园

公园概况：遂昌金矿国家矿山公园位于浙江省丽水市遂昌县东北部，距遂昌县城 16 千米，距杭州 260 千米，距温州 170 千米，距龙丽高速遂昌东(金矿)出口 10 千米，区位优越，交通便利。遂昌金矿开发历史悠久，据宋史记载，在北宋元丰年间，就已经有人在遂昌采冶金银矿产，1976 年正式成立的浙江省遂昌金矿，是国家重点黄金生产企业，被誉为“江南第一金矿”。2010 年，遂昌金矿开发为浙江省唯一的国家首批矿山公园。现公园已开发黄金青年公寓、黄金博物馆、黄金商业街、金池淘金体验区、黄金冶炼观光区、上元茶楼(金都桃花源)、银坑山水库、瑶池仙境、叠翠农家、金艺科普游、金龙穿山游、金窟探险游等旅游项目及景点,环境优雅、设施齐全,是长三角唯一集休闲、度假、商务会议、求知、探秘、旅游观光为一体的黄金景区,现为国家 AAAA 级旅游景区。

规模与水平:遂昌金矿国家矿山公园工程项目设计范围包括矿业遗迹保护区、黄金博物馆、黄金博物馆配套服务区等。该建设项目由黄金博物馆、黄金博物馆配套服务区、金色池塘、工艺展示、时光隧道、金都寻忆、古硐探秘、明代金窟、宋代金窟、唐代金窟、汤公遗梦等部分组成。矿山公园总面积为 33.6 平方千米。其中矿业展览区是矿山公园的核心部分,面积为 6.3 平方千米。

定位:遂昌金矿国家矿山公园是一座保护并修复废弃矿山环境、展示金矿开采遗迹、弘扬科普地质文化及传统文化的综合性矿山公园。

公园风格:遂昌金矿国家矿山公园是在原有人工开发金矿遗迹保护的基础上,修复保护矿山环境,属于展示金矿地质风貌的自然风格。

分区规划:矿业展览区是矿山公园的核心部分,由金池、金菩萨守金、上元茶楼、翠古金溪、刘基听泉、唐代宋代金窟、银坑山水库、揖金亭、黄金博物馆、明代金窟十大园区组成。

规划意义:保护和利用矿区特有的矿业遗迹资源,矿山公园的建设以科学发展观为指导,融自然景观与历史人文景观于一体,以期达到生态效益、经济效益和社会效益的和谐统一(图 8-18)。

图 8-18　遂昌金矿国家矿山公园

案例启示:①矿区规划不仅可以保留原来面貌,保持历史形态,更能通过转变结构使原有重工业产业变成服务型产业;②利用原有的设备,使其成为园内景点,使人文景观和自然景观融为一体,更加突出主题。

3. 韶关芙蓉山国家矿山公园

公园概况:韶关芙蓉山国家矿山公园位于韶关市区芙蓉山,东邻北江,是中国首批 28 个国家矿山公园之一,于 2009 年 6 月 18 日举行揭牌开园仪式。

规模与水平:园区总面积为 21.7 平方千米。

定位:韶关芙蓉山国家矿山公园是集地质灾害治理、生态环境保护、传承矿业文化和休闲观光功能于一体的国家矿山公园。

公园风格:以芙蓉山秀美的自然风光为背景,融入传统历史文化及地质文化,打造一个集历史、文化、艺术为一体,以地质科普教育基地为主题的矿山遗址公园。

分区规划:整体规划为"一横两纵、四区十园"。公园以主题雕塑广场景区、园林小品景区、矿山公园博物馆为主要景区,此外还有蓉山古刹、气象站、观景台、木芙蓉园、木兰园、芙蓉仙洞等景点。

规划意义:提高本地文化知名度,吸引更多外地旅游人群,拉动本地第三产业发展。增强文化教育,弘扬地质文化及中国传统精神(图 8-19)。

图 8-19 韶关芙蓉山国家矿山公园景观

案例启示:①以动态而富有弹性的保护利用建设模式,为矿区的开发提供可持续发展之路;②重视文化旅游协调发展,承接矿区功能转移,做到科学合理错位发展。

三、理念愿景

（一）设计理念与立意

1．*矿区设计理念——“补瓷”*

焦作市拥有得天独厚的自然资源，矿产资源丰厚，且开采历史悠久，历史遗留物较多。当地陶瓷制作工艺依赖的粘土矿闻名海内外，成为当地城市的文脉和象征，完全融合到焦作市的物质空间和精神空间中，具体体现在对历史遗留物和历史文化的尊重与敬畏上，市民安逸乐观的生活态度也与矿业文化长期的潜移默化息息相关。

本次龙翔矿山公园的建设，立足于中站区武钢粘土矿区生态保护与修复，将整个矿区比喻成一个历史的陶瓶，以实现对现状的修补和完善，实现对矿区在设计构思立意上的影响和介入。脱离传统形而上学设计重视平面效果和构图寓意的层面，避免得其意而忘其形，跳出单纯物质空间设计的窠臼。充分研究矿山原本性质及特殊地形地貌，及其与现状基底的关系，考虑到将来矿山和城市的互相推拉力，通过矿山改造的方式织补和融合原来地貌和功能分区对将来矿山公园的重要意义，从历史文脉的角度解构设计思路，提炼出符合矿山文化底蕴和未来发展的设计理念（图 8-20～图 8-25）。

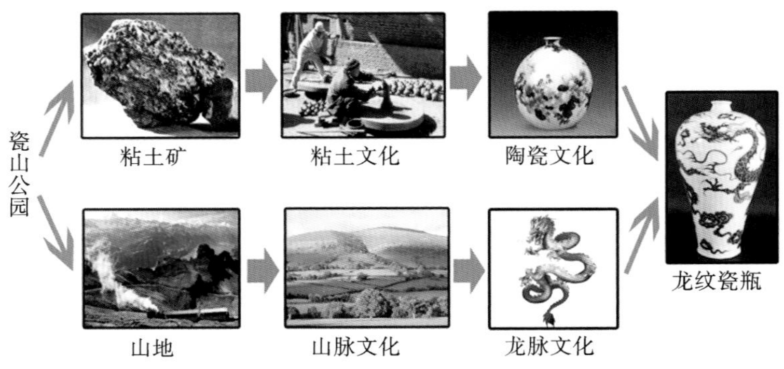

图 8-20　矿区设计理念分析图（一）

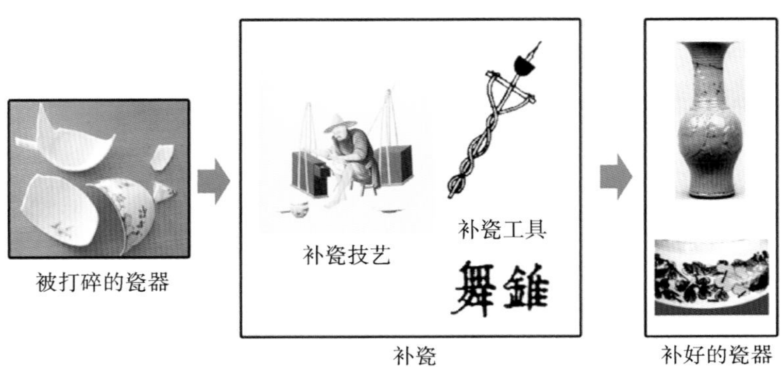

图 8-21　矿区设计理念分析图（二）

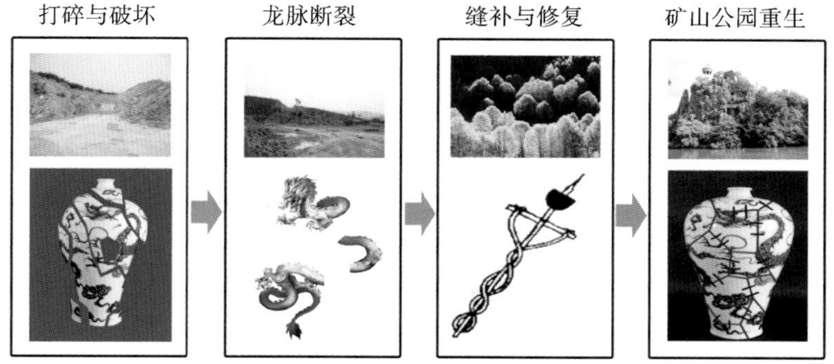

图 8-22 矿区设计理念分析图(三)

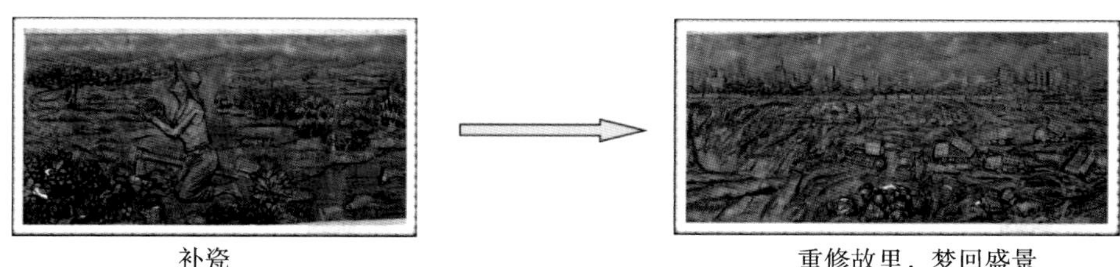

图 8-23 矿区设计理念分析图(四)

图 8-24 矿区设计理念分析图(五)

图 8-25 矿区设计理念分析图(六)

2. 矿区设计立意:“瓷瓶千年返古韵,伏龙再起游现世”

龙翔矿山公园的设计立意是尊重历史、保留历史、再创历史。接受矿区原来的历史性质,将现状地块形态引入本次矿区改造设计中(图 8-26)。焦作自古以开采粘土和制造陶瓷闻名,我们应保留历史沉淀。如今的焦作借助对历史的尊重和可持续发展的思想,明朗且高效地发展,以此对粘土矿山进行生态修复及治理。

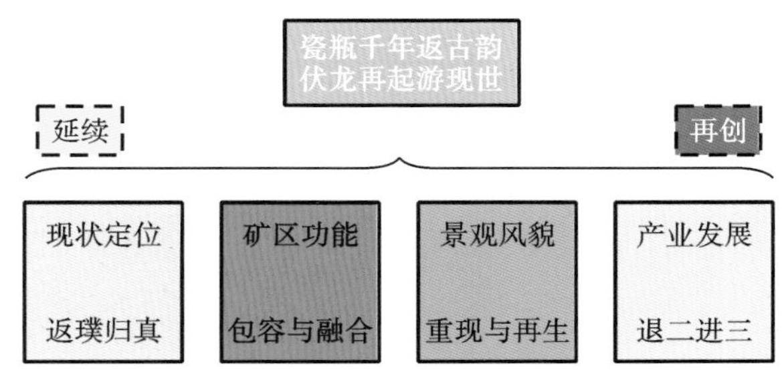

图 8-26 设计立意——当地文化对矿区设计的介入

焦作中站区武钢粘土矿区位于城市近郊区,在秉持可持续发展理念的基础上,通过合理规划原有地貌,促使矿区功能结构在短时间内“顿悟”,打破束缚矿区发展的瓶颈,脱离之前粗放式开采破坏当地环境的局促模式,形成地形独特、保存历史、转换功能、恢复植被、改变收益模式的可持续发展的山地型矿山公园格局，使得矿区形态豁然开朗，矿区规模与土地效益获得提升。

在现状的研究和定位上，参照当代历史文化和自身性质返璞归真的道理，尊重现状肌理和文脉，在对现状进行充分研究和梳理后去芜存菁，避免大拆大建和不合适的工程建设，以可持续的方式引导后续的矿区改造设计思路。

在矿区功能层面，以可持续性为主导思想，倡导在保留原本面貌的基础上设计功能结构，避免原有味道的丢失，在矿区格局结构上追求整洁、统一、延续的局面。

在矿区景观风貌上，尊重当地原有的景观面貌，在对原来景观包容与尊重的基础上改造矿区公园，增加绿化覆盖率。避免毁山填湖和大尺度的堆山造池，形成相互渗透、相互联系的景观体系，重现盛世景观风貌。

在矿区设计引导产业发展层面上，依托焦作市本身的资源优势，重塑矿区神韵风貌。通过对矿区的改造与设计，带动旅游业的建设及发展，使焦作市旅游资源集约高效、互动发展，带动旅游业上下游产业链的完善与建设，推动先进服务业的可持续发展，改变焦作市的产业结构比例。

通过对现状地形进行研究，我们发现在无规律的长时期开采过程中，人们无意间将山体挖成了一条山脊，犹如潜在矿区中的一条伏龙。我们结合当地文化，给出寓意：矿区好比一个精美的陶瓷瓶，而龙脉犹如瓶上的精美花纹。瓷瓶的破碎导致伏龙躯体断裂受伤，瓷瓶修补恢复原有面貌，伏龙才能再起升腾，遨游现世（图8-27、图 8-28）。

图 8-27　现状龙脉

图 8-28　伏龙再起

（二）设计目标与原则

1. 设计目标

依托焦作中站区武钢粘土矿区浑然天成的地质风貌和绵延千年的陶瓷古文化，通过新颖的矿区设计理念构建一个卓越的新型矿区公园。以保护及传承矿业文化与传统历史文化、矿山生态保护修复为依托，在矿山公园内植入商业服务、商务办公、旅游休闲、文化娱乐等现代化矿区公园功能，塑造一个能够体现和提升焦作市城市形象的新型矿山公园。将龙翔矿山公园打造成低碳、生态、和谐的矿区公园，人文康乐的矿区公园，开放包容的矿区公园，持续发展的矿区公园。带动龙翔矿山公园周边乡村经济发展，提高当地的旅游经济收入，助推当地乡村振兴发展。

2. 设计原则

本次规划充分考虑矿区改造对区域空间的把握和控制能力，通过在空间和功能上的设计与营造，确定矿区改造设计的原则，以期形成良好而整体的矿区氛围，构筑承载地域文明的优美物质空间，创造低碳矿区环境和经济效益发展双提升的新型矿区公园。

(1) 坚持经济效益、环境效益和社会效益相结合的原则，以保护中站粘土矿山遗迹为主要目的，突出矿业发展历史展示、科学教育及山野风貌保护、生态旅游等多种功能，因地制宜，发挥自身优势，形成独具风格和特色的公园。

(2) 以保护中站粘土矿山遗迹景观为前提，遵循保护与开发并举的原则，加强矿山生态环境的恢复与治理，改善生态环境，防止污染和地质灾害的发生。

(3) 以开展中站粘土矿山旅游促进地区经济发展为宗旨，依据矿山典型遗迹景观的特点和周围自然与人文景观的特征、环境条件、历史情况、现状特点、国民经济和社会发展趋势，以旅游市场为导向，总体规划、统筹安排建设项目，切实注重发展经济的实效。

(4) 协调龙翔矿山公园景区环境效益、社会效益和经济效益之间的关系，协调处理景区开发与社会需求的关系。努力创造一个生态环境良好、旅游设施完善、公园主题鲜明的人与自然相协调的矿山公园。

(5) 景观功能上的整合共享原则。提倡因地制宜保留矿山原始功能的完整性，改变功能结构，建立和谐可持续发展的新型矿区公园。

(6) 景观序列上的渐进提升原则。从矿区广场到天坑广场，形成有轴线、有故事性的发展空间序列，渐入佳境式地引导游客融入矿区。

(7) 景观布局上的核心发散原则。

(8) 以矿区原有地形地貌为核心，打造焦作旅游的城市门户形象。

(9) 景观组织上的流畅便捷原则。要求景点布置、用地功能的组织、交通流向的可达性与观赏游玩性相统一，建成交通流畅通达之园。

(10) 景观空间上的弹性有序原则。对用地功能的安排留有弹性，不进行大面积改造，而是尊重原貌，在开发时序上循序渐进、滚动开发。

(11) 景观特色上的延续文脉原则。强化矿区的历史文化特色和陶瓷文化渊源，建设典雅脱俗、气韵独特的新型矿区公园。

(12) 景观风格上的时代性原则。摒弃全盘复古的模式，与时俱进地采取现代风格和手法，融入中国古文化元素，表达矿山公园的新形象。

(13) 景观结构上的清晰简洁原则。建设以原始开采矿山遗址为核心、龙脉文化为轴线、架构清晰的空间结构和具有寓意的建筑物。

四、规划定位

(一) 发展条件分析

1. 发展现状

(1) 焦作市区域发展现状分析。

①工业基础。

中站区武钢粘土矿区是焦作市重要的粘土矿区之一。粘土优质、开采基础较好、历史悠久,是当地主要的经济来源之一,为当地著名的制陶业提供了稳定的材质基础。

②旅游基础。

焦作市是中国优秀旅游城市、中国历史文化名城,名山、名人、名城三位一体,拥有丰富的旅游资源。优越的地理位置和数千年历史文化的积淀,造就了这里丰富而独特的自然景观和人文景观。全市景域面积达500平方千米,在绵延130千米的旅游风景线上,景点达1000余处。全市共有A级旅游景区6处,其中AAAA级以上景区3处,被誉为国家园林城市和中国城市旅游竞争力百强城市。

③城市发展基础。

焦作市具备较为完善的城市基础设施。近年来,焦作市根据“依托老城、开发新区,环形扩张,滚动发展”的思路,坚持新区开发与旧城改造并举,改造拓宽了东环路、西环路、塔南路等城市交通干道,全面加强了焦南组团、高新区的基础设施建设,新区的主要道路已经建成,城市的发展空间明显打开,中心城市建成区面积已超过70平方千米。开展了大规模的创建中国优秀旅游城市和全国卫生城市活动,大力整治市容市貌,美化、绿化、亮化、净化水平明显提高。

④交通建设基础。

焦作市是一个区位优势非常明显的城市。它地处我国南北交会点,东西接合部,又是新欧亚大陆桥在中国境内的中心地带,具有承东启西、沟南通北的枢纽地位。境内有焦柳铁路、太焦铁路、新焦铁路、侯月铁路、呼南高铁、京广铁路6条铁路线,2015年6月,河南省第一条城际铁路——郑焦城际铁路已经建成通车。拥有菏宝高速、二广高速、沿太行高速、沿黄高速、晋新高速等高速公路,地方高速公路与国家干线高速公路连通,实现了“县县通高速”“乡乡通二级”“村村通硬化路”。

(2) 中站区武钢粘土矿区开发的区域发展背景分析。

中站区武钢粘土矿区规划作为焦作市资源枯竭型城市矿山地质环境治理的重要组成部分,不仅拥有国家资源枯竭型城市矿山地质环境治理重点工程项目资金和焦作现代旅游服务业的升级带来的政策利好,同时也符合城市战略发展的经济结构优化、退二进三的发展政策,发展前景看好。

①国家资源枯竭型城市矿山地质环境治理重点工程项目。

近年来,随着资源的持续开发,矿区面临资源枯竭的局面,对当地环境造成破坏,土地被闲置。相关部门为矿山地质环境治理项目设立专项资金，焦作市政府出台了《焦作市资源枯竭型城市矿山地质环境治理重点工程实施方案》，确保了矿山地质环境治理工程发挥出最大的社会效益、环境效益、经济效益。

②旅游服务业的升级，城市经济结构优化。

随着城市化进程的展开，城市产业结构也逐渐发生了变化，传统以消耗能源为代价换取城市发展的道路已经和当今追求可持续绿色城市发展的道路背道而驰。优化城市产业结构，大力发展当地旅游服务业，将是现在也是未来的重中之重。

③矿区自身特有优势。

矿区位于焦作市近郊区，地理位置优越，交通便利。由于长期开采，矿区形成了独特的地形地貌特征，且开采遗迹遗留丰富，均为改造提供了良好的前提条件。

2. SWOT 分析

(1) 优势。

①区域内地形地貌奇特。由于长期无规律的粗放型开采，矿区整个地形造型奇特，拥有多处下陷天坑，形态壮观，有多处残崖陡壁，土层裸露、奇妙壮观，为矿区公园的独特性和可游玩性提供了改造基础。

②区位历史遗迹丰富。在历史上的长期开采中，矿区很好地保留了多处采矿遗迹和当地传统民居窑洞，且当地煤矿历史沉淀丰厚，人文价值较高。

(2) 劣势。

①环境较差，景观破坏严重。长期的开采在很大程度上对土层造成极大的破坏，且短时期内不可再生。矿区内植物覆盖率极低，品种单一，二氧化碳吸收率低，整个矿区空气浑浊。

②区域内交通能力差。整个矿区内路网分级差，交通流向混乱，断路较多，通达性低，人车混行，潜在危险较大。

(3) 机遇。

①高起点、高规格的规划与建设。拥有国家资源枯竭型城市矿山地质环境治理重点工程项目资金 1 亿元，以及焦作市正在对产业结构进行优化建设，处于退二进三、着力发展旅游业的阶段。

②发展空间相对充裕。中站区武钢粘土矿区作为一个有长期开采历史的矿区，有着相对独特的地形空间，使改造空间更加广阔。可依托独特的自身特色，通过对本土矿质文化特色进行挖掘，引导对矿区特色的改造，形成新的地质公园。利用先天特性，推动矿区产业结构优化升级。

(4) 威胁。

①利益之间的协调。中站区武钢粘土矿区的改造建设涉及占用少部分农用地和村庄用地，同时此类用地布局分散而凌乱。虽涉及面积较小，但是对矿区改造还是造成一定影响，相互之间的协调问题有待解决。

②对保留历史和延续将来的平衡协调。以对历史地貌的尊重和提升景观覆盖率为基础，将矿区功能由以采矿为目的转换成以旅游为目的。两者之间的巧妙联系是对这次规划的挑战，保留历史、延续历史、开创未来，也正是这次规划的目标。

（5）发展方向与趋势。

随着城市化进程的高速发展，转变经济发展方式的一个重要方面就是要使产业结构合理化，由主要依靠第二产业带动向依靠第一产业、第二产业、第三产业协同带动转变。加速第三产业的发展，对于优化和调整产业结构、拓宽劳动就业率、改善投资环境和扩大对外开放、提高经济实力和人民水平，都显示出越来越重要的作用，中站区武钢粘土矿区具有独特的地理优势，在第三产业的推动上可做到更好。

随着焦作市的发展和城市规模的不断扩大，政府开始逐渐重视对废旧矿区的改造和再利用，有针对性地打造矿山生态公园，对矿山地质环境进行恢复性治理，改变矿山结构性质，由第二产业向第三产业转换。这些措施必将深刻地改变焦作的城市版图，形成城市新的增长极和发展方向。

矿山生态公园的建设将对焦作市多中心簇群式城市空间结构的发展产生深远的影响，届时，矿山生态公园将成为承接传统市中心和旅游区的桥梁和要道，是焦作市商业、服务业和新型文化旅游业的纽带。随着矿区的改造，城市各项基础设施分布将向着更为均衡的方向发展，同时大大提升城市旅游目的地的地位和优势，一定程度上改善焦作市的产业发展和空间结构的整体状况，而矿区本身的生态环境也可因为改造得到改善（图 8-29、图 8-30）。

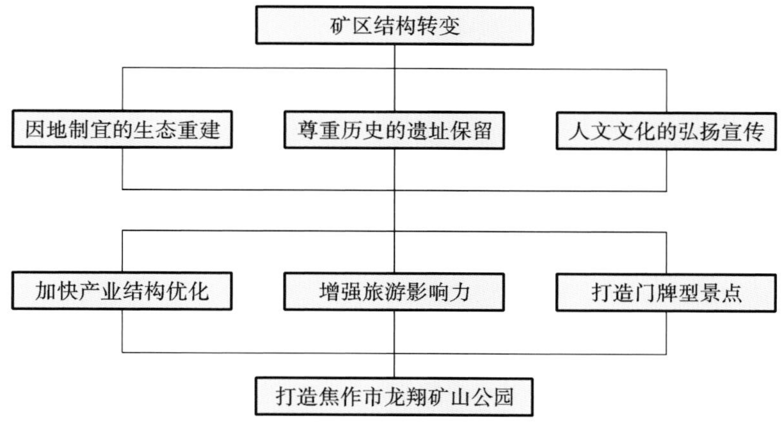

图 8-29　中站区武钢粘土矿区结构转变图

（二）空间形态定位

矿区改造先例，豫地矿城门户；乐活休闲之矿，宜居生态之园。

（三）功能定位

1. 矿区功能结构优化

矿区从粗放式开采转变为以矿业遗迹保护与矿山生态保护修复为主题的地质科普、休闲娱乐的综合性公园，成功由开采型重工业转变成旅游型服务业。

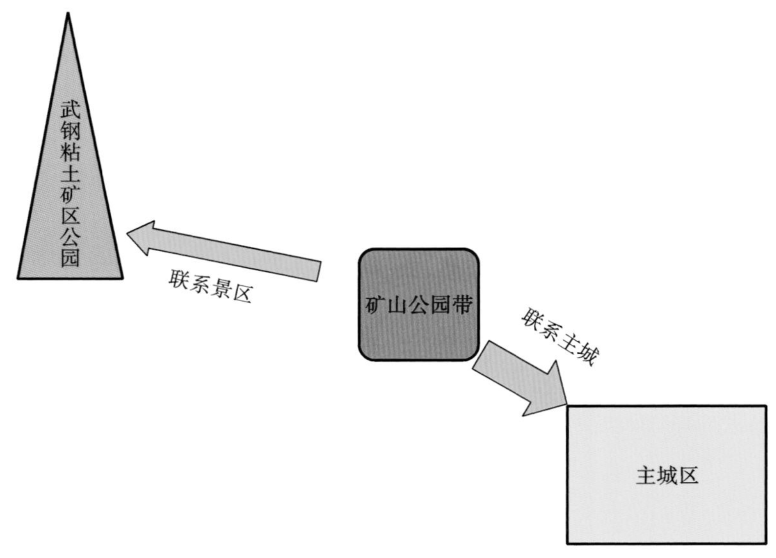

图 8-30　中站区武钢粘土矿区在焦作市域空间结构中所处的地位

2. 焦作市风标性矿区公园

焦作市是著名的风景旅游城市，也是矿产资源大市。作为焦作市最大的矿区公园，龙翔矿山公园也是焦作市域及其周边地区的重要旅游业集散地，其辐射范围除了河南省以外，北面可辐射到山西省等地，南面辐射到郑州市、洛阳市等地。因此，打造龙翔矿山公园为焦作市风标性旅游景点不仅可以加快焦作市产业结构优化的速度，也拓宽了焦作市旅游业发展的范围，将大大助推焦作市的旅游经济发展。

3. 河南省现代旅游服务业的中央平台

利用焦作市有利的交通条件，打造快速连接洛阳及其他城市，立足中部、服务省内的现代服务业的中央平台，是焦作市建设的又一重要功能。焦作市是河南省现代服务业的中心，同时也是该地区承接河南省现代服务业辐射的首选城市，从空间经济学的角度来看，承担这个功能的最优空间是北部的中站区。随着中站矿区的改造带来的蝴蝶效应，在焦作市这个中央平台，有必要配套布局商务公寓及酒店式公寓，以服务于在城市间往返工作及生活的住宅消费群体。

五、总体规划

（一）总体规划布局

根据龙翔矿山公园现状，将矿山公园的景观结构规划为一脉、三区、八园、三十点。以中站粘土矿山矿业文化为主轴，以开采后遗留下来的山脊为龙脉，贯穿于整个矿山公园的设计之中。将矿山公园分为三个区域：入口服务区、矿业文化遗址展览区、生态休闲娱乐区。在此基础上又将这三个区域细化为八园、三十点（图 8-31、图 8-32）。

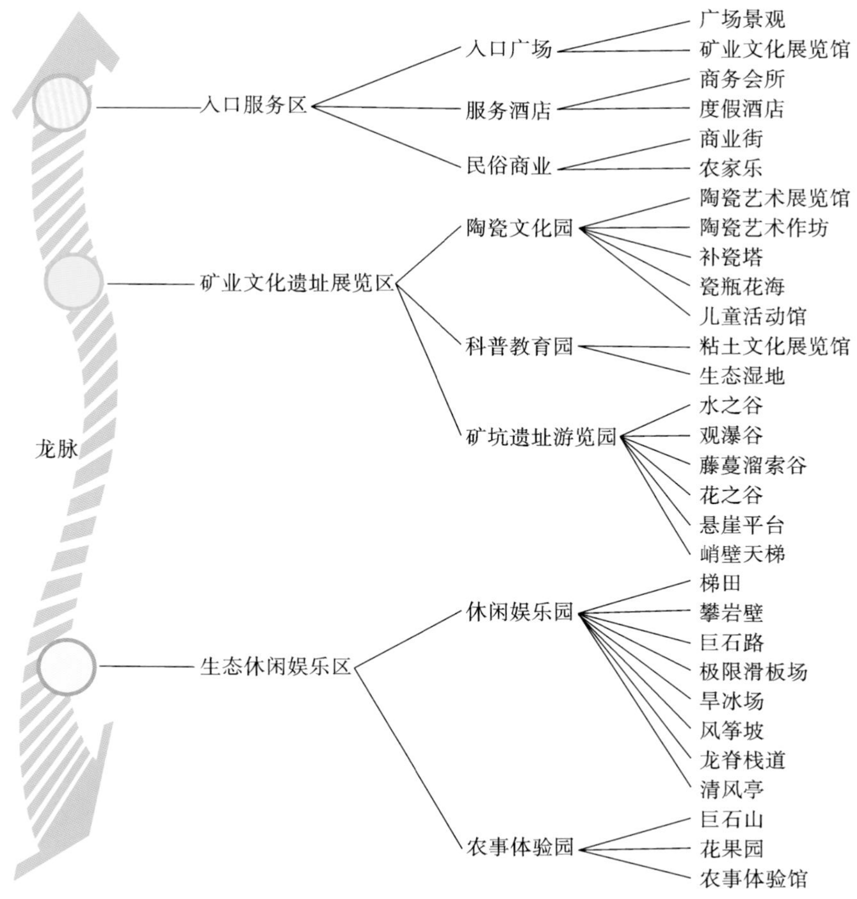

图 8-31　龙翔矿山公园总体规划布局思路

（二）功能分析图

根据龙翔矿山公园建设的需求，将龙翔矿山公园划分为入口广场区、民俗商业区、停车场用地、服务酒店区、陶艺文化区、农事体验区、生态植被恢复区、科普教育区、休闲娱乐区、矿坑遗址游览区 10 个功能分区（图 8-33）。

（三）动静分区分析

根据龙翔矿山公园功能分区的功能性质，将其分为动静两大区域。将休闲娱乐区、陶艺文化区、入口广场区、民俗商业区、服务酒店区、停车场用地区域规划为动区，这些区域游人活动密集，活动量较大。将矿坑遗址游览区、科普教育区、生态植被恢复区、农事体验区规划为静区，这些区域相对安静，给人以安逸静谧之感（图 8-34）。

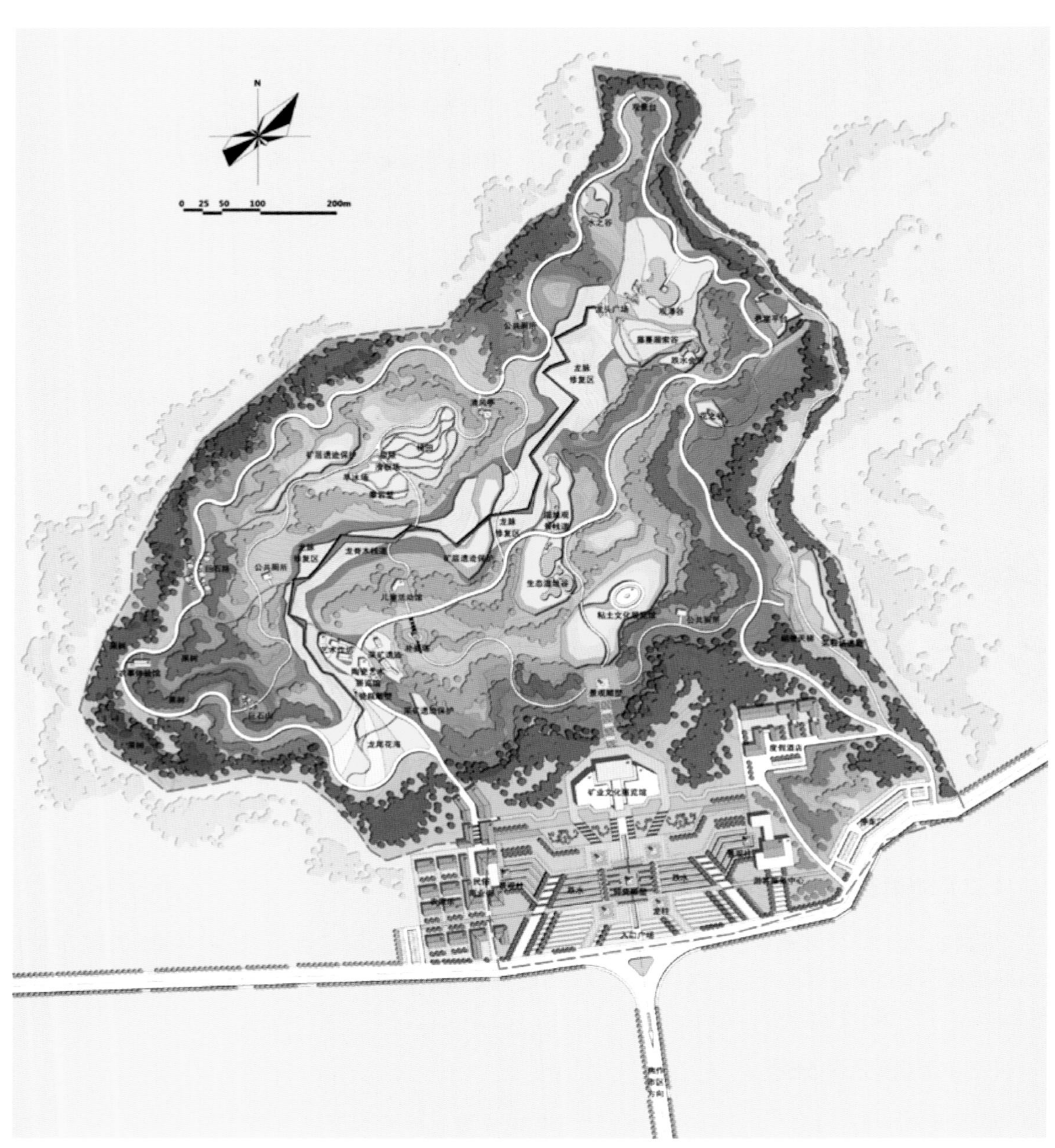

图 8-32　龙翔矿山公园总平面布局图

N
0 25 50 100 200 m
矿坑遗址游览区
休闲娱乐区
科普教育区
生态植被恢复区
农事体验区
陶艺文化区
服务酒店区
入口广场区
停车场用地
民俗商业区
入口广场区
民俗商业区
陶艺文化区
服务酒店区
生态植被恢复区
农事体验区
科普教育区
休闲娱乐区
矿坑遗址游览区
停车场用地

图 8-33　功能分析图

图 8-34　动静分区分析图

（四）景观结构分析

结合龙翔矿山公园生态系统的大小、形状、数量、类型及与空间配置相关的能量、物质和物种的分布等情况构建矿山公园景观结构体系，构建景观视廊，建立龙翔矿山公园构筑物高度控制的基础模型，对视廊周边建筑高度进行控制，优化矿山公园景观结构，将矿山景观分为景观视线通廊、一级景观节点、次级景观节点等，达到科学合理控制区域山水格局的目的（图 8-35）。

图 8-35　景观结构分析图

（五）交通流线分析

根据龙翔矿山公园的功能区域划分，将龙翔矿山公园的交通道路分为四级，以保证公园每个景点的可达性。主干道为公园交通要道，公园一级道路宽 6 米，也是公园的消防通道。二级道路宽 3 米，方便园区观光车通行，三级道路宽 1.5 米，方便游客在园区慢行观光游览（图 8-36）。

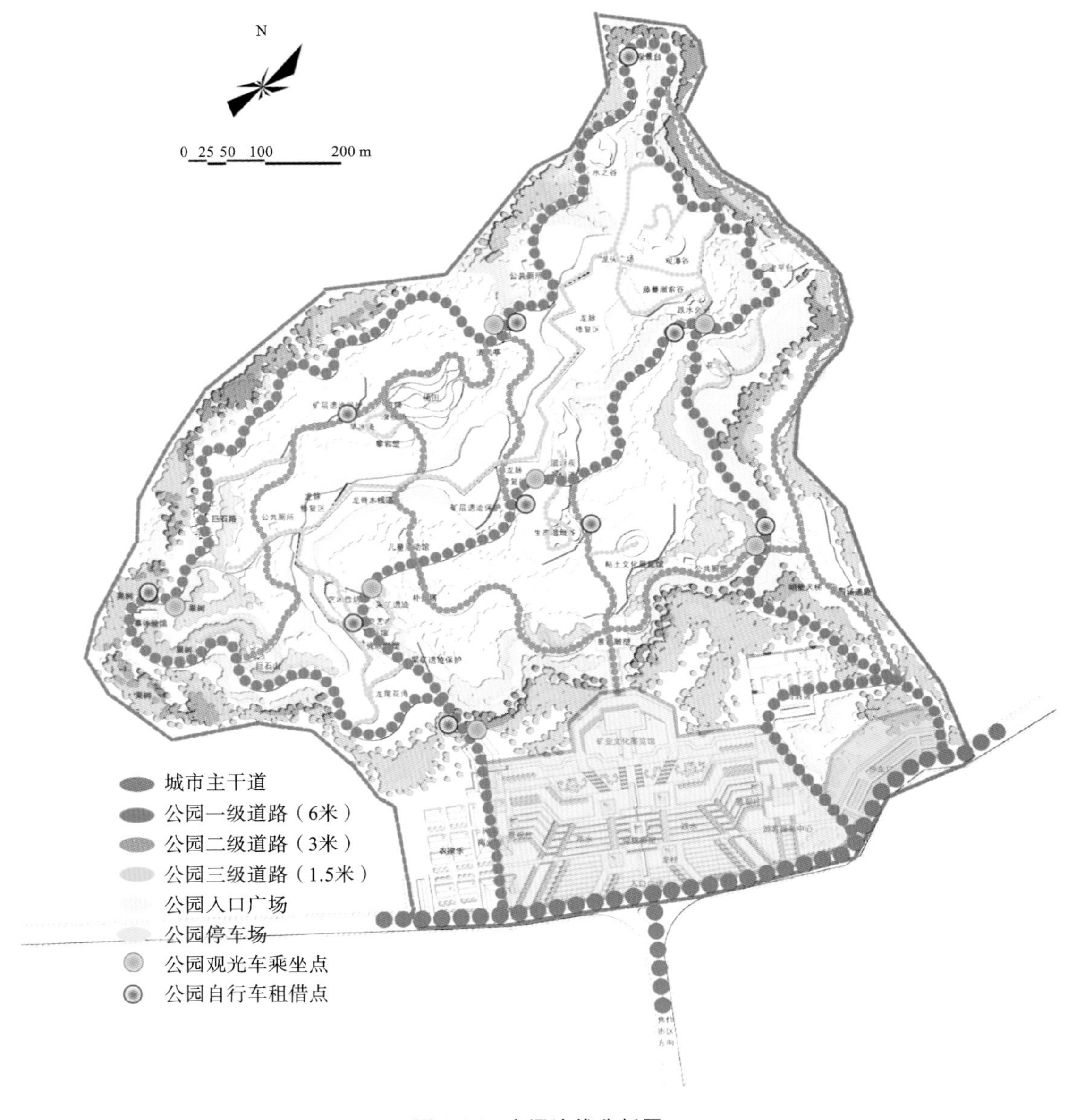

图 8-36　交通流线分析图

（六）公共服务设施分布

龙翔矿山公园将矿业文化展示区（博物馆、展览馆等）、游客服务中心、酒店、餐饮服务、商业服务、医疗站、公共厕所、公共电话、垃圾回收点、饮水点、管理处、无障碍设施等公共服务设施合理科学布局在矿山公园园区内，以满足游客的游园需求（图 8-37）。

图 8-37　公共服务设施分布图

（七）建设时序分析

龙翔矿山公园建设与土地权属相结合，综合考虑矿山公园选址范围内的用地权属和现状建设情况，合理安排建设时序。近期建设为矿山公园入口服务区建设，中期建设为矿山公园游览区建设，远期建设是在矿山公园建设成熟后，在其西北部相邻区域建设度假别墅区。前后分三期工程完成龙翔矿山公园建设工作（图 8-38）。

图 8-38　建设时序分析图

六、分区设计

(一)设计理念诠释

大规模采矿造成山体景观板块破碎化,犹如破碎瓷器,矿区生态修复和景观环境营造犹如运用补瓷工具修复陶瓷,得到重生的矿山公园犹如修复好的冰裂纹瓷瓶(图 8-39)。

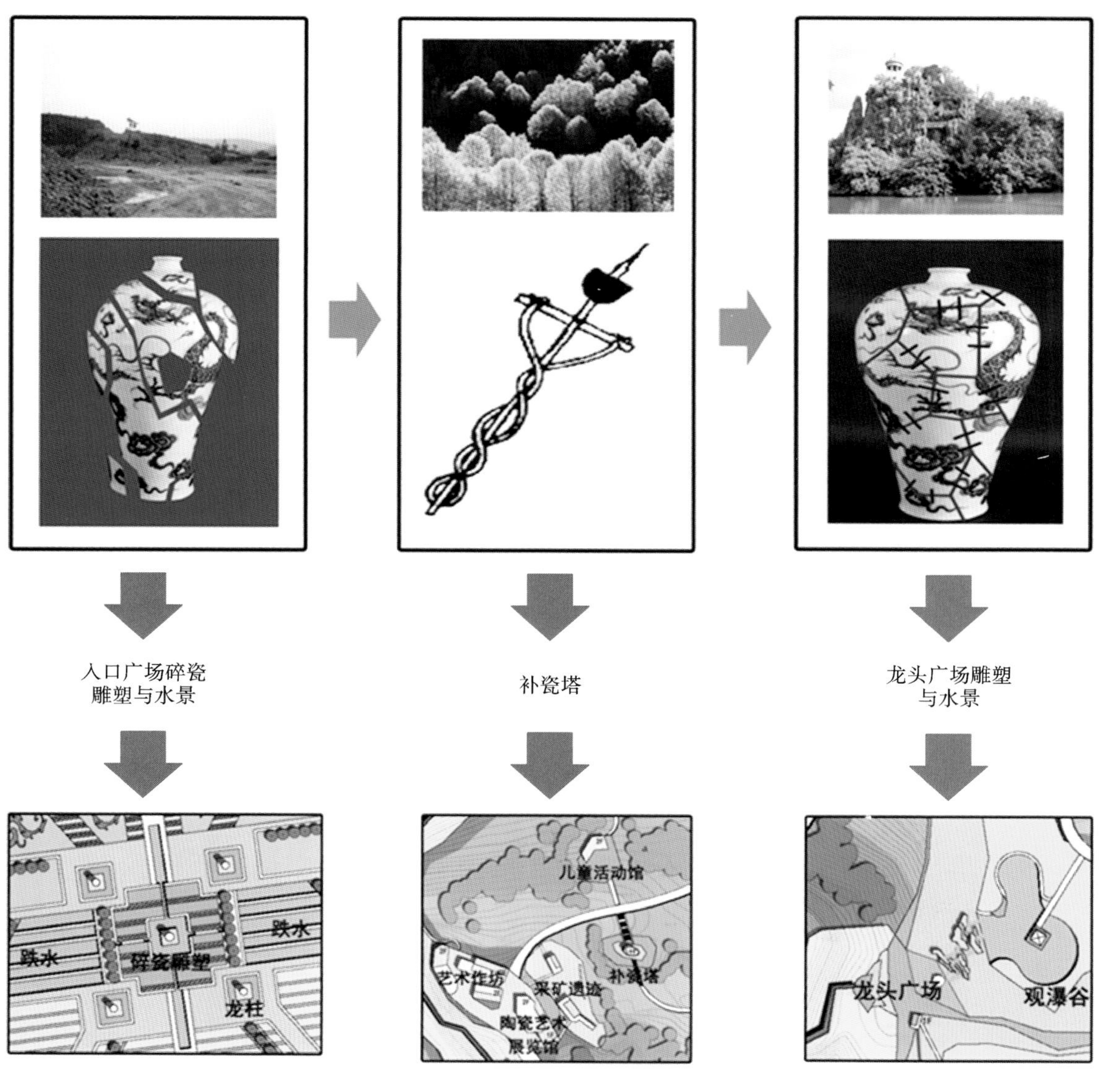

图 8-39　设计理念诠释分析图

（二）入口服务区

在焦作龙翔矿山公园的入口服务区，布局入口广场、矿业文化展览馆、民俗商业街、度假酒店等功能，矿业文化展览馆建筑分为上下两层，总建筑面积为5000平方米，主要展示焦作市的矿业文化发展历程，展示矿山开采的生产过程及当地的矿石标本、风土民俗等，引导人们珍惜矿产资源，保护矿山环境。矿业文化展览馆门前设计有碎瓷雕塑，喻示中站粘土矿山被人类无序开采，矿山千疮百孔就像破碎的瓷瓶，警示人们要珍惜矿产资源，爱护矿山环境，有计划、科学合理地开采矿山，造福子孙后代（图8-40）。

入口服务区位置示意

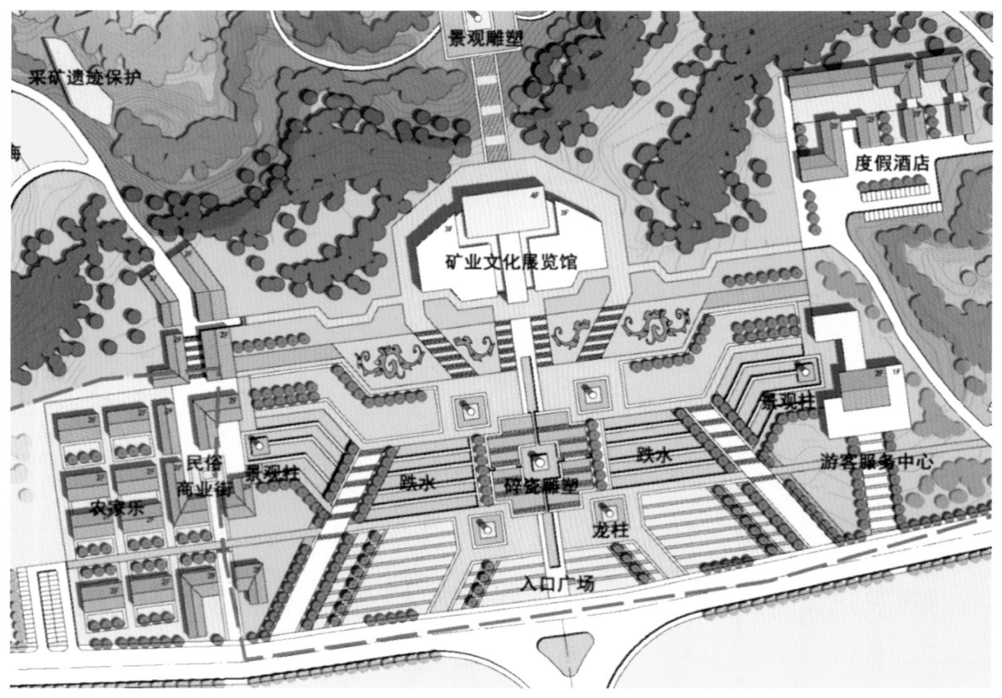

图 8-40　入口服务区总平面布局图

1. 入口服务区方案一

入口服务区方案一如图 8-41～图 8-44 所示。

图 8-41　入口服务区方案一:碎瓷瓶雕塑效果图

图 8-42　入口服务区方案一:服务区效果图

图 8-43　入口服务区方案二：民俗商业街

图 8-44　度假酒店景观效果图

2. 入口服务区方案二

入口服务区方案二如图 8-45、图 8-46 所示。

图 8-45　入口服务区方案二:鸟瞰及局部效果图

(三) 龙脉文化延续

在龙翔矿山公园内,因矿山开采遗留下的山脊像一条受伤的巨龙,正遭受着伤害,规划在山脊上进行地质灾害治理,种植植被,以乔木、灌木、草本植物立体复合配置,营造出一个生态、观赏性强、调节气候和易于维护的植物群落,有效改变被破坏的山脊环境,预防水土流失(图 8-47)。

图 8-46　入口服务区方案二:碎瓷瓶雕塑效果图

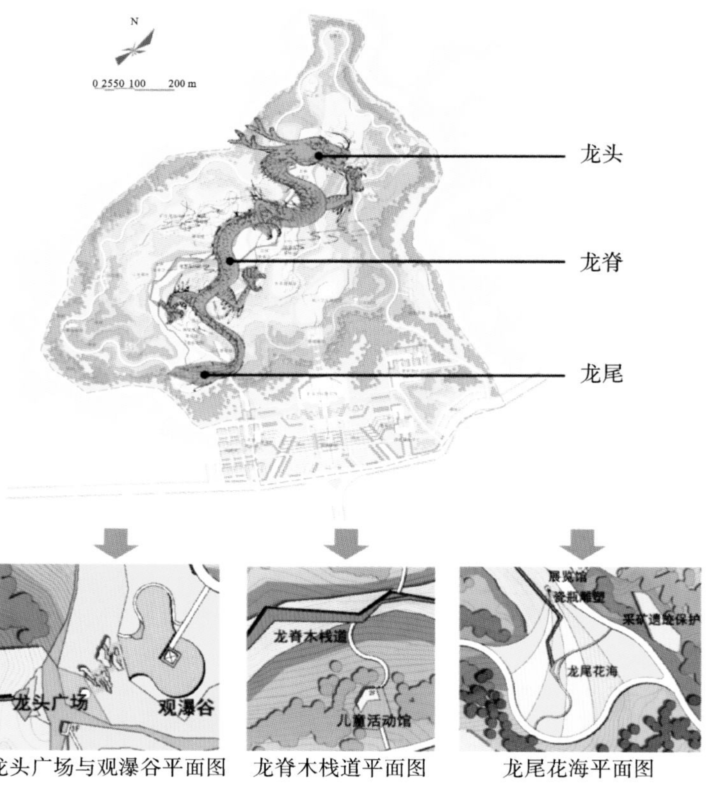

龙头广场与观瀑谷平面图　龙脊木栈道平面图　龙尾花海平面图

图 8-47　龙脉文化延续分析图

整个山脊分为龙头、龙脊、龙尾三大部分，龙头为矿山开采遗留下的深 20 米的露天矿坑，在其周边打钻建井，从岸上引水入坑，瀑布飞流直下，生态植被郁郁葱葱，为游人营造一个怡人的空间环境（图 8-48）。围绕山脊建木栈道，方便游人通行（图 8-49）。龙尾为多处矿山开采遗留下的凸凹起伏的低洼地及烧制粘土的生产窑洞，在此规划设计花海、陶瓷手工作坊等，陶瓷手工作坊坐落在花海中，使游人在观赏花海的同时，还能深度体验一次陶瓷手工艺的制作过程，增加矿山公园的旅游互动环节，提高游客的游玩兴致（图 8-50）。昔日粘土矿坑随时会发生崩塌、滑坡等灾害，可通过清渣、加固边坡、引水种植被，使矿山环境得到有效的修复治理。生态修复好的山脊犹如受伤的巨龙痊愈，伏龙再起，喻示着龙腾盛世。

图 8-48　龙头观瀑效果图

中站粘土矿山开采后遗留下的山脊最高点位于山体的西南部，在矿山最高点规划建设观光塔，以陶瓷修复工具舞锥为原型，构筑焦作龙翔矿山公园地标构筑物观光塔，内设螺旋形旋转楼梯（图 8-51）。该观光塔也是矿山公园的阳台，供游人登高俯瞰矿山公园整体景观风貌。

图 8-49　龙脊栈道效果图

图 8-50　龙尾花海效果图

图 8-51　地标构筑物补瓷塔效果图

（四）矿业文化遗址展览区

1. 陶瓷文化园

在陶瓷文化园规划设计陶瓷艺术展览馆、艺术作坊、儿童活动馆等研学场所（图 8-52），使游人在矿山公园游玩时感受粘土矿山文化，体验陶瓷制作过程，了解焦作粘土矿山的发展历程。

图 8-52　陶瓷文化园平面图

陶瓷艺术展览馆与艺术作坊平面如图 8-53 所示，陶瓷艺术展览馆如图 8-54 所示。

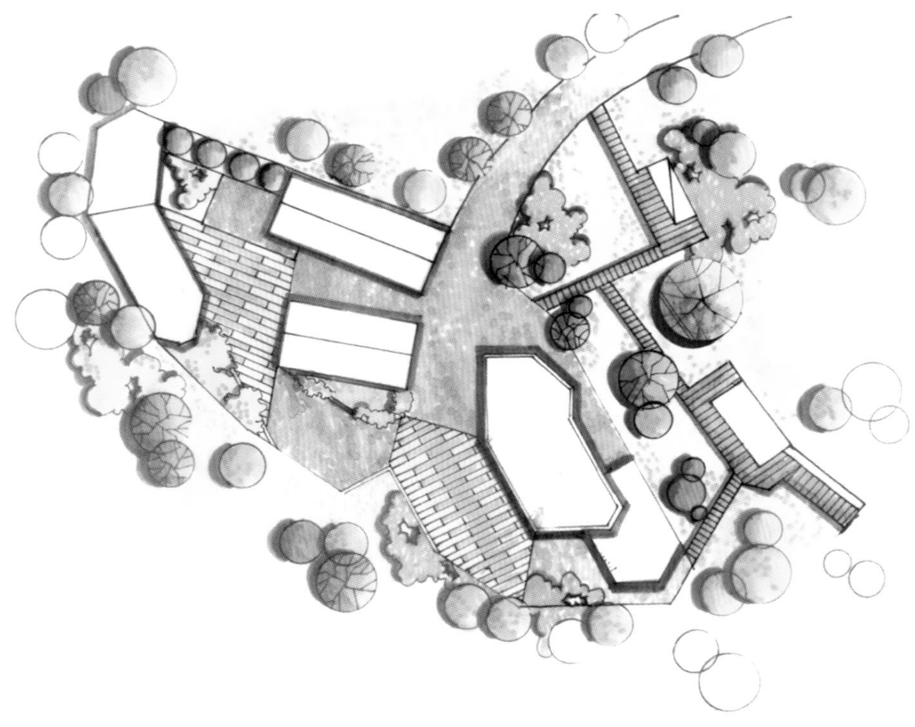

图 8-53　陶瓷艺术展览馆与艺术作坊平面图

图 8-54　陶瓷艺术展览馆效果图

儿童活动馆的儿童娱乐设施如图 8-55 所示。

图 8-55　儿童娱乐设施效果图

2. 科普教育园

在矿山开采遗留下的矿坑规划建设粘土文化展览馆、生态湿地谷、湿地观景栈道等功能区(图 8-56),对矿业生产遗迹进行科普展示,使游人在此能够感受到采矿历史对我国经济发展所做的贡献,也警示人们珍惜资源,坚持可持续开发,保护环境,造福后代。

科普教育园位置示意

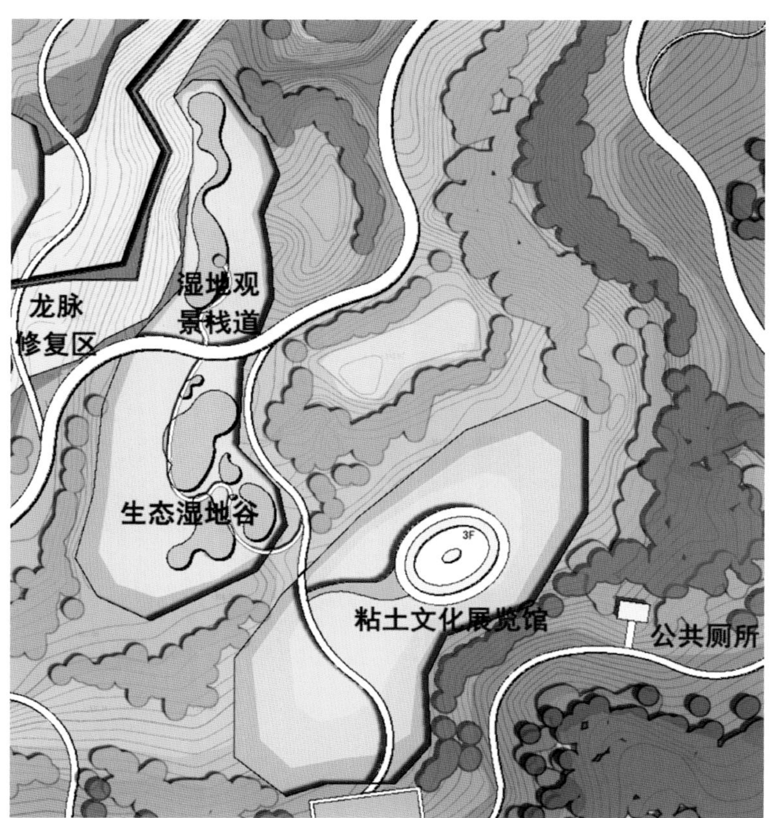

图 8-56　科普教育园平面图

公园利用矿山开采遗留下的深坑，规划建设粘土文化展览馆，展示粘土开采工业遗迹，传承矿业文化。馆内种植温室大棚植物，使游人在冬天也能感受到温暖的空间环境(图 8-57)。

图 8-57　粘土文化展览馆室内外效果图

3. 矿坑遗址游览园

在矿坑遗址游览园(图 8-58)规划建设观瀑谷(图 8-59)、跌水会所、藤蔓溜索谷等功能区。

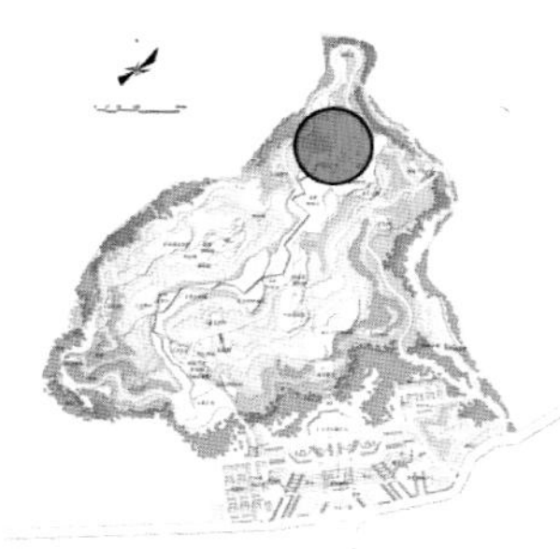

矿坑遗址游览园位置示意

图 8-58 矿坑遗址游览园平面图

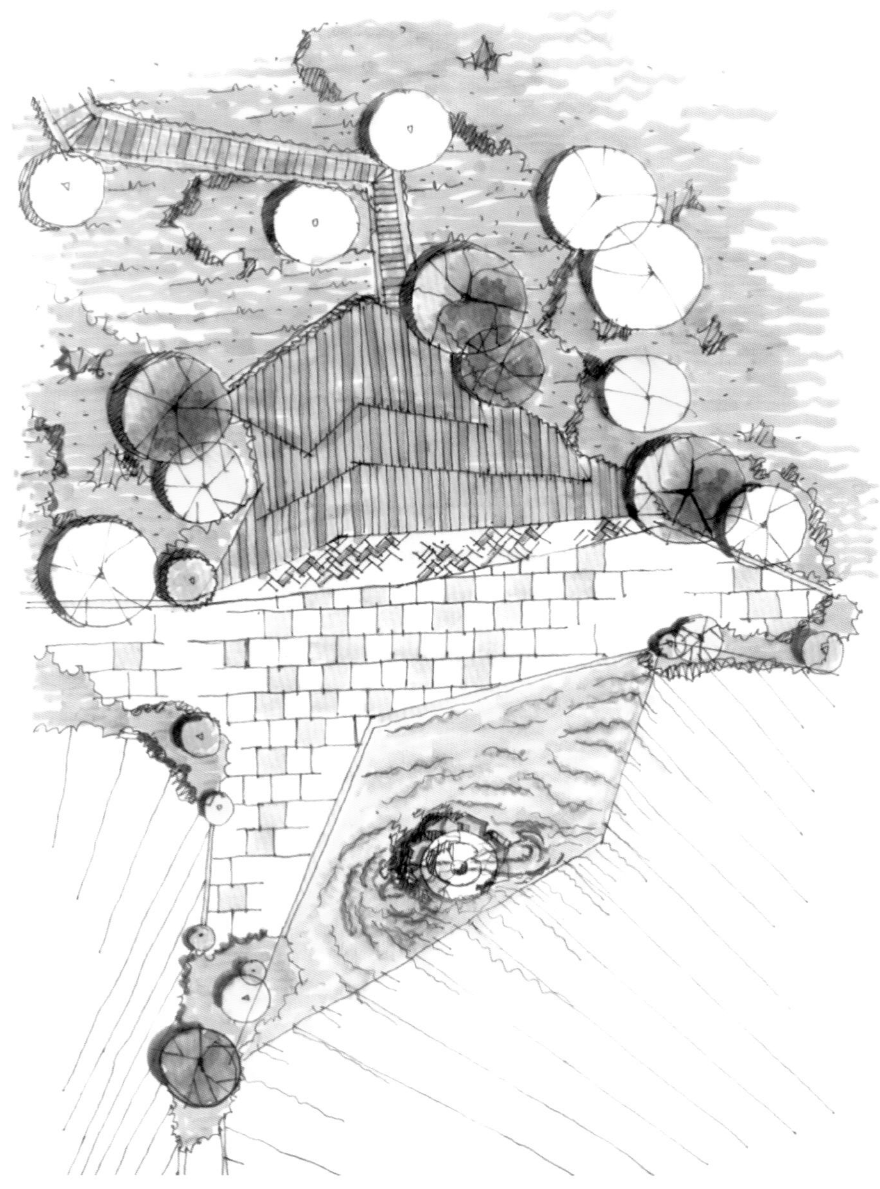

图 8-59　观瀑谷平面图

利用矿山开采遗留下的深坑悬崖陡壁规划建设跌水会馆(图 8-60),吸引一些与矿业遗迹保护等相关的中小型会议到此召开,在粘土开采工业遗迹现场研讨学术内容。

图 8-60　跌水会所效果图

矿坑遗址游览园的花之谷如图 8-61 所示，水之谷如图 8-62 所示。在矿山悬崖峭壁之间规划索道，游人可乘坐索道观赏矿山藤蔓等植被景观（图 8-63、图 8-64）。悬崖平台与峭壁天梯如图 6-65～图 6-67 所示。

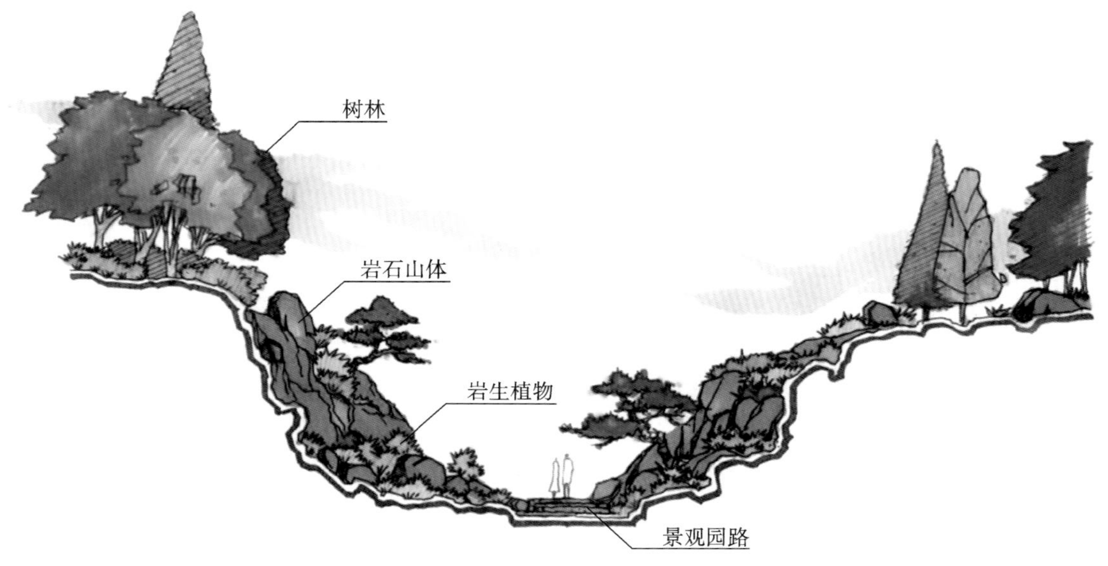

图 8-61　花之谷效果图

图 8-62　水之谷效果图

图 8-63　藤蔓意向图

图 8-64　溜索意向图

图 8-65　悬崖平台意向图

图 8-66　峭壁天梯意向图

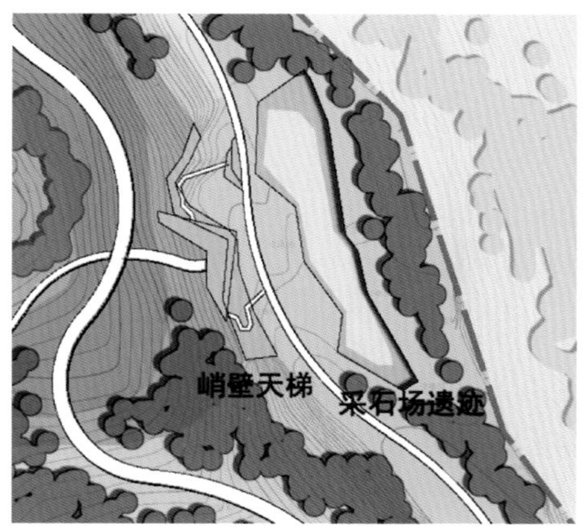

图 8-67　峭壁天梯平面图

（五）生态休闲娱乐区

在矿山台阶上种植油菜花等经济作物，在矿山上种植果木林等，打造农事体验区，让前来游玩的人们进行农作物种植、水果采摘等农事体验活动，使游人融入大自然的怀抱，充分体验大自然的风光（图 8-68）。梯田、极限滑板场意向图如图 8-69 所示，农事体验园平面如图 8-70 所示，农事体验意向如图 8-71 所示，农事体验馆如图 8-72 所示，花果园意向如图 8-73 所示，巨石山意向如图 8-74 所示。

生态休闲娱乐区位置示意

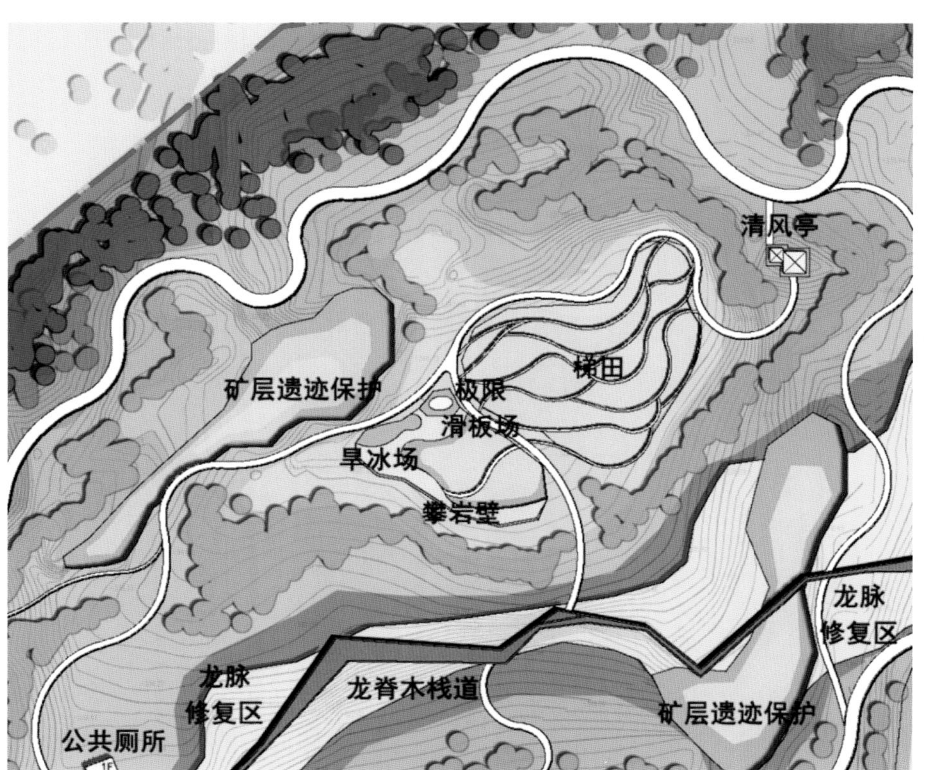

图 8-68　生态休闲娱乐区平面图

图 8-69　梯田、极限滑板场意向图

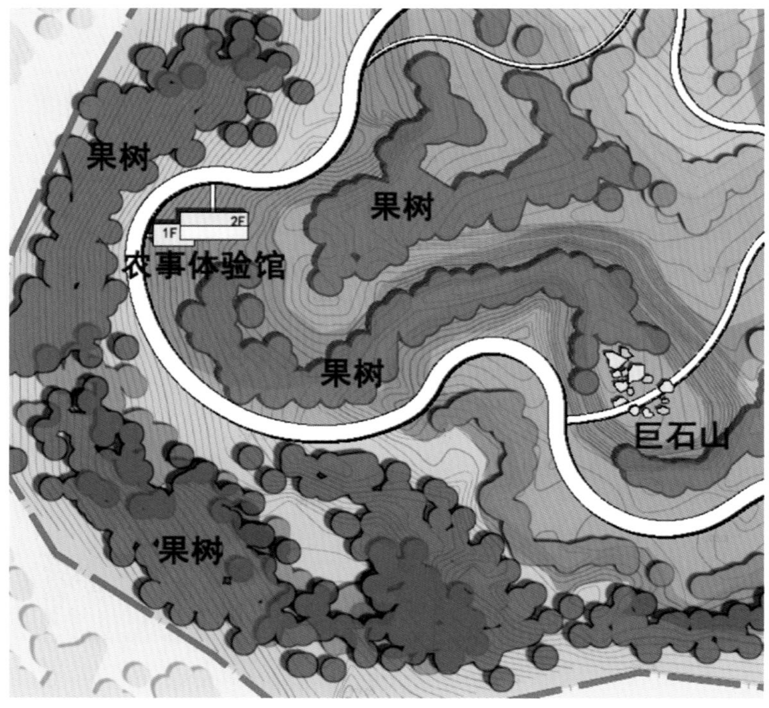

图 8-70　农事体验园平面图

图 8-71　农事体验意向图

图 8-72　农事体验馆意向图

图 8-73　花果园意向图

图 8-74　巨石山意向图

（六）公园家具设计

1. 家具设计理念

矿区公园内家具以自然造型为主，多选用原木等自然材料，使用传统的构造方式构造而成（图 8-75～图 8-82）。放置于园内主要景点旁，与园区设计取意相互呼应，尽显矿区公园历史文化之璀璨。

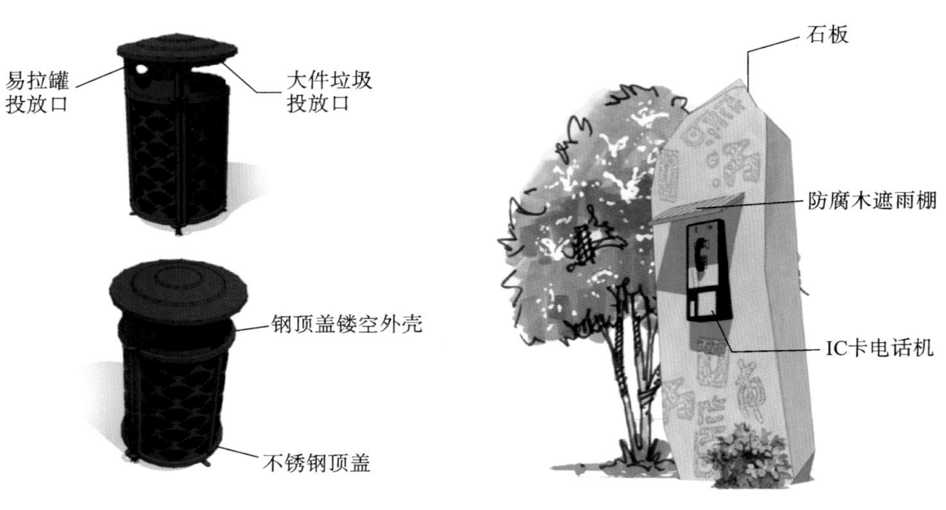

图 8-75　垃圾桶　　图 8-76　电话亭

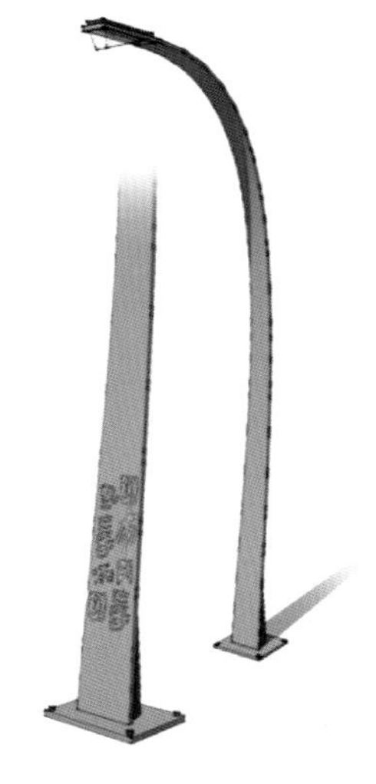

图 8-77　灯具

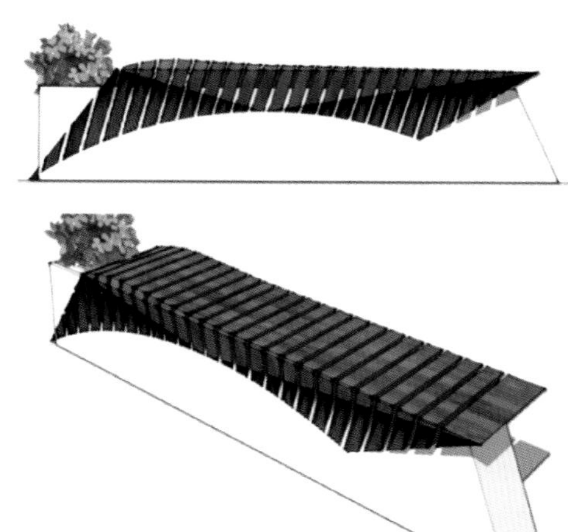

图 8-78　座椅

图 8-79　垃圾桶

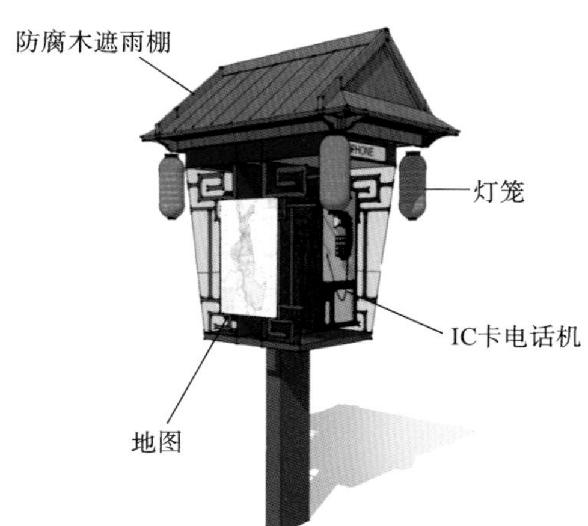

图 8-80　电话亭

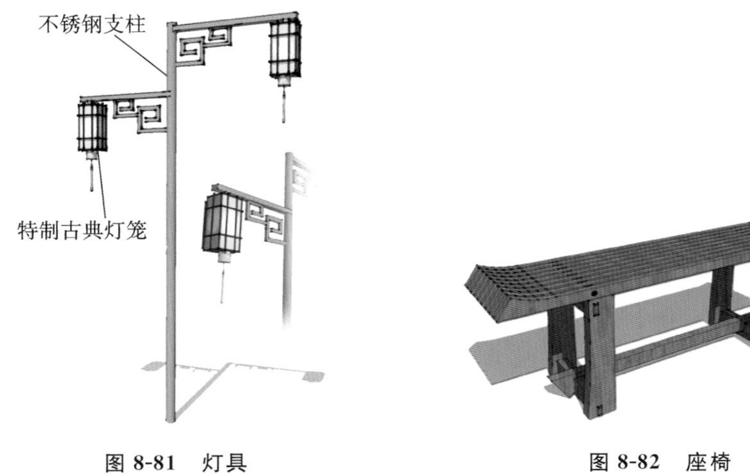

图 8-81　灯具

图 8-82　座椅

2. 公园标识系统

专业标识系统是针对矿山公园的特殊性提供专业信息的标识系统。专业标识系统包括资源标志、保护标志、科研监测标志、生态旅游标志、科普宣教标志、管理标志等，园区利用本土材质制作标识牌(图 8-83)。

图 8-83　公园科普宣传示意图

（七）公园植物配置意向

龙翔矿山公园植物配置原则：①遵循生态学原则；②以乡土树种为主并积极引进外来适生树种；③因地适宜原则；④师法自然且胜于自然原则；⑤选择树种时要综合考虑经济价值和树种的多功能效益。

龙翔矿山公园常用植物主要有如图 8-84 所示的品种。

图 8-84　龙翔矿山公园植物配置表

第二节　河南嵖岈山国家地质公园琵琶湖景区规划设计

一、项目概述

(一) 项目背景

河南嵖岈山国家地质公园位于河南省驻马店市遂平县西部伏牛山余脉，大地构造位于我国中央造山系秦岭造山带华北地块南缘构造带东段。琵琶湖景区是该公园主要的地质景点，是典型的花岗岩地质地貌景观园区。河南嵖岈山国家地质公园在遵循《驻马店市"十四五"文化旅游融合发展规划》和《嵖岈山地质公园总体规划》的基础上进行控制性详细规划，规划的目的是更加完善河南嵖岈山国家地质公园的旅游和服务设施，打造具有当地特色、国内一流的西游文化旅游地质公园。在此基础上，决定对琵琶湖周边未开发地段做规划设计，并在琵琶湖景区建设河南省花岗岩科普基地。河南嵖岈山国家地质公园琵琶湖景区的规划与建设，将进一步扩大并完善嵖岈山风景旅游区块，突破嵖岈山原旅游区的局限性，并由此产生更多的旅游和商业发展契机，在地质遗迹保护利用中，使嵖岈山旅游风景区的整体地质景观环境得到更好的保护与发展。

如何把握和利用好琵琶湖现有的地质资源和特色，做到功能结构尽可能优化，环境效益改善，与整个嵖岈山国家地质公园环境协调发展，是琵琶湖景区规划设计面临的挑战，亦是本次规划着手解决的问题。

(二) 琵琶湖景区的规划对整个河南嵖岈山国家地质公园的影响

1. 琵琶湖景区的自身优势

琵琶湖景区有着典型的花岗岩地貌景观、秀美的湖水，天水一色，使人陶醉，水托山愈秀，山衬水愈美，将山的静态美与水的动态美鬼斧神工般地融为一体，如一幅浓重的水墨画，这种大自然的动静变换、巨细相生，衍生出了美学观赏价值极高的地貌景观。

2. 琵琶湖景区规划前后的优势

琵琶湖景区目前尚未开发，湖区杂树丛生、水土流失严重，游客缺少应有的服务和导向设施。通过有计划的规划建设，可以做到在保留原有水体和典型地质地貌特色的基础下进行规划和建设，从而在做到不破坏地质遗迹的基础上，成功打造嵖岈山琵琶湖景区的秀美景观(图 8-85)。

3. 琵琶湖景区规划建设对整个园区的影响。

(1) 有效保护了嵖岈山原有的水体景观及典型的地质遗迹，通过对琵琶湖景区进行合理规划，对琵琶湖景区的原生态水体及典型的地质崩塌等地质遗迹现象起到很好的保护作用。

(2) 促进当地旅游经济的发展。目前嵖岈山景区南山景群建设日趋完善，天磨湖至琵琶湖休闲体验游线景群建设以分水岭为界，在分水岭以北，天磨湖景区已经开发到位，在分水岭以南，琵琶湖景区尚未开发，整个西游文化景群未能南北贯通，琵琶湖景区的景观保护和利用，使两湖之

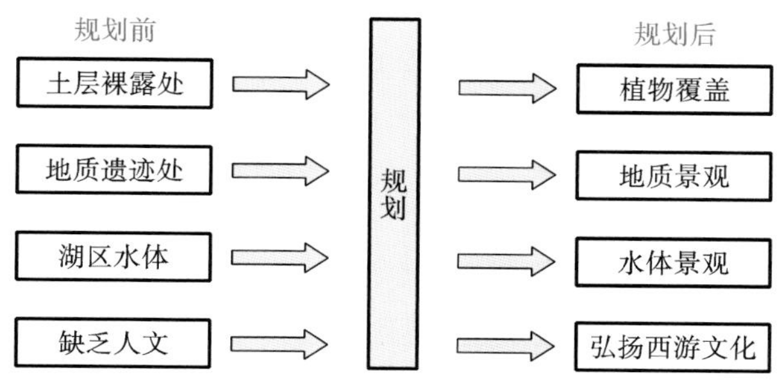

图 8-85　琵琶湖景区规划前后优势对比图

间的沟谷景群全线贯通，对嵖岈山经济发展有着非常重要的意义。

(3) 促进琵琶湖景区的生态发展。通过嵖岈山琵琶湖景区景观规划设计，将有计划、有步骤地对琵琶湖周边景区的生态进行合理的修复改善，结合当地的地形、土壤和气候，可持续地发展湖区生态。

(4) 对河南嵖岈山国家地质公园景区西游文化景群南北贯通起推动作用。琵琶湖景区的景观规划和建设，对园区西游文化景群的南北贯通起着重要作用，对完整展示嵖岈山水体景观和典型的花岗岩地质景观，弘扬西游文化起到推动作用(图 8-86)。

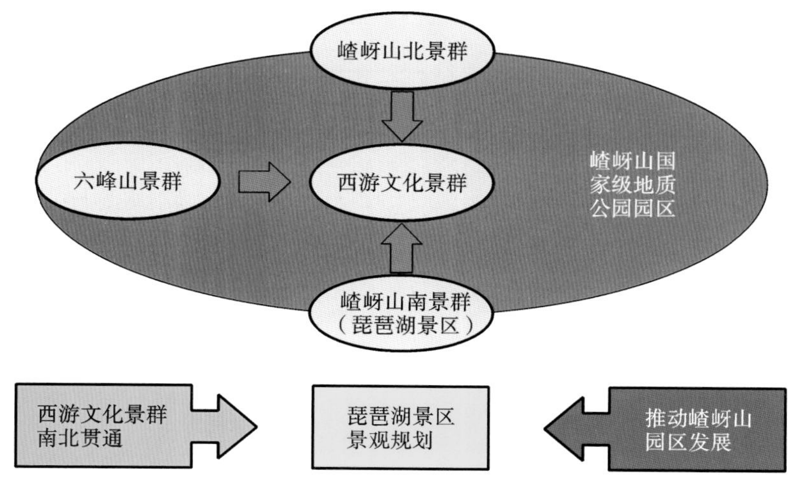

图 8-86　琵琶湖景区对西游文化景群南北贯通的推动作用

(三) 规划范围

琵琶湖景区规划用地范围北至分水岭，南至大坝附近，西邻六峰山，东接南石林，总用地面积约 13 公顷。

(四) 技术路线

本次嵖岈山国家地质公园琵琶湖景区规划设计技术路线研究主要有基础研究、定位研究、规划研究、对策研究四个方面(图 8-87)。

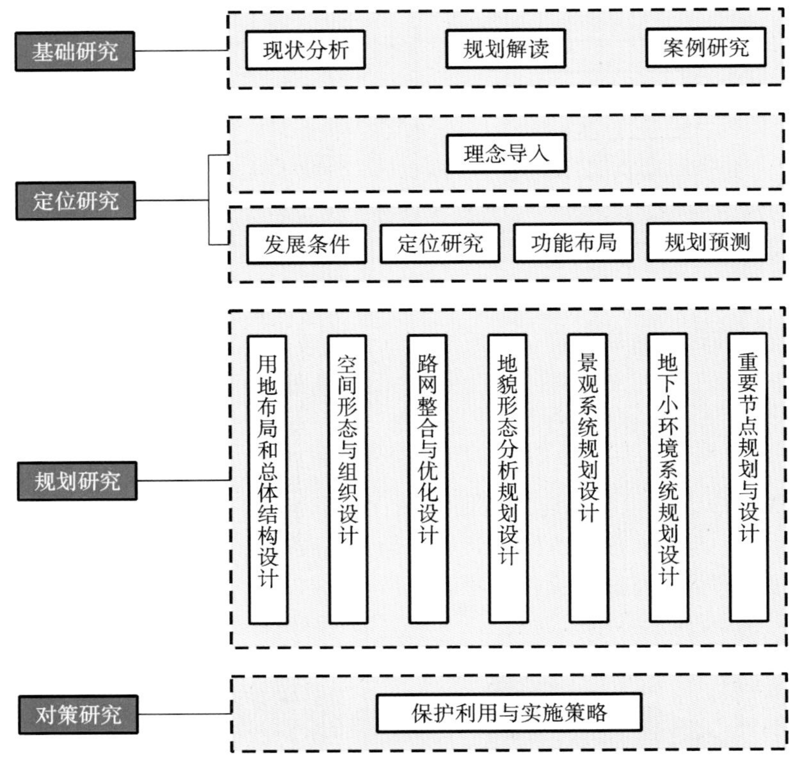

图 8-87　琵琶湖景区规划设计技术路线图

二、基地资源分析

(一) 区位分析

1. 驻马店市区位解读

驻马店市位于河南省南部，东与安徽省阜阳市接壤，西与南阳市相连，北与周口市、平顶山市和漯河市相接，南与信阳市毗邻，全市辖 1 个区、9 个县。

2. 琵琶湖景区区位解读

琵琶湖景区位于驻马店市遂平县嵖岈山风景区内，距离武汉市 300 千米，距离郑州市 180 千米。京广铁路、京珠高速、107 国道几条主干道纵穿遂平县，距离景区只有 25 千米。

(二) 文化资源分析

嵖岈山历史悠久、文化灿烂、人文荟萃、名胜众多。公园的自然景观既有南方青山之灵秀，又有北方峻岭之雄浑，古今文人墨客多在此驻足。公园内现保存有唐代书法家颜真卿书写的"别是洞天"墨宝，明代诗人许瓒游览嵖岈山后留下了优美的诗句，当代大书法家李铎也留下了赞美之辞。此外还有吴王墓、黄巢洞、点将台、高官亭、乾隆探险洞和顺天宫等古迹。嵖岈山除受到文人墨客的青睐外，还与西游文化、石猴文化密切相连，是电视剧《西游记续集》外景拍摄基地之一。

1. 典型的花岗岩地质遗迹

嵖岈山花岗岩地貌景观主要是象形地貌景观，可分为花岗岩象形石景观、花岗岩象形峰景观。此地区基本的地形地貌构造形成于古近系，在第四纪更新世早期，由于喜山运动，地壳抬升活动还在继续，持续的风化剥蚀作用形成了嵖岈山花岗岩山体的基本形态，使嵖岈山成为华北平原西部边缘的一道天然屏障。从古近纪至第四纪，嵖岈山地区东部作为华北平原的一部分，接受了西部山区岩石风化剥蚀后松散的砂砾、黏土等碎屑物的堆积。嵖岈山地区地壳还在持续上升，风化剥蚀还在继续进行，但嵖岈山地区隆升与剥蚀的速率可能相差不大，才使得被风化的地貌形态被完整地保存了下来。

公园所在区域属秦岭伏牛山东延余脉，华北平原南部与秦岭伏牛山过渡地带，其东部、南部为淮河流域沙河冲积平原，分为山地和平原两个地貌类型。公园内的山体走向多为东西向和东北向，除嵖岈山山体由块状花岗岩组成外，其他山体多为层状沉积岩或变质岩类组成(图 8-88、图 8-89)。

图 8-88 嵖岈山六峰山山峰

图 8-89 嵖岈山花岗岩洞穴

2. 山水文化

嵖岈山由蜜蜡山、南山、北山、六峰山四座彼此相连的花岗岩山峰组成。山的四周镶嵌着景色如画的秀蜜湖、琵琶湖、天磨湖、百花湖。嵖岈山花岗岩地貌景观千姿百态、丰富多彩，整体地貌精巧典雅，似"天然盆景"(图 8-90、图 8-91)。

3. 西游文化

大型古典名著电视连续剧《西游记续集》的外景大多在此拍摄，整个园区把西游文化作为旅游主线之一，贯穿在整个园区的规划设计中(图 8-92)。

4. 人文历史

春秋战国时期，吴楚在此争雄，东汉光武帝刘秀和王莽曾周旋于此，唐代李世民和窦建德决战龙天寨，清代乾隆皇帝曾来此观光，抗战时期刘少奇等国家领导人在此发展革命根据地。1958年，全国第一个人民公社在此成立(图 8-93、图 8-94)。

图 8-90　琵琶湖景观

图 8-91　六峰山景观

图 8-92　嵖岈山国家地质公园入口雕塑唐僧取经

图 8-93　嵖岈山人民公社办公室

图 8-94　嵖岈山人民公社影墙

（三）环境现状分析

1．地形地貌分析

现状用地属于驻马店市遂平县城郊山地，为生态用地、农用地、林地，地质遗迹保护价值较高，地势环境特殊，保护利用条件好。

琵琶湖景区位于河南嵖岈山国家地质公园的南部，遂平县城市的近郊区，地势起伏大，规划区有少量丘陵地，其余大部分均为湖水和山地地形，因其山体常年风化剥落，形成了高低起伏的山峰，山水自然环境及地质地貌较为精致(图 8-95)。

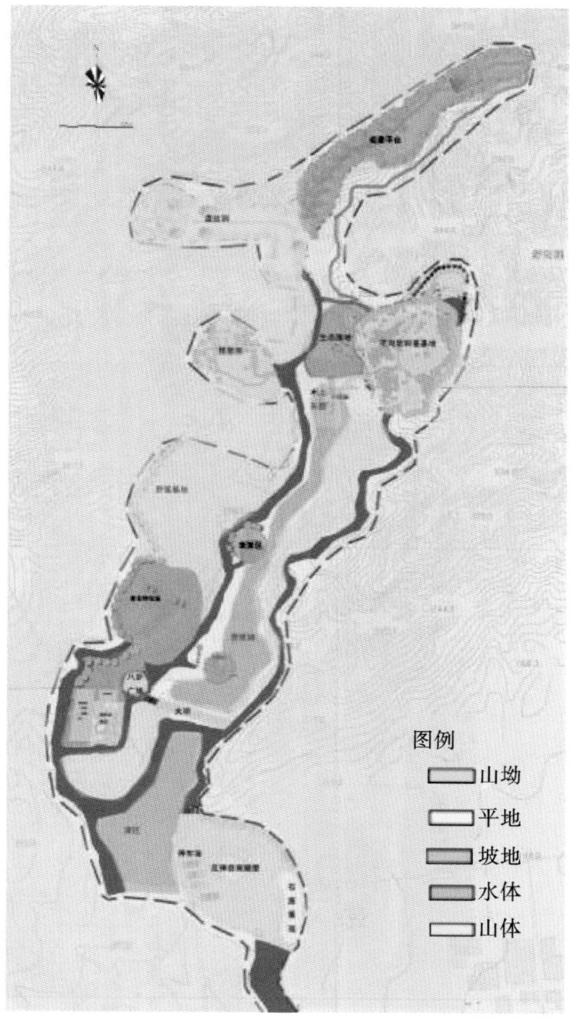

图 8-95　嵖岈山地形地貌分析图

2. 规划地块周边分析

琵琶湖景区位于河南嵖岈山国家地质公园的南部，景区北部天磨湖景区已经开发得较为完整，西邻六峰山景区的部分地区正待开发，整个园区交通便利，和河南嵖岈山国家地质公园主干道相连，组成驻马店市遂平县近郊旅游经济区，周边基本属山体地块，地势起伏不平，地形地貌独特。

3. 现状道路分析

琵琶湖景区外围交通便捷，与整个公园主干道衔接。基地现状内部交通欠缺，虽有环山道路一条，但是未形成完整的道路系统，缺乏统一规划(图 8-96)。

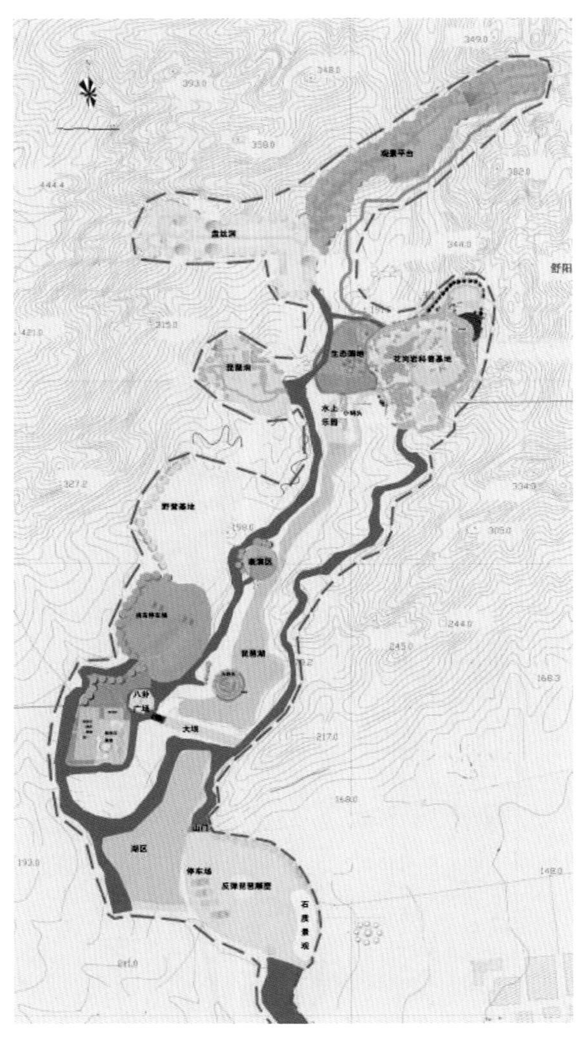

图 8-96　现状道路分析

4. 现状环境分析

基地及周边自然景观较好,但缺少规划设计,环境稍显凌乱(图 8-97)。

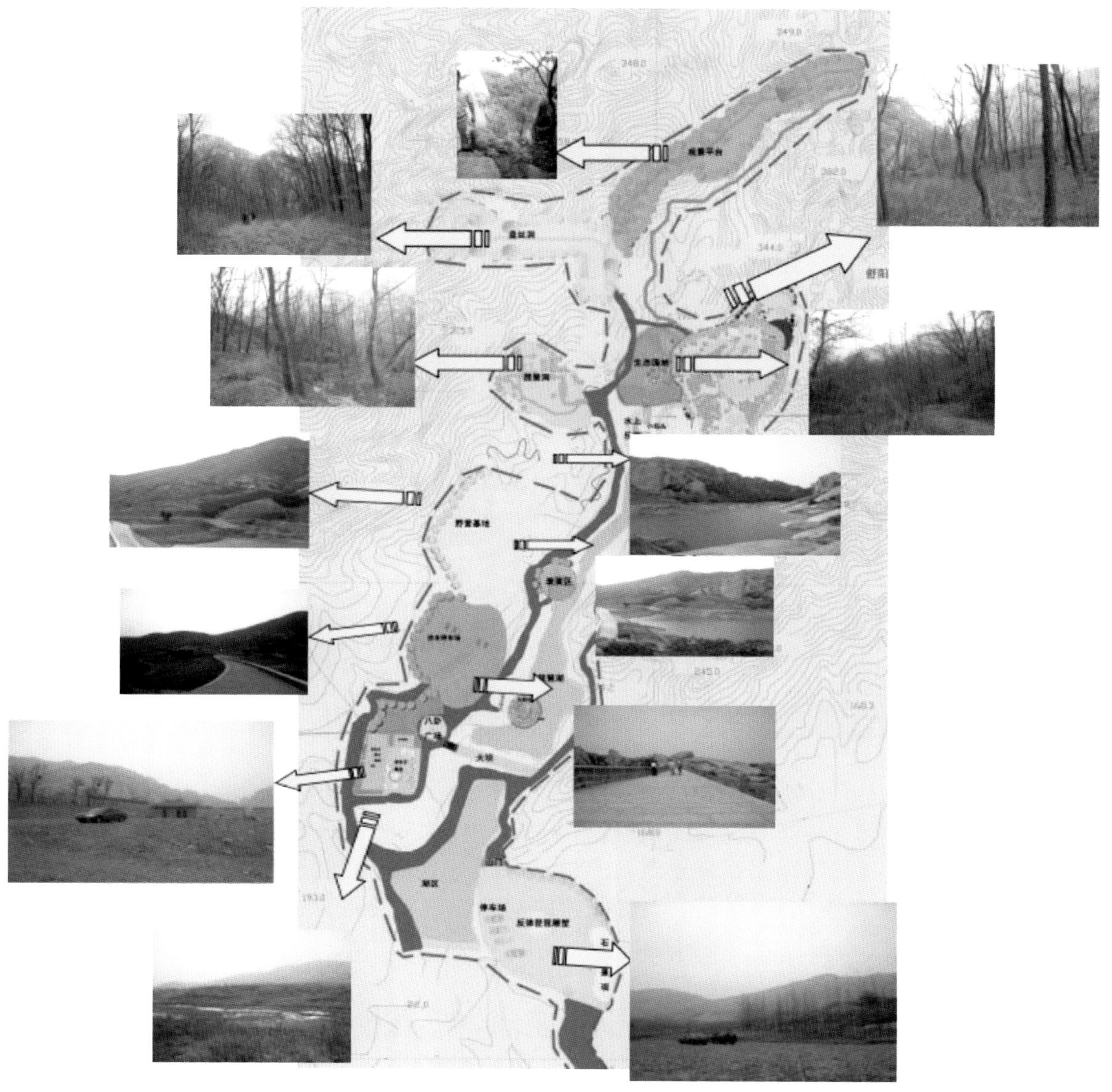

图 8-97　现状环境分析图

(四) 案例研究

1. 安徽黄山世界地质公园

规模与水平:安徽黄山世界地质公园雄踞于风光秀丽的皖南山区,面积约 1200 平方千米,是以中生代花岗岩地貌为特征的地质公园。

公园风格:黄山以奇松、怪石、云海“三奇”和丰富的水景以及它们的相互组合展现公园特质,显示了黄山天然的完美和谐,在丰富多变中见其有机统一。

分区规划:黄山以雄峻瑰奇而著称,千米以上的高峰有72座,峰高峭拔、怪石遍布。在山顶、山腰和山谷等处,广泛分布有花岗岩石林、石柱,特别是巧石遍布群峰、山谷。黄山自中心部位向四周呈放射状地展布着众多的“U”形谷和“V”形谷。

规划意义:黄山花岗岩的独特性是形成黄山美景的物质基础。对中国山水画的发展产生了重大的影响,是研究中国文化、中国画史的重要资料(图8-98)。

图8-98　黄山迎客松景观

案例启示:①园区规划把奇山、怪石有机结合在一起,黄山地质公园具有花岗岩地貌、第四纪冰川遗迹、水文地质遗迹等地质遗迹资源,还有黄山传统人文资源等,构成了一座集山、水、人文、动植物为一体的大型花岗岩天然博物馆;②完善的配套设施将吸引更多的游客,从而推动整个园区的可持续发展。

2. 泰山世界地质公园

规模与水平:泰山世界地质公园位于中国山东省泰安市境内,泰山世界地质公园面积为15866平方千米,地处我国东部大陆边缘构造活动带的西部,位于华北地台鲁西地块鲁中隆断区内,是华北地台的一个次级构造单元。泰山拥有丰富的地质遗迹资源,对于岩石学、地层学、古生物学、沉积学、构造学、地貌学及地球历史等地质科学具有重要的科学研究价值。

公园风格:泰山是中国传统名山的典型代表,1982年被列入首批国家重点风景名胜区。泰山沉积盖层为古生界寒武—奥陶系的石灰岩和页岩,泰山世界地质公园地貌分界明显、类型繁多,而且侵蚀地貌十分发育。泰山地貌可分为侵蚀构造中山、侵蚀构造低山、侵蚀丘陵和山前冲洪积台地四种类型,在空间形象上不仅造成层峦叠嶂、凌空高拔的势态,而且总体上的雄伟形象与群体组合上多种地形相结合,成为丰富多彩的景观形象。

分区规划：泰山旅游区分为五个园区，主要景区有红门景区、中天门景区、南天门景区、桃花峪景区、后石坞景区、莲花山景区、徂徕山景区、陶山景区等。泰山风景文化以泰山自然景观为主，人文景观为辅，自然与文化相互渗透而融为一体。

规划意义：泰山岩群是华北地区最古老的地层，记录了自太古代以来近 30 亿年漫长而复杂的演化历史，泰山是当前国际地学早前寒武纪、新构造运动地质研究前缘热点和焦点的经典地区和知名地区，是探索地球早期历史奥秘的天然实验室(图 8-99、图 8-100)。

图 8-99　泰山玉皇顶地质景观

图 8-100　泰山彩石溪

案例启示：①泰山世界地质公园整体规划设计把中华民族关于天、地、人和谐发展的哲学、美学和科学思想与自然风景有机结合，从而形成具有更高价值和多功能的泰山风景名胜区，从时间或空间上论，泰山都包含着极为丰富的地质文化内涵，具有极高的美学、科学和历史文化价值；②保护利用原有地质遗迹，使人文景观和自然景观融为一体，突出地质科普教育主题。

三、设计理念与定位

(一) 设计理念与立意

以嵖岈山琵琶湖景区独特的花岗岩地质遗迹景观资源为主体，充分利用各种自然与人文旅游资源，在地质景观保护的前提下合理规划布局，适度开发建设，为人们提供旅游观光、休闲度假、保健疗养、科学研究、教育普及、文化娱乐的场所，以开展地质旅游、促进地区经济发展为宗旨，逐步提高当地的经济效益、生态环境和社会效益。

1. 琵琶湖景区设计理念——“动”

琵琶是东亚传统弹拨乐器，已经有两千多年的历史，最早被称为“琵琶”的乐器大约在中国秦朝出现。“琵琶”二字中的“珏”意为二玉相碰，发出悦耳的碰击声，表示这是一种以弹碰琴弦的方式发声的乐器。琵琶发音穿透力强(衰减小、传得远)，高音区明亮而富有刚性，中音区柔和而有润音，低音区音质淳厚。《琵琶行》所描绘的“大弦嘈嘈如急雨，小弦切切如私语，嘈嘈切切错杂弹，大珠小珠落玉盘”“银瓶乍破水浆迸，铁骑突出刀枪鸣。曲终收拨当心划，四弦一声如裂帛”，已不再是诗人的艺术夸张，而是当代琵琶名副其实的演奏效果。

根据地质遗迹景观的分布，河南嵖岈山国家地质公园被划分为南山地质遗迹保护区、北山地质遗迹保护区、西游文化地质遗迹保护区、六峰山地质遗迹保护区、度假区、入口区。西游文化地质遗迹保护区即琵琶湖至天磨湖山谷地质遗迹景观带，可利用形态各异的花岗岩奇峰、花岗岩象形石营造西游气氛，使游客在登山的过程中仿佛置身于西游之旅。河南嵖岈山国家地质公园在进行整体规划时，将天磨湖与琵琶湖规划为动静两个区域，南区琵琶湖景区取其琵琶寓意，定位于“动”(图 8-101)。琵琶湖景区分为科普大讲坛、琵琶洞、盘丝洞、花岗岩科普基地、生态基地、水上娱乐、西游文化表演、野营基地、房车停车场等功能分区，围绕琵琶湖给游客营造科普休闲的活动空间(图 8-102)。

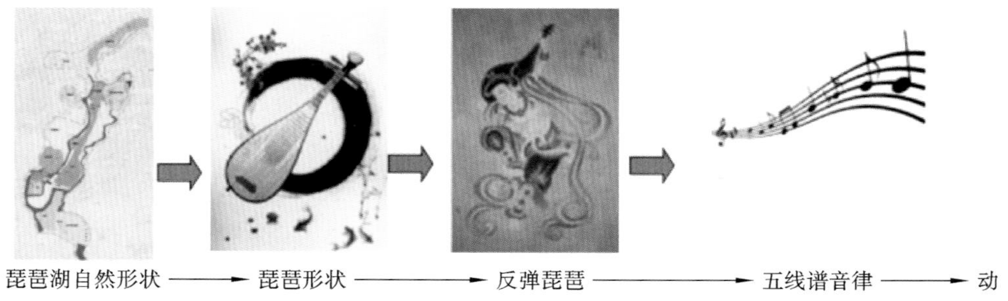

图 8-101　琵琶湖的自然韵律图

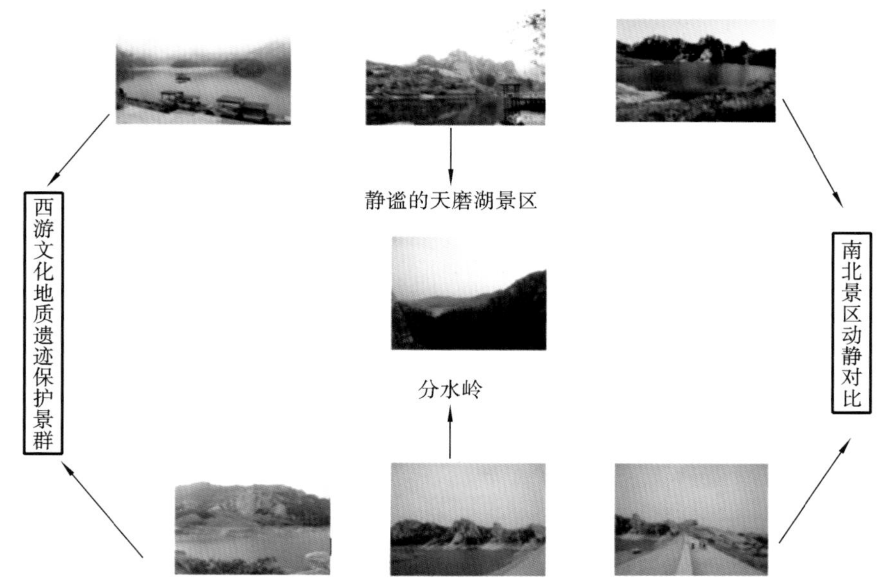

图 8-102　沸腾的琵琶湖景区

2. 公园设计立意：突出地质遗迹景观，再现西游之旅

公园设计接受琵琶湖景区原有历史，保留其历史沉淀。针对琵琶湖景区典型的地形地貌，本着对原有历史的尊重和可持续发展的思想，保护利用地质公园(图 8-103)。

图 8-103　琵琶湖景区现状

通过对琵琶湖周边现状地形进行研究分析，在尊重保护原有地质遗迹的基础上，遵循河南嵖岈山国家地质公园西游文化景观群规划指导思想，注入西游文化设计理念，再现西游之旅场景（图 8-104）。

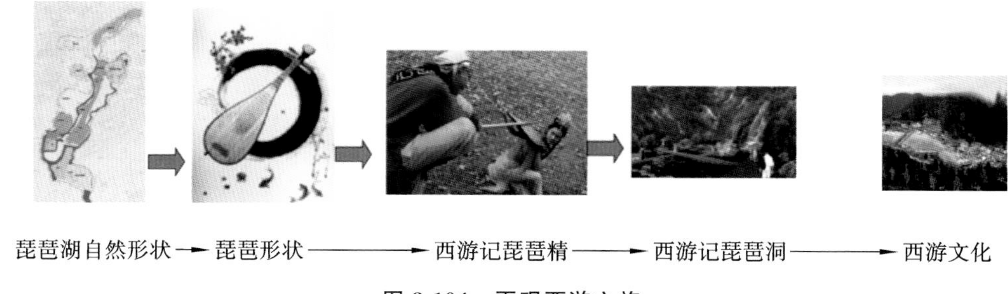

图 8-104　再现西游之旅

琵琶湖景区为西游文化保护群南北贯通的重要开发地段，要拥有本时代可持续发展的意识，通过合理规划原有地貌，促使南北景区功能结构较快贯通。形成区别于北部天磨湖景区的又一地形独特的景区，使河南嵖岈山国家地质公园的景区规模与土地利用效益获得提升。

琵琶湖景区规划设计立意为"突出地质景观，再现西游之旅"。尊重地质遗迹现状肌理和文脉，在保护河南嵖岈山国家地质公园地质景观原真性、整体性的同时，对现状进行充分的分析和梳理后，去芜存菁，避免有损对地质景观的工程建设，以可持续的方式引导琵琶湖景区的开发设计。

在景区功能层面上，以可持续性为主导思想。倡导在保留原来地质景观面貌的基础上，做到合理利用，避免原有味道的丢失，在景区格局结构上追求统一延续的局面。

在景区景观风貌上，尊重当地原有景观面貌，珍视万事万物，在对原来景观包容与尊重的基础上改造地质公园，增加绿化覆盖率。避免毁山填湖和大尺度的堆山造池，形成相互渗透、相互联系的景观风貌。

在景区设计引导产业发展层面上，依托景区本身的资源优势，重塑景区神韵风貌。通过对现有景区的保护与设计利用，带动旅游业建设，形成旅游资源集约、高效互动发展的局面，带动河南嵖岈山国家地质公园旅游业上下产业链的建设与完善，推动先进服务业的可持续发展，改变嵖岈山旅游区产业结构比例，助力当地乡村振兴（图 8-105）。

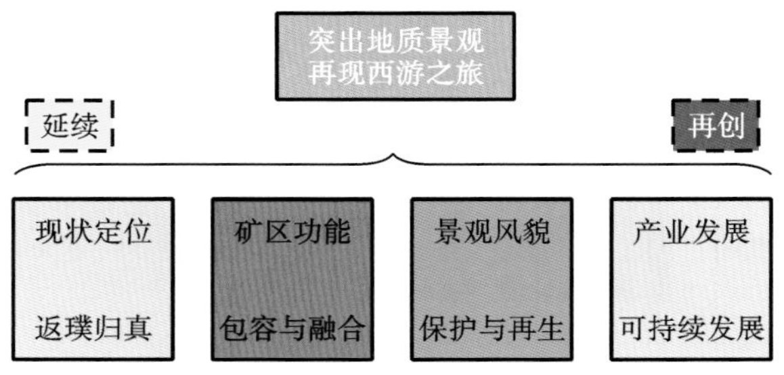

图 8-105　设计立意分析图

（二）设计目标与原则

1. 设计目标

本次规划设计的目标是将琵琶湖景区规划建设为生态和谐之景区、人文康乐之景区、开放包容之景区、持续发展之景区。依托琵琶湖景区浑然天成的地质风貌和渊源深厚的西游文化，通过新颖的景区设计理念规划琵琶湖景区。以景区保护利用为依托，科学合理地植入商业服务、旅游休闲、文化娱乐等现代化景区功能，塑造一个能够体现和提升河南嵖岈山国家地质公园形象的景区。

2. 设计原则

本次规划通过对空间和功能的设计与营造，确定以下几条景区改造设计原则，以期形成良好而整体的景区氛围，构筑承载地域文明的优美物质空间，实现琵琶湖景区环境和效益发展的双提升。

(1) 琵琶湖景区规划要以其花岗岩地质景观和地质生态环境为主体，突出自然科学情趣、山野风韵观光和保健旅游等多种功能，因地制宜，发挥自身优势，形成独特的以花岗岩地质为特色的科学公园。

(2) 以保护河南嵖岈山国家地质公园地质遗迹景观为前提，遵循开发与保护相结合的原则，严格保护自然与文化遗产，保护原有的景观特征和地方特色，维护生态环境的良性循环，防止污染和其他地质灾害，坚持可持续发展。

(3) 为促进河南嵖岈山国家地质公园当地的社会经济可持续发展，依据地质等自然景观资源与人文旅游资源特征、环境条件、历史情况、现状特点，以及国民经济和社会发展趋势，以旅游市场为导向进行总体规划布局，统筹安排建设项目，切实注重经济发展的实效。

(4) 要协调处理好河南嵖岈山国家地质公园琵琶湖景区环境效益、社会效益和经济效益之间的关系，协调处理景区开发建设与社会需求的关系，努力创造一个风景优美、设施完善、社会文明、生态环境良好、景观形象和旅游观光魅力独特、人与自然协调发展的地质公园。

四、规划定位

（一）发展条件分析(SWOT 分析)

河南嵖岈山国家地质公园琵琶湖景区位于公园的南部，有着得天独厚的自然风貌，琵琶湖景区目前尚未开发，一些基础设施还不能满足游客的需求，具体分析如下（图 8-106）。

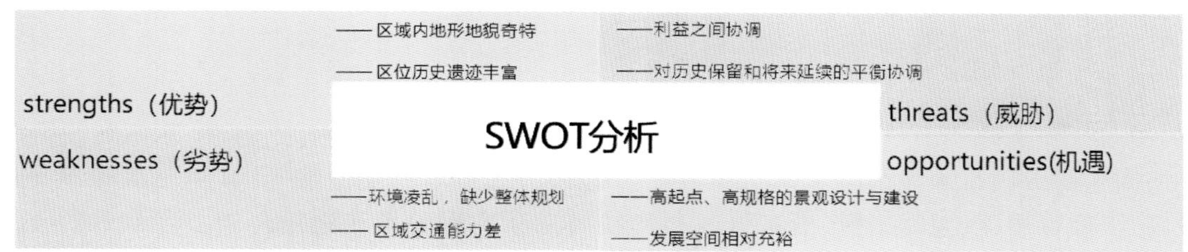

图 8-106　SWOT 分析图

1. 优势

①琵琶湖景区地形地貌奇特：景区内拥有典型的花岗岩地形地貌和秀美的水体景观，为景区的独特性和可游玩性提供了规划设计基础。

②区位历史遗迹丰富：在历史上长期的开采中，矿区很好地保留着先人生活起居的痕迹，人文价值较高。

2. 劣势

①环境凌乱，缺乏统一规划：景区尚未开发，整体景观凌乱，缺少统一规划，分水岭的下方乱石林立、杂草丛生，垃圾随处可见，环境较差。

②区域交通能力差：整个矿区内路网分级能力差，交通流向混乱，断路较多，通达性低。

3. 机遇

①高起点、高规格的景观设计与建设：拥有国家地质公园地质遗迹专项经费的资助，可在保护好地质遗迹的同时，大力发展景区旅游业。

②发展空间相对充裕：景区有着相对独特的地形空间，可依托对本土花岗岩地质文化特色的挖掘，引导景区建设，形成新的地质公园园区，长期有序的可持续建设能够有效推动景区产业结构优化升级。

4. 威胁

对历史保留和未来延续的平衡协调：对历史地貌的尊重，保留历史、延续历史、开创未来，正是这次规划的目标。

（二）空间形态定位

地质文化之园区、西游文化之园区、乐活休闲之园区、宜居生态之园区。

（三）功能定位

首先是优化琵琶湖景区的功能结构，景区以地质和西游文化为主题，成功塑造旅游服务景区。其次是打造河南嵖岈山国家地质公园风标性景区，琵琶湖景区是河南嵖岈山国家地质公园南部水域较大的景区，为公园整体规划西游文化景群的重要组成部分。琵琶湖景区以南地块可以建设一些别墅、酒店等，作为嵖岈山南部景区旅游的配套建设。因此，打造琵琶湖景区风标性旅游景点不仅可以加快嵖岈山整个公园园区的结构优化速度，也能扩大旅游影响力。

五、总体规划

(一)总体空间布局、景区划分

河南嵖岈山国家地质公园总体布局为“三大景区,五条地质科考线”。其中三大景区为嵖岈山景区、平顶垛景区、龙湖景区,五条地质科考线为三条花岗岩地貌地质科普旅游线和凤凰山—凤凰膀山、天磨湖—磙龙坡地层剖面科考线。琵琶湖景区属于嵖岈山景区,琵琶湖花岗岩科普园地处三条花岗岩地貌地质科普旅游线其中一条之上,以保护及展示地质遗迹为宗旨,结合公园总体规划,将琵琶湖景区划分为一轴、三区、十八点。一轴为地质文化轴,三区为地质、西游文化展览区,生态休闲娱乐区,入口服务区,十八点为科普大讲坛、花岗岩科普基地、盘丝洞、琵琶洞、水上科普讲座厅、西游之路广场、山地野营区、水上表演舞台、生态试验区、生态植被区、儿童水上娱乐区、成人水上娱乐区、广场反弹琵琶雕塑、大坝观光区、小型停车场、售货服务、3A 级厕所、房车停车场等(图 8-107～图 8-109)。

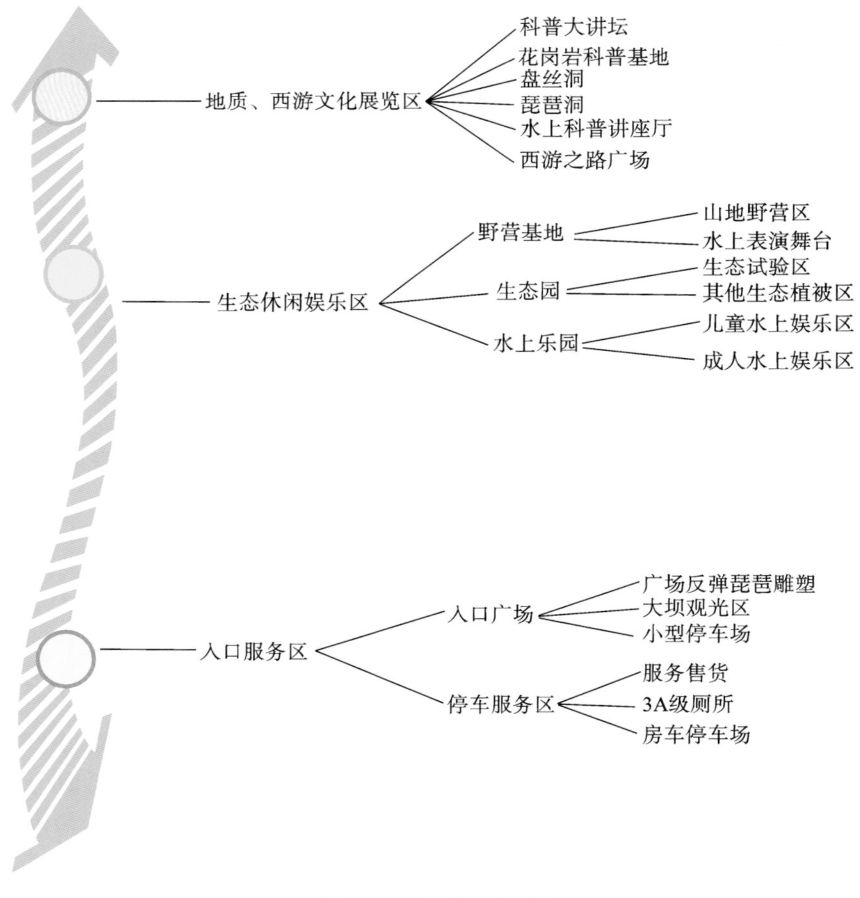

图 8-107　景观结构图

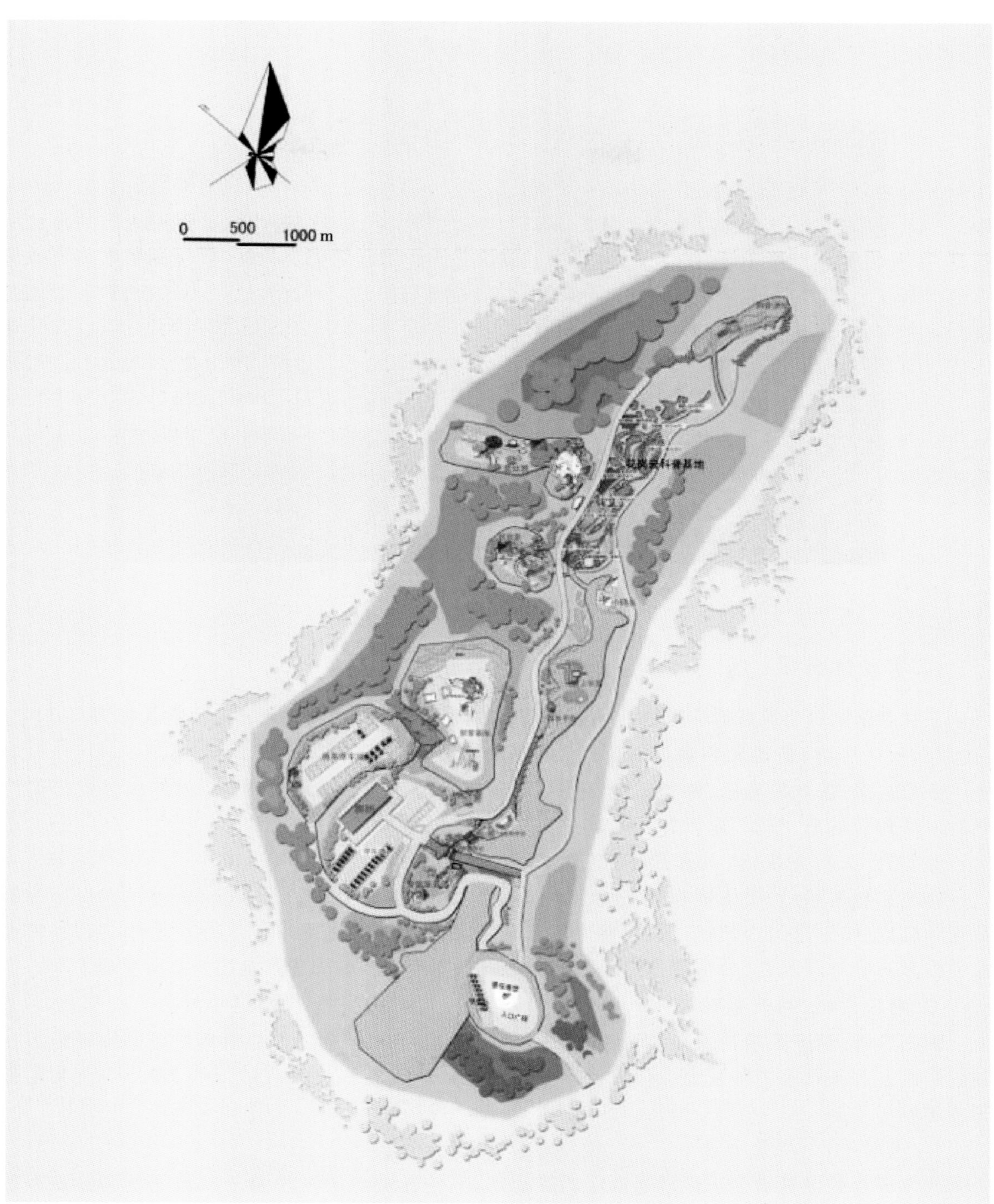

图 8-108　琵琶湖景区总平面图

图 8-109 琵琶湖景区鸟瞰图

(二)功能分区

琵琶湖景区每个节点都承担着不同的功能,这些功能区相互支撑着景区的日常运营(图 8-110)。

1. 入口广场、餐饮服务区、停车场、小码头、野营基地

入口广场、餐饮服务区、停车场、小码头、野营基地分别担负着引导游客、为游客提供订购门票、停车、短暂休息、餐饮、露营等服务。

2. 花岗岩科普基地、山体景观区、分水岭景观区

花岗岩科普基地、山体景观区、分水岭景观区均为地质遗迹保护展示区,其中花岗岩科普教育区为公众(特别是青少年)认识、了解地质公园内典型地质遗迹或特色地貌景观形成背景等设立的区域。山体景观区、分水岭景观区为河南嵖岈山国家地质公园重点地质遗迹保护区。

3. 湖区景观、洞天景观

湖区景观、洞天景观设置西游神话故事展示平台,唐僧与徒弟们前往西天取经的坎坷经历在湖区景观及洞天景观中被展现、展演,使人们在赏析嵖岈山花岗岩景观的同时,感受西游文化带来的趣味与欢乐。

4. 戏水平台、观景平台

戏水平台的设置增强了琵琶湖景区的互动功能,给在炎热的夏季游览琵琶湖景区的游客带来凉意和欢乐。观景平台的设置,使人们驻足在嵖岈山地质景观之中,深度观赏、体验琵琶湖景区的优美地质景观。

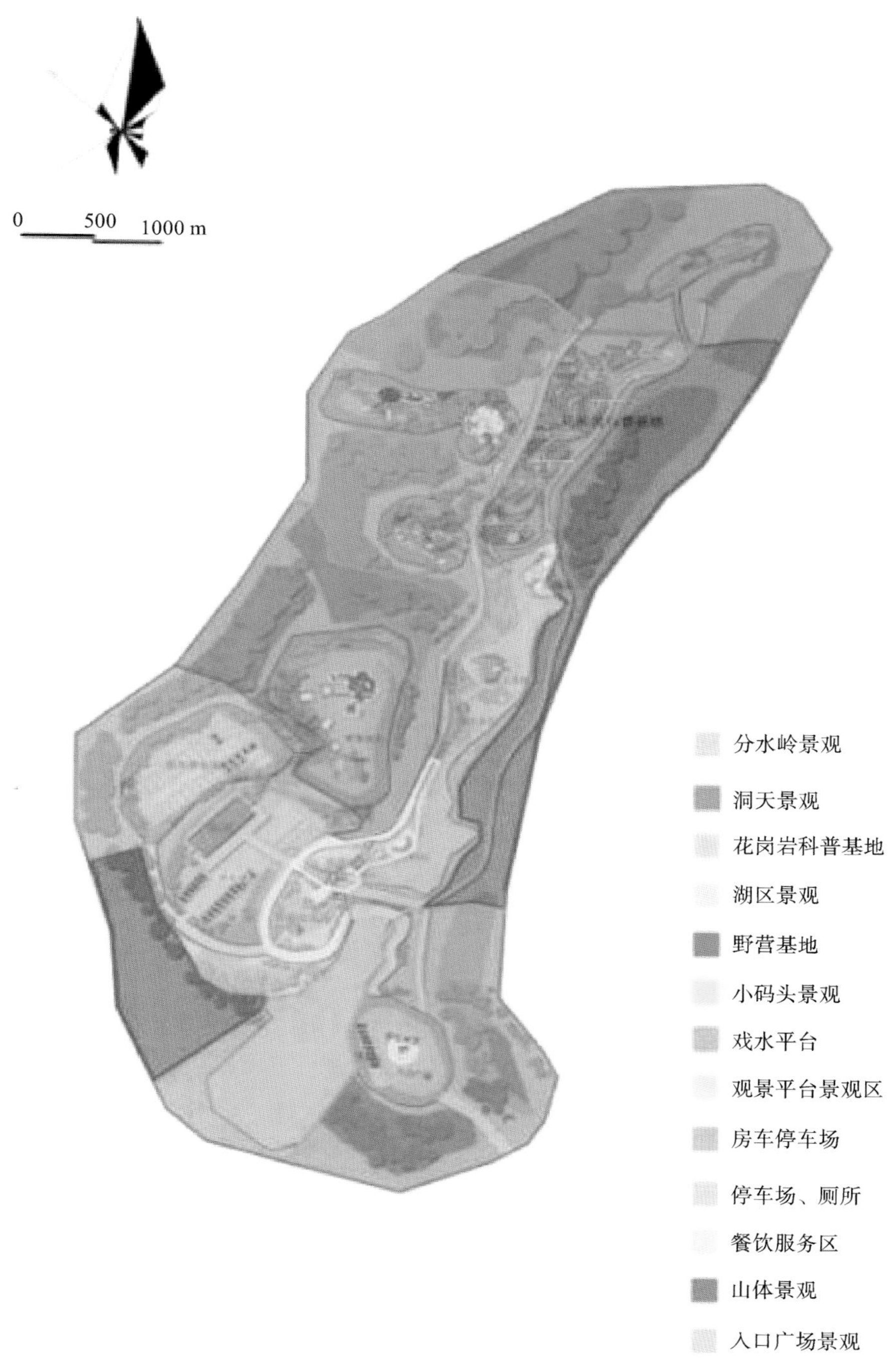

图 8-110　功能分区分析图

（三）动静分区分析

嵖岈山以分水岭为界，将天磨湖景区与琵琶湖景区分为南北两个景区，目前天磨湖景区建设已经成熟，整个景区将山的静态美与水体景观鬼斧神工般地融为一体，如一幅浓重的水墨画，环境宁静怡人，整体体现一个“静”字。南区琵琶湖景区取其琵琶寓意，定位于“动”。琵琶湖景区分为科普大讲坛、琵琶洞、盘丝洞等区域，与天磨湖景区形成动静对比（图 8-111）。

（四）景观结构分析

景观结构由景观节点与景观轴线共同组成，是整个设计中的骨骼系统。河南嵖岈山国家地质公园琵琶湖景区景观节点是整个场地中的活动点、活动场地，也是整个景观设计中的高潮点、兴奋点。景观轴线则是连接散布在整个场地中景观节点的关系线，是观赏者的视线，与景观节点一起构成点、线结合的结构体系（图 8-112）。

（五）交通流线分析

规划将河南嵖岈山国家地质公园琵琶湖景区的交通线路规划为四级，主要道路对各个活动区域均具可达性，并与次级道路相互连接。园区主干道宽 6 米，方便车辆来往出入；二级道路受限于园区地形地貌，规划为 3 米宽，以便消防车应急通过；三级道路受地形局限，规划为 2.5 米宽；四级道路为科普园区小支路，宽 1.5 米（图 8-113）。

（六）公共服务设施分析

琵琶湖景区的公共服务设施是满足游客基本需求的重要内容，是景区地域特色、精神面貌、文化特征的重要载体，它的规划设计必须要与景区的文化内涵保持一致，体现景区的文化艺术气息和文化底蕴。其内容包含园区管理处、餐饮服务、商业设施、医疗站、垃圾回收点、公共电话、饮水点等（图 8-114）。

（七）建设时序分析

河南嵖岈山国家地质公园琵琶湖景区的建设是一项投资较大的工程项目，在资金、人力、物力有限的情况下，建议分为近、中、远三期建设，近期建设主要为园区入口、花岗岩科普基地、停车场等功能区；中期建设主要为野营基地、戏水平台等功能区；远期建设为洞天景观等功能区（图 8-115）。

六、分区设计

（一）入口广场、服务区

在琵琶湖景区入口广场处设计标志性雕塑，设计灵感源自《西游记》中琵琶精的故事（图 8-116），雕塑中的琵琶精反弹琵琶，形态优美，既彰显了西游文化，也在园区入口处起到引导游客的作用。在服务区设置厕所及小型停车场，满足游客需求（图 8-117）。

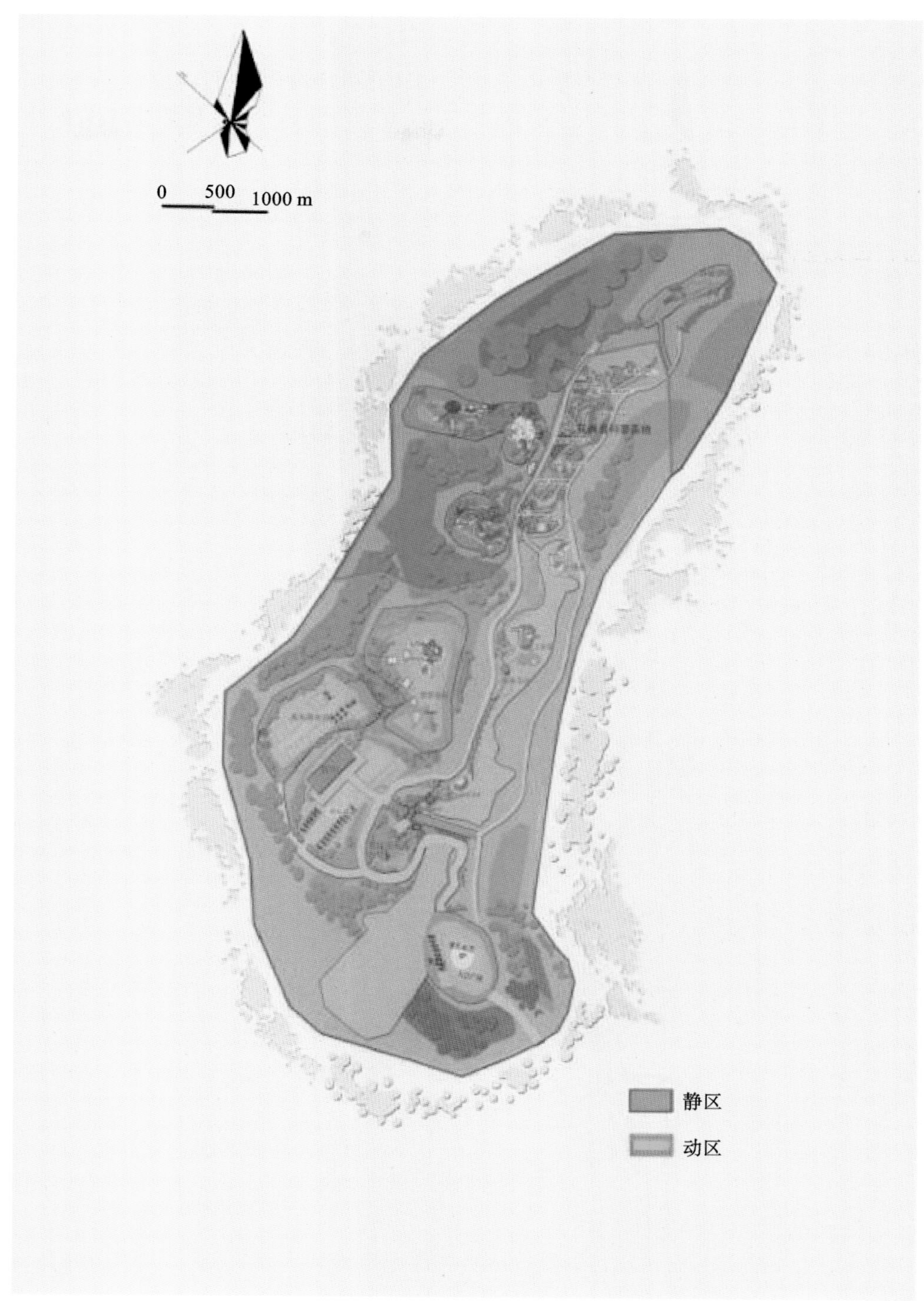

图 8-111　动静区分析图

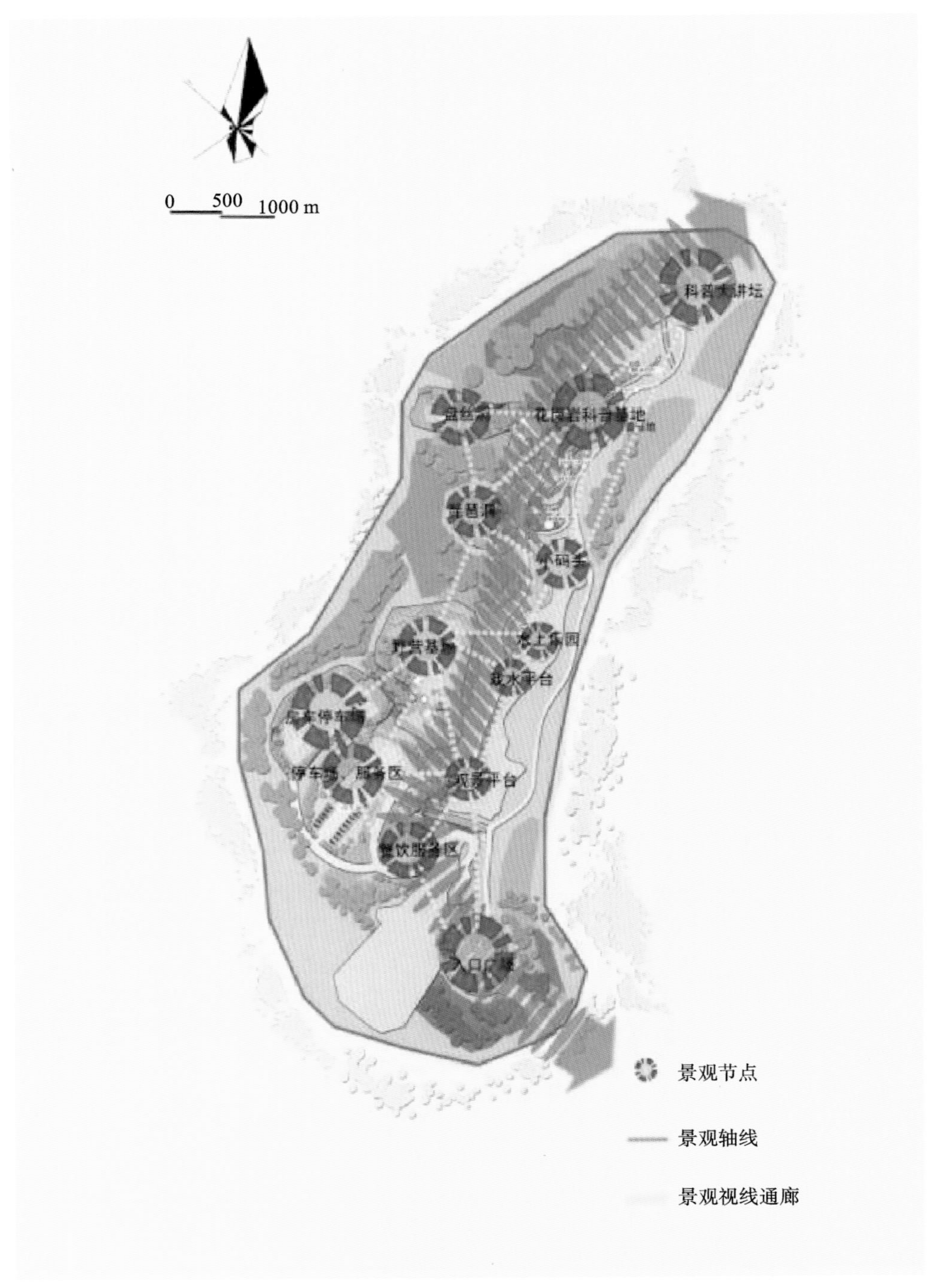

图 8-112 景观结构分析图

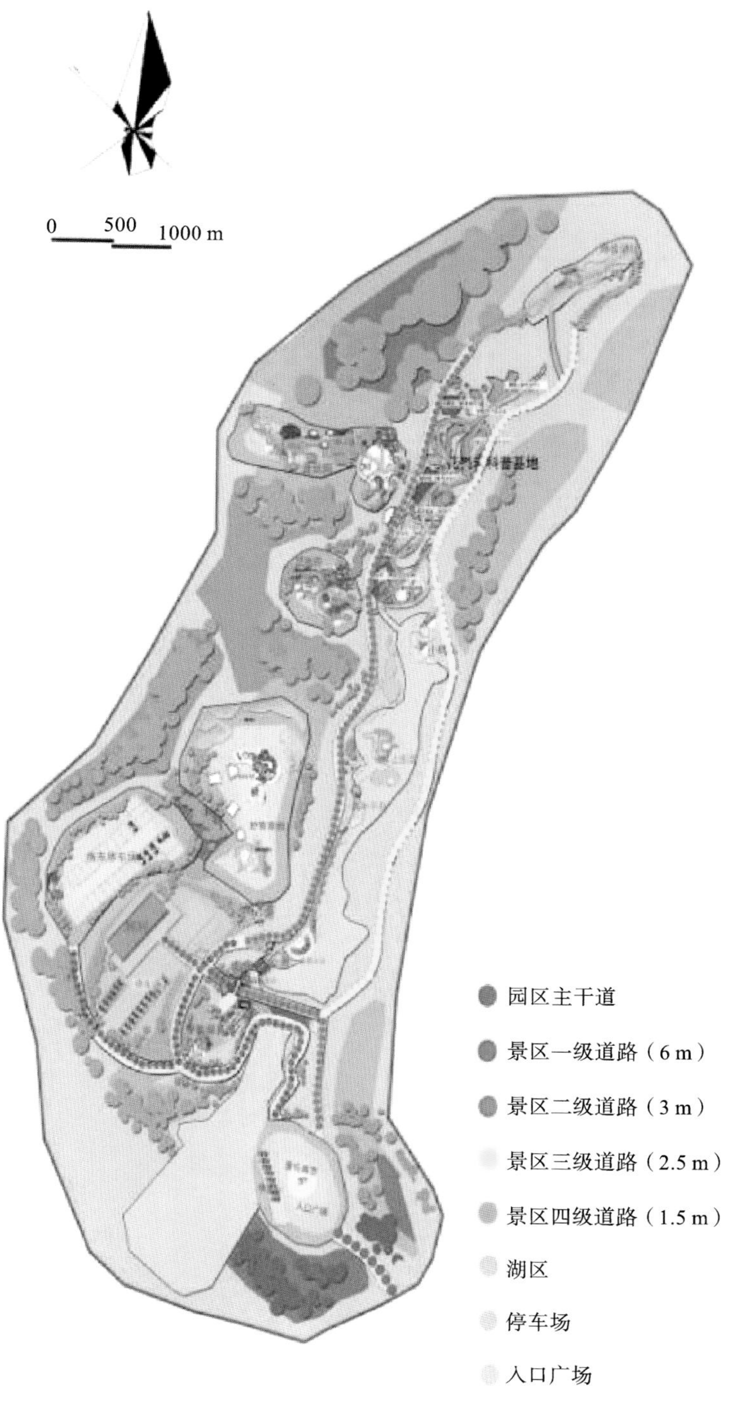

图 8-113　交通流线分析图

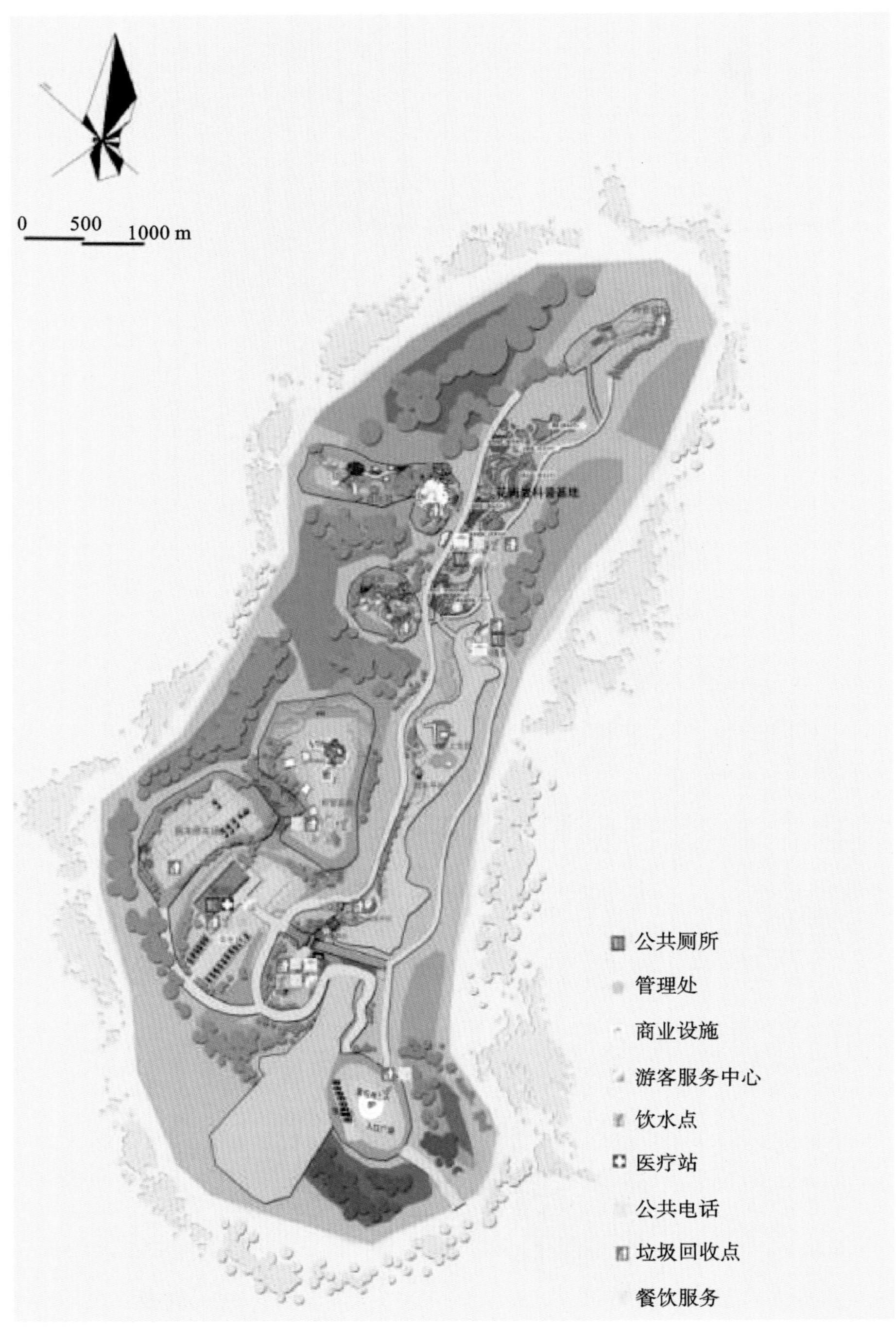

图 8-114　公共服务设施分布图

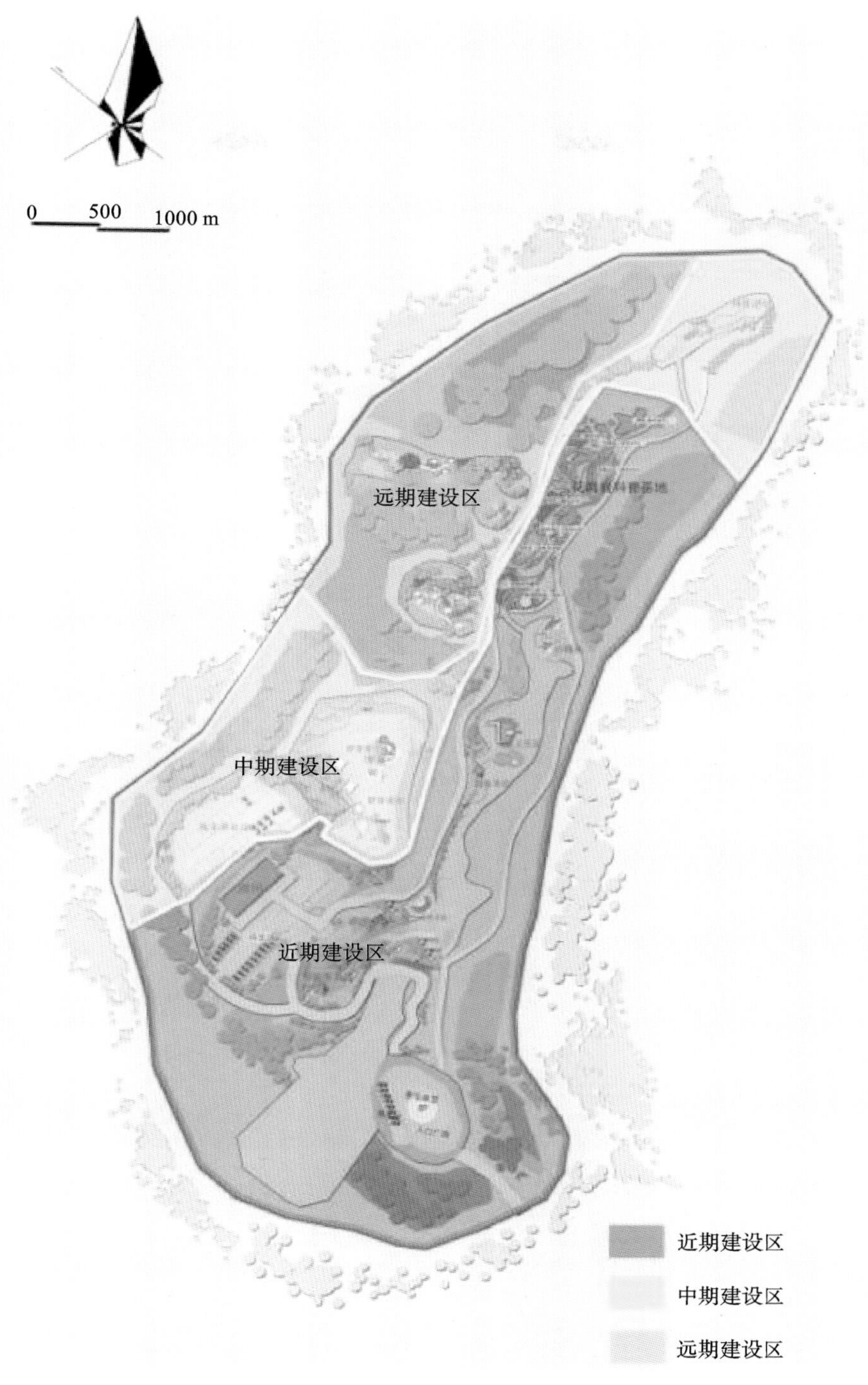

图 8-115　建设时序分析图

图 8-116　入口广场反弹琵琶塑效果图

图 8-117　服务区卫生间及停车场效果图

(二)大坝及其南部湖区

在琵琶湖大坝处,加固大坝路面,便于人车通行(图 8-118)。大坝的南面湖区湖面杂草丛生,岸边缺少绿化景观。建设时需清理湖中杂草,在湖中种植净化水体的荷花、菖蒲、芦苇等喜湿植物,在岸边种植垂柳等喜湿植物,枝叶青翠碧绿、妩媚婀娜,与湖中植被相呼应,具有较高的观赏性(图 8-119、图 8-120)。

图 8-118　大坝路面景观效果图

图 8-119　大坝南面湖区景观效果图

图 8-120　大坝南面湖区木栈道亲水平台效果图

(三) 水上科普讲座广场、水上乐园

在琵琶湖岸边设置水上科普讲座广场(图 8-121、图 8-122),地质专家面朝嵖岈山地质遗迹现场给游客科普地质文化知识,使游客身临其境体验嵖岈山地质文化的魅力。此外还在湖边设戏水平台和湖上乐园,游人可在水中嬉戏,增强游客与景区的互动(图 8-123～图 8-127)。

图 8-121　水上科普讲座广场效果图

图 8-122　水上科普讲座广场总平图

图 8-123　水上乐园效果图

图 8-124　戏水平台效果图

图 8-125　沿湖景观效果图(一)

图 8-126　沿湖景观效果图(二)

图 8-127　小码头景观

（四）洞天景观

利用琵琶湖景区天然的洞穴，将西游记神话传说植入洞穴景观中，让洞天景观展示并传承西游文化（图 8-128～图 8-131）。琵琶洞里演绎着琵琶精擒拿唐僧，孙悟空奋力营救唐僧的场景；盘丝洞为蜘蛛精居住的洞穴，场景展示了唐僧落入蜘蛛精手中，孙悟空挥舞金箍棒救唐僧的故事。

图 8-128　琵琶洞效果图

图 8-129　盘丝洞入口效果图

图 8-130 盘丝洞第一洞天效果图

图 8-131 盘丝洞第二洞天效果图

（五）花岗岩科普基地

琵琶湖景区花岗岩科普基地是河南嵖岈山国家地质公园的科普园地，花岗岩属于酸性岩浆岩中的侵入岩，多为浅肉红色、浅灰色、灰白色等。岩浆岩空间分布广泛，活动极为强烈，岩石类型齐全，多期次特征明显，从早古生代、晚古生代—早中生代、晚中生代和新生代均有出露，其中以晚中生代花岗岩和中酸性火山岩最为发育。在规划设计琵琶湖科普基地时，将花岗岩演变的历史年代展示分享给游客，使游客在游玩中接受花岗岩科普教育，让人们深入了解花岗岩是不可再生的自然遗产，从而引导人们要保护地质景观，造福子孙后代。根据琵琶湖北面的狭长形地形，将花岗岩标本按照其历史演变时期错落有序地展出，让游人认识不同时期的花岗岩地质景观特性（图 8-132～图 8-135）。

图 8-132　琵琶湖景区花岗岩科普基地总平面图

（六）生态休闲娱乐园

在规划琵琶湖景区时，以生态可持续发展为主旨，将停车场在保护原有植被的基础上规划设计为生态停车场（图 8-136），将露营地规划在绿树如茵的空间里（图 8-137），让游人在停车、露营时也能感受到大自然的气息。在沿湖亲水平台附近、林间休憩空间种植高大乔木、低矮灌木及各种花草，形成生态良性循环的微气候空间，营造大自然氧吧，让人们在生态良好的环境中休闲娱乐，欣赏大自然美景(图 8-138、图 8-139)。

图 8-133　琵琶湖景区花岗岩科普基地鸟瞰图

图 8-134　花岗岩科普基地局部效果图一

图 8-135　花岗岩科普基地局部效果图二

图 8-136　停车场效果图

图 8-137 野营基地效果图

图 8-138 沿湖亲水平台效果图

图 8-139 林间休憩空间效果图

(七) 景区家具及标识系统设计

河南嵖岈山国家地质公园琵琶湖景区的家具及标识系统设计理念为:以自然原生态为主,多选用原木等自然材料,使用传统的构造方式构造。园区的家具及标识系统设计与嵖岈山自然环境相融合,同时也与西游文化的传统风格相协调,安放于园内主要景点旁,与本园设计取意相互呼应,尽显琵琶湖景区璀璨的历史文化(图 8-140～图 145)。

图 8-140 垃圾桶示意图

图 8-141 公共饮水机示意图

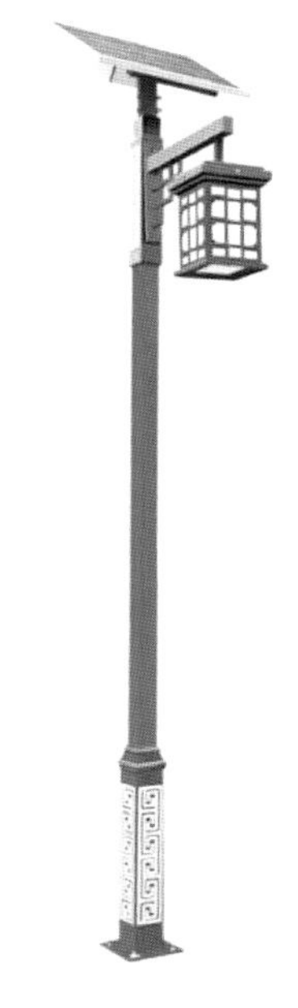

图 8-142　灯具示意图

图 8-143　座椅示意图

图 8-144　园区导游牌示意图

图 8-145　园区指示牌示意图

(八) 园区植物配置意向

嵖岈山的山体上生长着上千种原生植物，覆盖率占95%以上，有阔叶、针叶、常绿、落叶灌乔木及野果、药材、山菜、野生花卉等。主要本土乔木有千孔柏、国槐、马尾松、野山楂、桐油树等；草本植物有蜈蚣草、菖蒲、木灵芝、麦冬、益母草等。在规划配置琵琶湖景区的植被时，要遵循生态学的设计原则，因地制宜，师法自然且胜于自然，以乡土树种为主并引进一些外来适生树种，选择树种时要考虑经济价值和树种的多功能效益(图8-146)。

图8-146　河南嵖岈山国家地质公园植物配置表

第三节　河南红旗渠·林虑山国家地质公园地质博物馆室内布展设计方案

一、地质博物馆设计的背景

随着全球经济水平的不断提高，人类对不可再生的地质遗迹的保护意识日趋强烈。我国非常重视地质遗迹的保护，在重要地质遗迹点较为集中的地方都相继建设了地质公园，地质博物馆是将部分可移动的地质遗迹在室内展示的科普场所，也是地质公园地质遗迹保护的重要组成部分。2009年8月，红旗渠·林虑山国家地质公园通过了国家地质公园的资格评审。该地质公园地质遗迹经历了长期而复杂的地质演化，保存了新太古界、中元古界、古生界和新生界等地质时期的地质遗迹，属典型的多级台阶切割式地貌。红旗渠是我国早期水利工程建设的杰出代表，林虑山大峡谷群在太行山地区最为壮观。地质博物馆的建设，是红旗渠·林虑山国家地质公园建设的重要组成部分，也是科普展示红旗渠·林虑山国家地质公园地质遗迹的重要场所。

二、地质博物馆设计的目的、意义

红旗渠·林虑山国家地质公园地质博物馆室内布展设计是为了科普、宣传、保护地质遗迹，在此基础上向人们展开地质文化科普教育活动，并传播、展出红旗渠·林虑山的地质景观风貌及本土的风土民俗等物质及非物质遗产。

地质博物馆的科普教育要与地质景观特色相结合，红旗渠·林虑山国家地质公园的地质博物馆科普等活动可围绕地质景观开展，以峡谷地貌、水体景观等地质遗迹景观展示为主。该公园的地质遗迹是华北地区地质演化的缩影，是一座天然的沉积构造陈列馆。建立专题地质博物馆对于沉积构造的科学研究和地质公园科普功能的实现有着重大意义，同时也助推了林州市的地质旅游发展。

三、地质博物馆环境及资源分析

（一）区位分析

红旗渠·林虑山国家地质公园位于河南省北部林州市境内的太行山东麓，地质博物馆位于林州市区西北部，在林州市通往红旗渠·林虑山国家地质公园道路的重要节点处，与林州市图书馆、文化活动中心三馆合一。地质博物馆为西侧一楼（图8-147），地理位置优越，客流量较大。

图 8-147　地质博物馆现状

(二) 地质公园规模分析

红旗渠·林虑山国家地质公园总面积为 317.38 平方千米，由红旗渠、太行大峡谷、黄华山、洪谷山和天平山五个景区组成，保存了新太古界、中元古界、古生界和新生界等地质时期的地质遗迹，是一座以峡谷地貌、地质工程景观为主，水体景观与生态人文景观交相辉映的综合型地质公园。区域内经历了长期而复杂的地质演化，属典型的多级台阶切割式地貌，是华北地区地质演化历史的缩影。

(三) 地质公园的地质遗迹资源分析

红旗渠·林虑山国家地质公园大地构造位置处于华北板块南部太行山隆起带的南段，地层属华北地层区山西分区的太行山小区。石英岩状砂岩和各种石灰岩中保留有多种沉积构造。这些沉积构造清晰、数量多、类型全，整个公园就是一座沉积构造的天然陈列馆。因沉积岩地质构造等原因，形成了红旗渠·林虑山国家地质公园切割深、落差大、山雄势壮、众多峡谷两侧由长崖断壁围限的地貌特点(图 8-148、图 8-149)。

(四) 地质公园人文资源分析

林州市的历史文化源远流长，境内有赵南长城、东周贵族墓群、隆虑古城址等文化历史遗迹，是中原文化、三晋文化、燕赵文化三重文化交汇处。林州市又是太行革命老区，八路军一二九师指挥部曾设在任村镇西坡村。在中国共产党的领导下，林州市人民自力更生、艰苦创业、团结协作、无私奉献，靠着“一锤、一钎、一双手”，创造出太行山上的人间奇迹，培育了伟大的红旗渠精神(图 8-150、图 8-151)。

图 8-148　红旗渠・林虑山大峡谷

图 8-149　林州市石板岩冰冰背

图 8-150　红旗渠青年洞

图 8-151　林州双塔寺

四、设计理念及原则

（一）设计理念

红旗渠・林虑山国家地质公园地质博物馆是地质公园的重要组成部分，是区域性、专业性很强的博物馆，本次地质博物馆室内设计以地球的形成和演化史及林州地区地质演变历史为轴线展开设计，通过各个地质历史时期典型的环境场景复原展示与演化过程，展示了地球从一片混沌到最后出现人类，并形成现在的地貌景观，孕育出林虑山雄霸天下的北雄风光，林虑山的甘泉流进了林州先辈们开凿的红旗渠，红旗渠水养育了林州人民，林州人民创造出继往开来的新林州。室内布展集收藏、展示、科研三大功能于一体，利用图片、文字、实物标本、模型、影视及信息系统等多种媒体形式，向游客介绍地质公园的地质景观、地质发展史、生物多样性、人文景观和社会环境，对游客进行地学科普和环保知识教育。这里同时还是游客获取旅游信息和驻足休闲的场所。

（二）设计原则

1. 空间布局的整体性原则

在对红旗渠·林虑山国家地质公园地质博物馆进行设计时，坚持整体性是进行空间组织时要遵循的首要原则。在进行地质博物馆展示空间设计时，空间序列起到控制全局的作用，一个完善的空间序列是组织整个空间结构的关键。

2. 以人为本的设计原则

在对红旗渠·林虑山国家地质公园地质博物馆进行设计时，要遵守以人为本的设计原则，在对地质博物馆的空间序列进行布局时，人性化必须是首要考虑的原则。

3. 科普、求娱、求知相结合的原则

在对红旗渠·林虑山国家地质公园地质博物馆进行设计时，坚持科普、娱乐、陈展的功能理念，在地质博物馆科普展陈的基础之上，还要兼顾陈展与人们的互动，激发人们对地质科学的兴趣，从而引导人们保护地质遗迹。

4. 智慧智能与展陈相结合原则

利用高科技智慧智能现代化数媒交互技术与地质博物馆展陈相结合的原则，充分利用声、光、电技术，烘托展陈效果，通过视频、动画、图片、文字等元素的交互智能化组合，深度挖掘地质博物馆展示内容所蕴含的背景和意义，使游客深度体验及了解地质遗迹保护的重要性。

5. 地质文化与本土文化相结合的原则

在对红旗渠·林虑山国家地质公园地质博物馆进行设计时，要突出地质文化与本土文化相结合的原则，通过陈展艺术形式的表达，来展示人类历史的变迁与地球发展变化的关系，展示地球演化的壮丽和神秘，传递地质学知识，让人们更深入地了解地球，增强对地质环境的保护意识。

五、空间格局与空间序列分析

（一）地质博物馆总体布局

红旗渠·林虑山国家地质公园地质博物馆布展面积约 700 平方米，根据红旗渠·林虑山国家地质公园地质遗迹的特点，共设计八个展厅（图 8-152、图 8-153）：序厅主要介绍地质公园的综合特征；前厅主要介绍林州地形及矿产资源分布情况；地史演变厅主要揭秘地球在 46 亿年内的地质演化史；地质环境厅主要介绍地质灾害（火山、地震、崩塌、滑坡、泥石流等）及地质灾害的防治方法；科普教育厅主要用多媒体放映科普教育片，展示科普教育内容；北雄风光厅主要介绍大峡谷的形成过程，以及园区内地形、地貌特征和地质遗迹；红旗渠展厅主要介绍林州历史上缺水的根源和解决该问题的科学途径；太行民俗厅主要介绍太行大峡谷的民风及民俗。

（二）地质博物馆人流与参观动线分析

红旗渠·林虑山国家地质公园地质博物馆采用顺时针的方式进行人流与参观动线布局，避免不同路线的交叉与堵塞，特别是在展厅出入口、转角处和狭窄通道，精心设计参观顺序与布局。

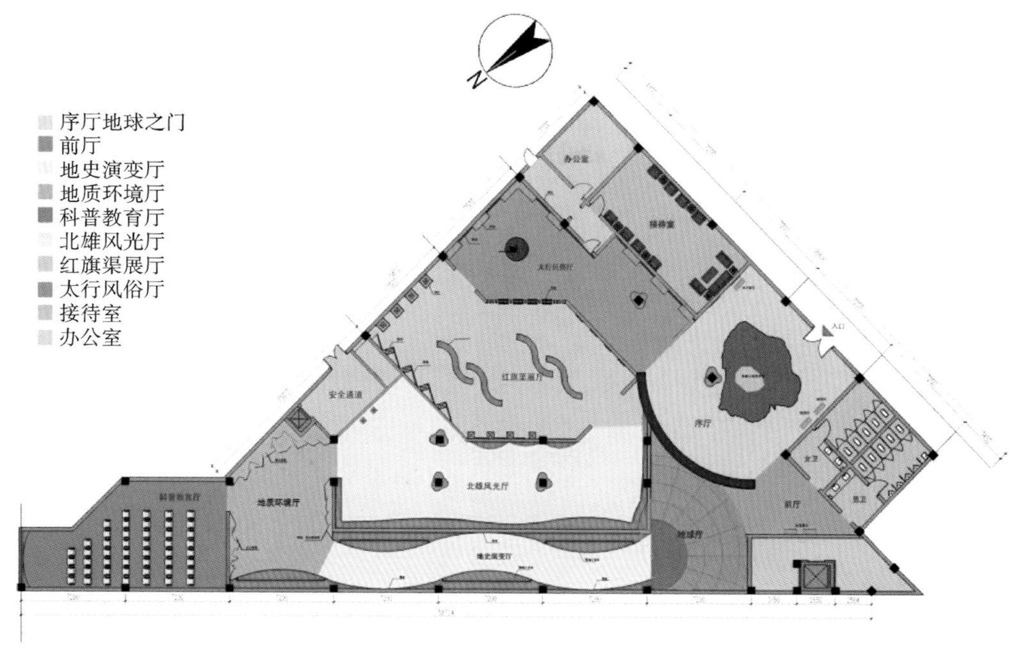

图 8-152　地质博物馆总平面图

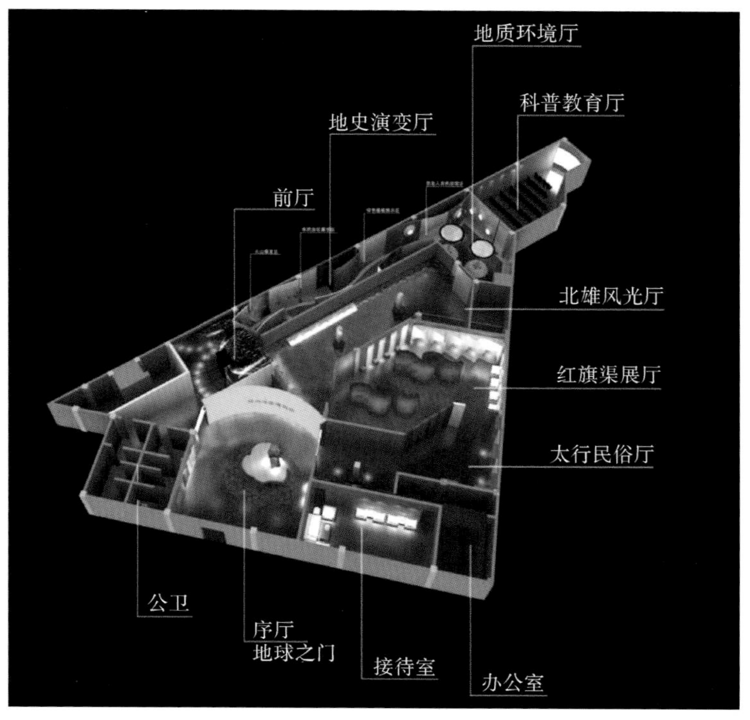

图 8-153　地质博物馆鸟瞰图

地质博物馆通道宽为 1.5～3 米，主次道路清晰，道路导向标识明确，足够宽敞的通道和清晰的标识可减少游客的拥堵与碰撞(图 8-154)。

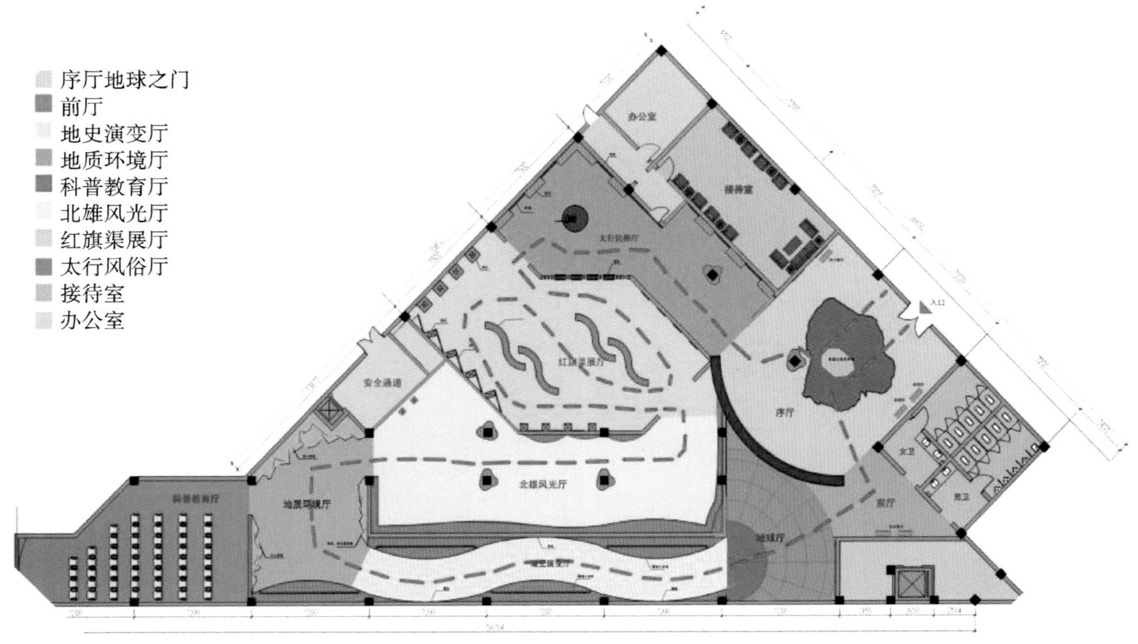

图 8-154　地质博物馆人流与参观动线分析

六、展厅设计

(一) 各展厅主要数学媒体交互设计亮点

序厅：电子沙盘与电子空中虚拟翻书。

前厅：电子互动投影系统——踩星星与踢南瓜。

地史演变厅：神秘的地心、侧悬浮三叶虫成像。

地质环境厅：软照明设计。

北雄风光厅：360 度全景展示系统、虚拟游览系统、林虑山景观多点触控系统。

红旗渠展厅：幻影成像——战天行，红旗渠景观多点触控系统。

太行民俗厅：科普知识问答与电子留言、留像系统。

(二) 展厅设计方案

1. 序厅

序厅是进入红旗渠・林虑山国家地质公园地质博物馆的第一个功能空间。主要介绍地质遗迹与地质公园情况、林州地质公园的地质地理及生态人文概况、红旗渠・林虑山国家地质公园的主要地质景观。该厅是整个地质博物馆最重要的组成部分,无论是造型立意,还是整体空间的选材、灯光照明的搭配等都充分利用了后现代主义的表现手法,设计效果传达着浓郁的历史文化和地质文化气息。以18毫米厚的多层板材围合包饰柱子,喷涂红色油漆,抽象表达了林虑山大峡谷的红色沉积砂岩地质遗迹,序厅背景为LED灯装饰的红旗渠·林虑山国家地质公园地形图,展示其特殊的地形地貌。电子翻书与参观者的互动增添了前厅的展示情趣,序厅还配有展板、灯光、形象墙、标本、声光效果等,充分展示红旗渠·林虑山国家地质公园的风貌(图8-155~图8-157)。

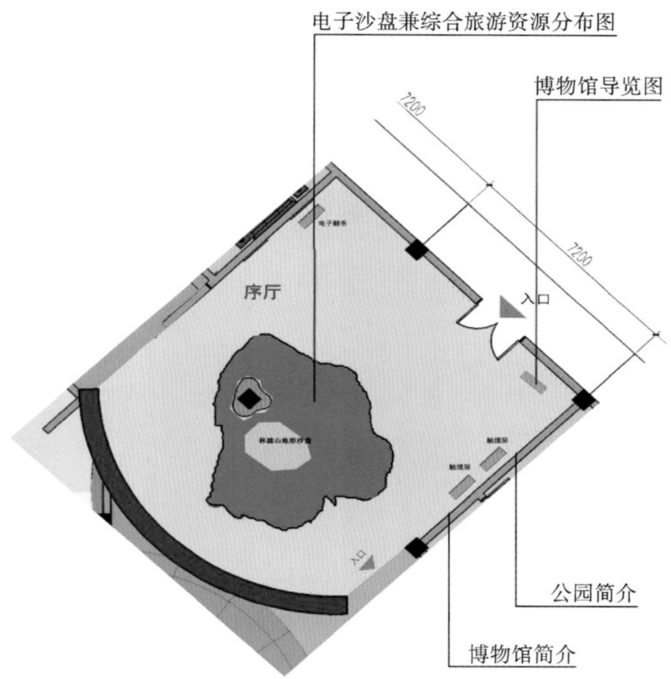

图 8-155　序厅平面布局图

图 8-156　序厅效果图 1

图 8-157 序厅效果图 2

2. 前厅

前厅是地质博物馆的第二个功能空间,该厅主要介绍林州市的地形及资源分布情况,利用现代多媒体电子互动投影系统——踩星星与踢南瓜,增强游客参与互动游戏的积极性,使游客在有趣互动的氛围里接受地质科普教育(图 8-158、图 8-159)。

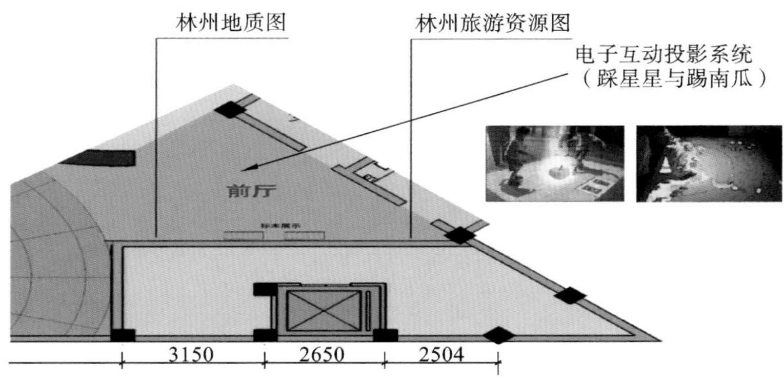

图 8-158 前厅平面布局图

3. 地史演变厅

地史演变厅是地质博物馆的第三个功能空间,通过对各个地质历史时期典型的环境场景进行复原展示与演化,展示了地球从一片混沌到出现人类,并形成现在地貌景观的过程,主要揭秘地球在 46 亿年内的地质演化史(图 8-160)。利用微缩景观雕塑装置和多媒体声、光、电的现代表现手法,展现神秘的地质演变史。

在地史演变厅入口处的第一场景,设计有半个地球的造型,地球外面的色彩为科技蓝,代表

图 8-159　前厅效果图

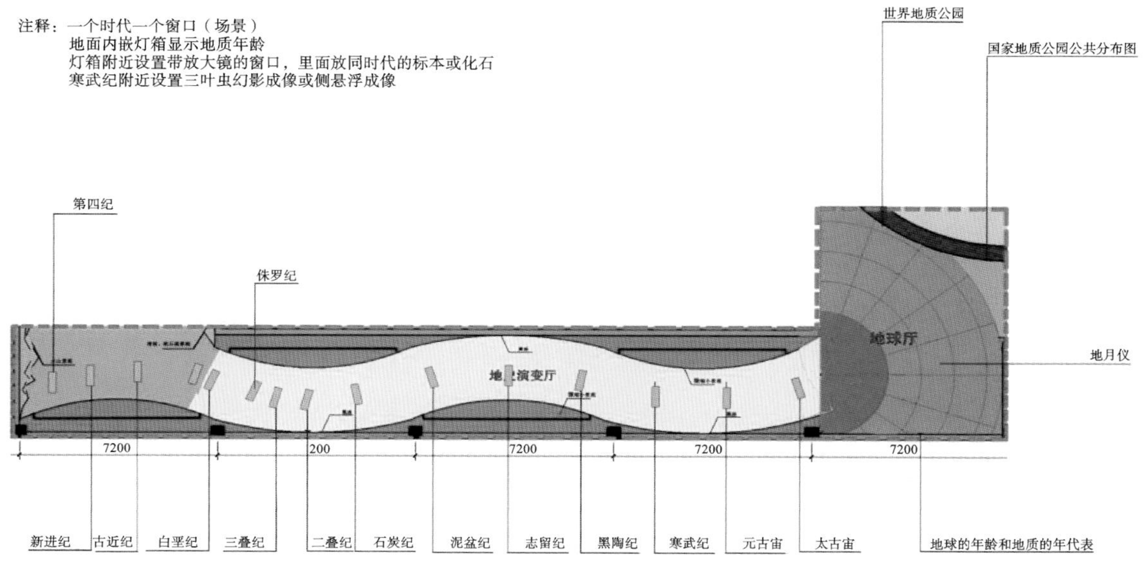

图 8-160　地史演变厅平面布局图

着浩瀚的宇宙，与地球内部的红色形成鲜明的对比，使地史演变厅的火山大爆发场景视觉冲击力更强(图 8-161、图 8-162)。

在地史演变厅的第二场景，利用透明玻璃钢材质做出抽象的水滴造型，寓意地球上有了水和生命的出现(图 8-163)。

在地史演变厅的第三场景，利用微缩景观展示恐龙时代、生命大灭绝、人类出现等地质历史时期的情景(图 8-164)。

图 8-161　地史演变厅——入口效果图

图 8-162　地史演变厅——火山大爆发效果图

图 8-163　地史演变厅——第四世纪生命的出现

图 8-164　地史演变厅——第四世纪人类出现效果图

4. 地质环境厅

地质环境厅是地质博物馆的第四个功能空间，主要介绍地质灾害（火山、地震、崩塌、滑坡、泥石流等）及对地质灾害的防治（图 8-165）。采用后现代综合装置雕塑与软照明幻彩灯相结合的表现手法，体现出地球上光怪陆离的各种变化及灾害场景。场内还放置了电子娃娃，以增强和游客的互动情趣。

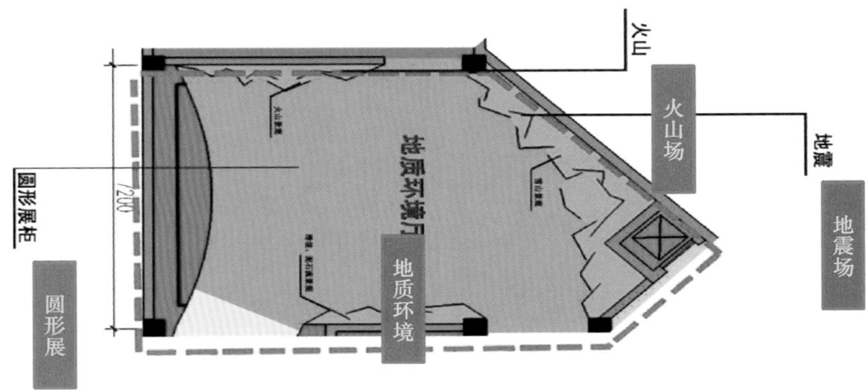

图 8-165 地质环境厅平面布局

在展厅的墙壁上，利用玻璃钢材质制作抽象的火山口造型及水滴造型，寓意着地球上火山爆发、洪水泛滥等自然灾害的发生，用微缩景观雕塑形式再现泥石流、崩塌、滑坡等灾害现场。警示人们要保护大自然环境，避免自然灾害的发生（图 8-166～图 8-168）。

图 8-166 地质环境厅效果图 1

图 8-167　地质环境厅效果图 2

图 8-168　地质环境厅效果图 3

5. 科普教育厅

科普教育厅是地质博物馆的第五个功能空间，主要用多媒体设备放映科普教育片，如地球的演变历史、林虑山大峡谷是如何形成的、石板岩乡村的房子屋顶为什么是石板覆盖等，展示科普教育内容(图8-169、图 8-170)。

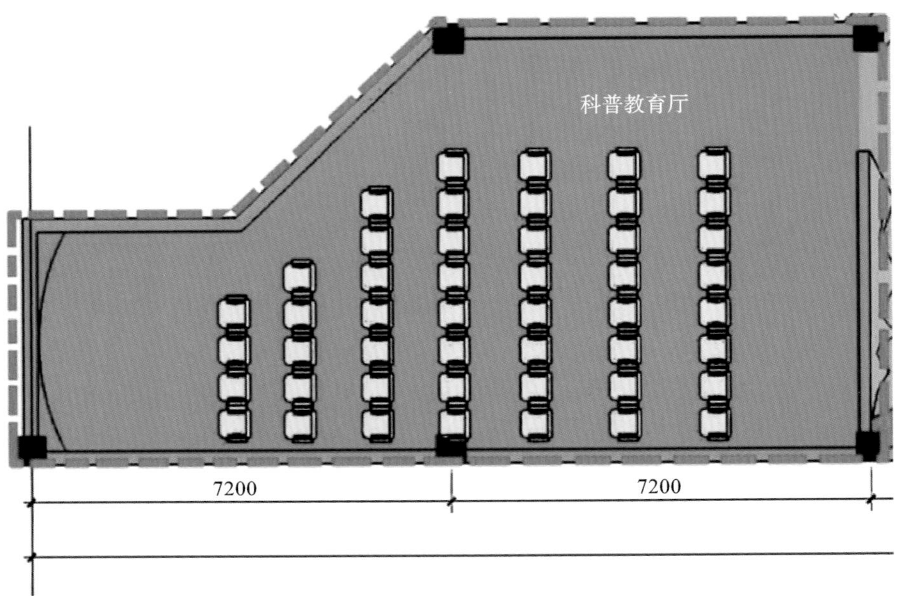

图 8-169　科普教育厅平面布局图

图 8-170　科普教育厅效果图

6. 北雄风光厅

北雄风光厅是地质博物馆的第六个功能空间，主要介绍大峡谷的形成过程，如园区内的桃花谷、冰背等景点的地形、地貌特征和地质遗迹。主要采用声、光、电等高科技手段装饰空间，展示形式是灯箱展板、展台等。展厅内利用合成板材做出太行山沉积岩石的造型，外涂真石漆，充分展现峡谷的断层景观(图 8-171～图 8-175)。

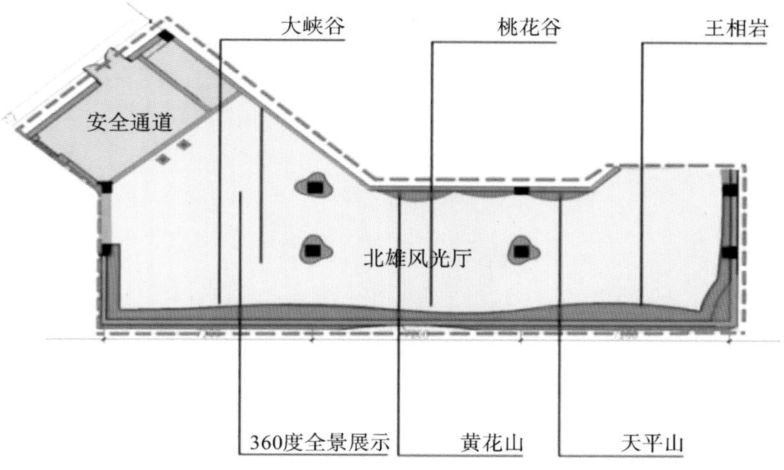

图 8-171　北雄风光厅平面布局图

图 8-172　北雄风光厅效果图一

图 8-173　北雄风光厅效果图二

图 8-174　北雄风光厅效果图三

图 8-175　北雄风光厅效果图四

7. 红旗渠厅

红旗渠厅是地质博物馆的第七个功能空间，主要介绍林州历史上缺水的根源和解决的科学途径。运用流线型的造型，以电影胶片记事的方式，展示昔日林州人民战天斗地修建人工天河红旗渠的场景，多媒体幻影成像及周边的展板更加体现了人工天河的魅力(图 8-176～图 8-178)。

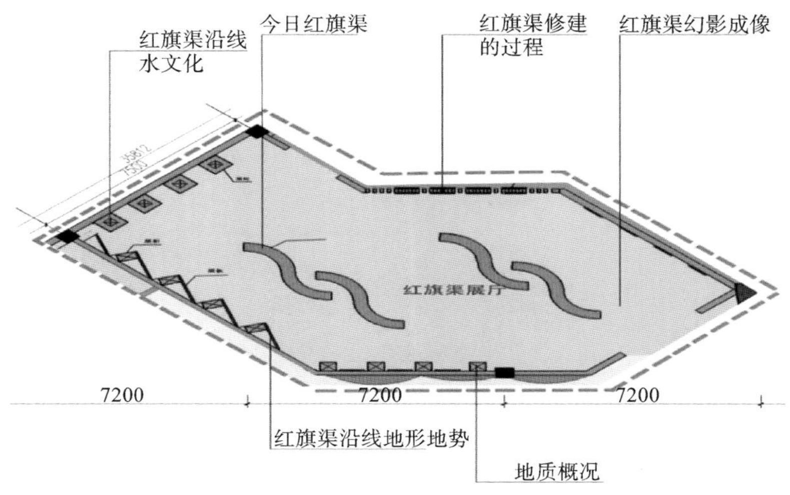

图 8-176　红旗渠厅平面布局图

图 8-177　红旗渠厅效果图一

图 8-178　红旗渠厅效果图二

8. 太行民俗厅

太行民俗厅是地质博物馆的第八个功能空间，主要介绍太行大峡谷的民风民俗。厅内介绍了地质公园的地质特点、相关地学知识、旅游信息资料等。利用灯箱、展板、民俗实物的展示形式，展现太行风土民俗(图 8-179～8-181)。

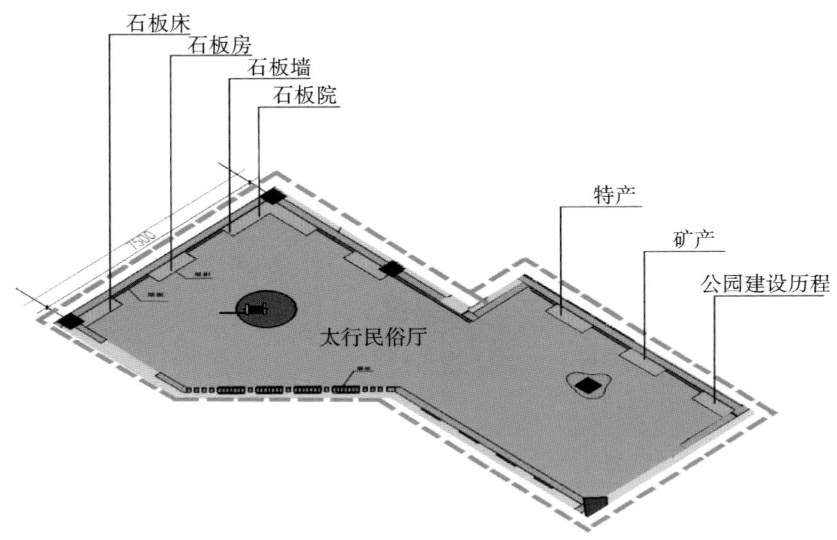

图 8-179　太行民宿厅平面布局图

图 8-180　太行民宿厅效果图一

图 8-181　太行民宿厅效果图二

9．接待室、办公室

接待室、办公室是地质博物馆日常办公、接待的场所，在对其室内进行布展设计时，主要追求简约大气的设计风格，显示接待室、办公室整洁温馨的氛围（图 8-182、图 8-183）。

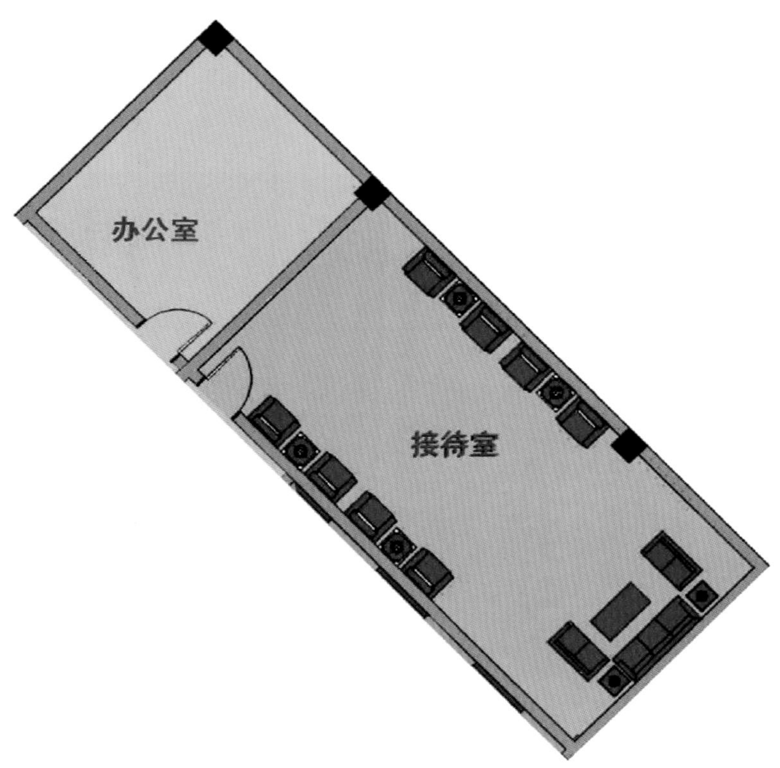

图 8-182　接待室、办公室平面布局图

图 8-183　接待室效果图

第九章　结　论

第一节　本书研究总结

本书聚焦地质景观特性保护与其游线基础设施规划设计相互间的配合关系，从地质景观特性保护的视角构建了本书的研究途径；把对地质景观特性保护具有直接威胁的设施划分为游线基础设施大类给予概括，并明确其 6 个大类、14 个中类、45 个小类的组成清单。探讨各小类游线基础设施对地质景观科学性、稀有性、自然性、观赏性、脆弱性 5 种特性的保护功效，总结其保护性规划设计的内涵与规律。本书由此形成以下研究结论。

（1）游线基础设施对地质景观科学性、稀有性方面的保护性规划设计。

阐述了地质景观科学性、稀有性的共同之处，并以《国家地质公园验收标准》规定的四大组成，即地质博物馆、地质科普广场、地质科普旅行线路、地质标识与解说系统为纲，得出其保护性规划设计的经验和规律为以下几点。

①地质博物馆对地质景观科学性与稀有性的保护具有原址保护、异位保护及综合保护 3 种方式，且其选址、建筑外观及室内设计均需与上述 3 种方式遴选适合。

②地质博物馆的原址选址适合于价值大、科学性与稀有性表现鲜明的地质景观。异位选址博物馆创作的自由度大，非常适合可移动的科学性与稀有性极强的地质景观精品的展示。综合选址则是上述两结论的结合，其选址规律可总结为原址优先、移置次之，保护当先、综合补偿。

③国内外优秀地质博物馆建筑外观一般采用具象仿生和抽象仿生两种手法，地质博物馆本身也是一种观赏价值极高的景观，并需与地质景观在材质、色彩、肌理、空间上高度和谐。其造型特点可归结为抽象具象、寓教于乐、环境融合、科普为要。

④地质博物馆室内适合脆弱性较强的地质景观原址保护，也适合科学与观赏价值极高的异位移置地质景观精品的陈展。

⑤地质科普广场的选址也有原址、异位与综合 3 种地质景观科学性与稀有性的保护性规划设计方式，地质科普广场是地质博物馆功能的补充。

⑥科普旅行线路对地质景观科学性与稀有性的保护需遵循节点串珠、线性保护、生态环保的规划设计原则、理念和规律。

⑦标识与科普解说系统对地质景观科学性与稀有性的保护主要体现在引导游览、科学普及、规范行为、绿色地材 4 个方面。

（2）游线基础设施对地质景观自然性、观赏性方面的保护性规划设计。

阐述了地质景观自然性、观赏性的相互关系及统一性。并以世界地质公园对地质景观自然性界定的原真、完整、协调 3 大属性为纲，总结其自然性的游线基础设施保护性规划设计；以地质景观的山岳、峡谷、洞穴、微型景观、沙漠海岸 5 大类别为线索,总结其观赏性的游线基础设施保护性规划设计,结论有以下几点。

①自然原真性保护应秉持举轻若重、原汁原味、点到即止的游线基础设施规划设计理念和方法。让地质景观以原汁原味的面貌呈现是对其自然原真性的最好保护。游线基础设施的建设能够满足游客游览基本需要即可,泛滥地建设是对地质景观自然原真性的破坏。

②自然完整性保护应秉持精华禁建、整体呈现、轻描淡写、防微杜渐 4 种游线基础设施规划设计理念和方法。提出严禁在其最具核心价值内涵的部位修建游线基础设施的基本要求;对部分珍稀性的地质景观应采取前瞻性的防护措施,从而确保景观的完整性。

③地质景观观赏性的保护主要体现在对最具核心价值内涵的自然美的展示。根据山岳、峡谷、洞穴、微型景观及沙漠海岸 5 大类别地质景观的空间特征,归结了其观赏保护的仰视、俯视、平视、360°环视以及其他创新型的观赏方式、观赏角度、观景点的选择,结合实践案例进行论证。

(3) 游线基础设施对地质景观脆弱性方面的保护性规划设计。

分析了地质景观脆弱性的影响因素,并针对其自身稳定性特征和外部环境的主要影响因素,分别从地质景观的稳固性及地质景观对外部环境的不适应性两个方面,总结其脆弱性的游线基础设施保护性规划设计。结论有以下几点。

①地质景观稳固性的保护应秉承道路强制引导、安全防护设施、建筑容量控制 3 种游线基础设施规划设计理念和方法。利用游线基础设施的功能增强地质景观稳固性。

②地质景观稳固性的主动防护应秉承对崩塌防治保护的主动排险清渣治理、防护网防护等方式;对崩塌防治保护的滑坡点的情况分析、计算推演,以及滑坡面挂网喷护、滑坡体主动加固等方法;对泥石流防治保护的疏通沟渠、沟底禁建、修坝拦渣等手段。利用上述崩塌、滑坡、泥石流 3 种地质灾害的主动保护的游线基础设施规划设计理念和方法增强地质景观的稳固性。

③地质景观环境不适应性的保护应秉承易风化保护的道路强制引导、安全防护、温湿控制、科普警示 4 种保护方式对地质景观的自然生态环境予以保护,以阻止或减缓地质景观的风化作用。以承载力不适应保护的容量控制、卡口控制、安全防护 3 种保护方式来控制地质景观核心景区的游客流量,减弱对景观的直接损坏以及对景观生存环境的影响。

本书在研究中还把地质景观综合性评价与地质景观脆弱性评价相结合,运用到游线基础设施对地质景观特性的保护性规划设计中,对其起着制约与指导作用。地质景观综合性评价把地质景观划分为四个保护级别,是地质景观保护区游线基础设施规划设计所参考的依据。地质景观脆弱性评价的四个等级的划分,更加制约了游线基础设施的规划设计。游线基础设施要避开脆弱性较强的地质景观,不允许在此空间内建设基础设施,以免人为对地质景观脆弱性的破坏及地质景观脆弱性对游客造成不安全因素。

第二节　本书的创新结果

(1) 针对地质景观的贴身破坏,归结出游线基础设施 6 个大类、14 个中类以及 45 个小类的清单。

在地质景观保护区的基础设施建设中,游线基础设施最贴近地质景观,因此其工程建设对地质景观产生的破坏最大。本书以2000年原中华人民共和国建设部发布的《风景名胜区规划规范》(GB 50298—1999)第4章第4.4节对景区游览设施的分类(8个大类、40个中类、95个小类)为依据,针对地质景观特性保护的需求,来定义游线基础设施的内涵,提取整合了游线基础设施的分类(6个大类、14个中类、45个小类),明确了每一类基础设施的功能及其特征。

本书首次提出了游线基础设施这一新的概念及其新的分类体系。游览设施是指整个园区的所有基础设施,而本书的游线基础设施是指在地质景观保护区门区以内的,位于地质景观保护区内部的行径路线上及其周边串联的服务设施。其分类也是在地质景观特性保护的前提下进行的。对于地质景观保护区门区以外的,或者距游线远的基础设施不在本书的研究范围内。由此在游览设施类别的基础上提取整合,归纳总结出了游线基础设施的6个大类、14个中类以及45个小类清单(图9-1、表9-1)。

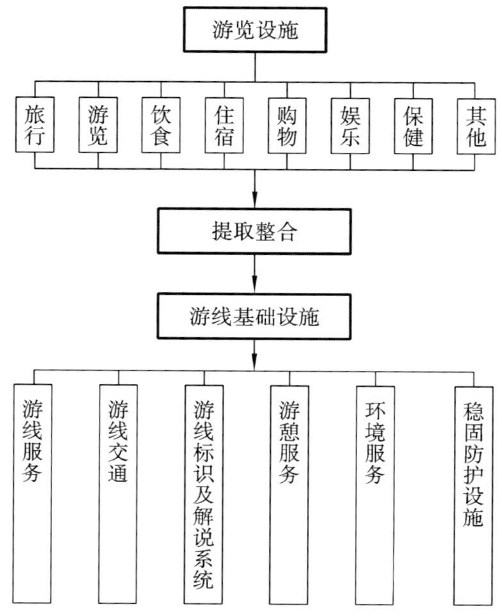

图9-1 游线基础设施类别的提取整合

表9-1 游线基础设施分类(6个大类、14个中类、45个小类)

设施类型	设施项目	备　　注
游线服务	游客服务中心	售票、话亭、邮亭、公安设施、停车场
	地质博物馆	宣讲设施、模型、影视馆、博物馆
	服务点	小卖部、商亭、自助银行、卫生站
游线交通	环保交通	电瓶车道、消防通道
	慢行交通	自行车道、步道、汀步、景观桥、游船、码头
	其他交通	高架桥、索道、观光电梯

续表

设施类型	设施项目	备　　注
游线标识及解说系统	标识系统	标示、标志、公告牌、警示牌、导游宣传册等
	解说系统	解说牌、电子解说器
游憩服务	休憩庇护	风雨亭、避难屋等
	观景	观景平台
环境服务	照明	户内照明、户外照明
	家具	户内家具、户外家具
	环境卫生	垃圾箱、公厕、盥洗处
稳固防护设施	安全防护	护网、护栏、护窗、桩柱

(2) 首次以地质景观特性保护为视角，统筹游线基础设施的规划设计。

关于地质景观特性的论述，除沿用了常见的科学性、稀有性、自然性、观赏性外，本书还添加了地质景观脆弱性的表述。有关地质景观特性的研究较多，但围绕特性保护来阐述游线基础设施规划设计的研究却缺失，这是本书创新价值所在。

(3) 总结了地质景观特性保护的游线基础设施规划设计的经验和规律。

本书的创作发挥笔者地质景观规划实践经验丰富的特点，利用情景模拟、案例与实证、归纳总结等研究方法，针对地质景观的 5 种特性保护的游线基础设施的规划设计进行经验总结并探求其规律。以期达到从设计中来到设计中去的运用目标，从实践中进行理论总结而又运用于实践的方法，不仅弥补了当前地质景观规划设计领域的缺失，且还与笔者擅长实践的特点相结合。

第三节　本书研究的不足与展望

当前国内外专家学者针对地质景观特性的保护来规划设计景区游线基础设施的研究不多，虽有专家学者参与研究，但研究过于局限和碎片化，缺乏系统性和规范性。笔者首次以地质游线为主线，将基础设施串联布局，系统地对游线基础设施规划设计对地质景观特性的保护进行研究，但因时间所限，还存在很多不足的地方。

(1) 本书优化了游线基础设施研究内容，游线基础设施对地质景观特性保护的研究范围仅限于地质景观保护区内地面上的主要基础设施：旅游接待、游线交通、游线标识及解说系统、环境服务、稳固防护设施等 6 类。对于地上其他基础设施及地下基础设施没有过多研究，有待在下一步研究中进行更全面的深化研究。

(2) 地质景观特性复杂多样，本书只选取了 5 种特性保护进行研究，其他地质特性的保护研究因时间关系还没有展开。因地质景观所包含内容过于庞杂，本书的研究按地质景观 3 个大的分类展开，在每个大类中仅选取部分较为典型的地质景观作为研究对象，还有一部分地质景观没有涉及，需要在今后的研究工作中继续补充。

(3) 受当前研究条件所限，对于个别地质景观区的地质景观保护研究，笔者只能通过图书查询、文献搜集等方式进行,不能够亲自到现场考察实证研究,也是本书研究的不足之处,有待日后继续进行。

随着社会的发展,人类文明的不断进步,人类会越来越重视大自然遗留下来的珍贵遗产。地质景观特性的保护正逐步朝着良性的方向发展。本书的研究将会对如何在兼顾地质景观特性保护的前提下,规划设计地质景观的游线基础设施,起到技术指导的作用。相信不久的将来,科学合理的游线基础设施规划设计能够对地质景观特性有着更好的保护。

附录　地质景观脆弱性评价的各脆弱性因子影响问卷调查表

尊敬的专家:

您好!

我是华中科技大学建筑与城市规划学院的博士,为了完成地质景观脆弱性评价,特别开展这次的专家问卷调查,您的建议将会是地质景观脆弱性保护的游线基础设施规划设计的宝贵信息,非常感谢您百忙之中抽出时间填写这份调查问卷。

打分说明:每个脆弱性因子的满分均为100分,将其对地质景观脆弱性的影响分为4个等级,强烈影响为85～100分;重大影响为70～84分;一般影响为60～74分;影响很小为0～60分。

根据您对下表中各项因子在地质景观脆弱性中的影响大小的认识与理解,麻烦您根据上述数据等级说明给出相应各因子的分数。

评判因素		得　分
地层结构	C_1	
岩性组合	C_2	
节理发育	C_3	
地形地貌	C_4	
气候环境	C_5	
生态环境	C_6	
土壤环境	C_7	
旅游与生产活动	C_8	
矿业开发	C_9	
基础设施建设	C_{10}	
科学价值	C_{11}	
稀有性	C_{12}	
历史文化	C_{13}	
美学价值	C_{14}	

问卷结束,再次感谢您的参与!

2015年10月15日

参 考 文 献

[1] 毕润成.生态学[M].北京:科学出版社,2012.

[2] 卜书朋.伏牛山地区旅游资源整体开发研究[D].开封:河南大学,2003.

[3] 蔡海燕.浅谈旅游线路的设计[J].克山师专学报,2004(4).

[4] 曹颖.金刚台国家地质博物馆展厅室内设计[J].中国地质大学学报(社会科学版),2013(3):2.

[5] 曾忠忠.窑洞涅槃——郑州邙山黄河黄土地质博物馆建筑设计案例研究[D].武汉:华中科技大学,2006.

[6] 陈安泽,姜建军.旅游地学与地质公园建设——旅游地学论文集第十九集[C].北京:中国林业出版社,2013.

[7] 陈安泽.旅游地学与地质公园研究——陈安泽文集[M].北京:科学出版社,2013.

[8] 陈安泽.中国国家地质公园建设的若干问题[J].资源与产业,2003,5(1):58-64.

[9] 陈安泽.中国旅游地学 25 周年纪念文集[M].北京:地质出版社,2013.

[10] 陈安泽.旅游地学大辞典[M].北京:科学出版社,2013.

[11] 陈歌.地质公园科普景观展示规划设计研究——以四川省螺髻山地质公园为例[D].西安:西安建筑科技大学,2015.

[12] 陈启跃.旅游者对旅游线路的选择[J].镇江高专学报,2003,16(2):47-49.

[13] 陈双玉.山岳型风景名胜区游道设计研究[D].长沙:湖南农业大学,2010.

[14] 陈植.园冶注释[M].2 版.北京:中国建筑工业出版社,1988.

[15] 陈志学.导游员业务知识与技能[M].北京:中国旅游出版社,1994.

[16] 程巍.山地风景区亭的艺术设计研究[D].西安:西安建筑科技大学,2011.

[17] 程晓非,张玫.泰山索道引爆保护与开发话题[N].中国旅游报,2000-10.

[18] 崔鹏,杨坤,韦方强,等.泥石流灾情综合评估模式[J].自然灾害学报,2002,11(1):20-27.

[19] 戴冬情.基于旅游线路的区域特色产品营销——以平山西柏坡红色旅游线路为例[D].石家庄:河北经贸大学,2014.

[20] 董静,郑天然,张雪梅.国家地质公园研究综述[J].石家庄学院学报,2006,8(6):86-92.

[21] 杜开元,张忠慧,张媛.地质博物馆吸引度浅析[J].价值工程,2014,33(25):308-309.

[22] 樊小敏.旅游线路产品中的时间分配[D].上海:华东师范大学,2013.

[23] 范晓.论中国国家地质公园的地质景观分类系统[C]//全国第 17 届旅游地学年会暨河南修武旅游资源开发战略研讨会论文集.2002.

[24] 冯学钢,羊勇.美国黄石公园的道路[J].中国公路,2012(3):122-123.

[25] 傅广海,戈莹.浅议地质公园的选址与管理[J].国土资源科技管理,2002,19(1):51-54.

[26] 高亚峰.地质公园的建设及其保护与开发[J].西部资源,2007(1):16-17.

[27] 耿玉环,何睦添,葛玮,等.基于游客感知的地质博物馆解说系统研究——以中国地质博物

馆为例[J].河北经贸大学学报(综合版),2015(2):45-47,123.
[28] 耿玉环,王静.地质公园博物馆地学科普的现状及启示[J].安徽农业科学,2013(14):6365-6367.
[29] 龚军姣.旅游线路设计研究[D].长沙:湖南师范大学,2005.
[30] 管慧泉.地质公园的规划设计方法探析——以诸城市白垩纪恐龙地质公园规划设计为例[D].青岛:青岛理工大学,2012.
[31] 管宁生.关于游线设计若干问题的研究[J].旅游学刊,1999(3):32-35.
[32] 郭建强.初论地质遗迹景观调查与评价[J].四川地质学报,2005,25(2):104-109.
[33] 国土资源部地质环境司.中国国家矿山公园建设工作指南[M].北京:中国大地出版社,2007.
[34] 国土资源部科技与国际合作司,国土资源科普基地管理办公室.国土资源科普基地建设指南·第二卷·资源保护类[M].北京:地质出版社,2013.
[35] 国土资源部科技与国际合作司,国土资源科普基地管理办公室.国土资源科普基地建设指南·第三卷·科研实验类[M].北京:地质出版社,2013.
[36] 国土资源部科技与国际合作司,国土资源科普基地管理办公室.国土资源科普基地建设指南·第一卷·科技场馆类[M].北京:地质出版社,2013.
[37] 韩盈盈,廖珊,蔡杏琳,等.基于全景技术的虚拟地质博物馆系统设计——以湖南省地质博物馆为例[J].科技创新与生产力,2017(1):89-91.
[38] 郝俊卿,吴成基,陶盈科.地质遗迹资源的保护与利用评价——以洛川黄土地质遗迹为例[J].山地学报,2004,22(1):7-11.
[39] 何鹏,唐国安.湖南省地质博物馆的方案设计[J].山西建筑,2007,33(34):33-34.
[40] 何小芊,王晓伟,熊国保,等.中国国家地质公园空间分布及其演化研究[J].地域研究与开发,2014,33(6):86-91.
[41] 侯仁之,吴良镛,等.保护泰山,拆除中天门——岱顶索道[J].中国园林,2000(5):9.
[42] 华炜,易俊.复合展示元素 营造场所精神——永安国家地质博物馆展示空间的氛围设计[J].新建筑,2010(3):132-135.
[43] 黄继元.云南省非物质文化遗产旅游开发研究[J].旅游研究,2009,1(4):8-14.
[44] 黄金火.中国国家地质公园空间结构与若干地理因素的关系[J].山地学报,2005,23(5):527-532.
[45] 黄明.地质博物馆陈列展示定位研究——以成都理工大学博物馆新馆建设为例[J].成都理工大学学报(社会科学版),2012,20(6):109-112.
[46] 黄万华.湖南旅游线路设计与开发中的几个问题[J].人文地理,1997(1):70-73.
[47] 纪明源.乡村旅游线路设计的理论与实证研究[D].福州:福建农林大学,2011.
[48] 江月启,等.纵横天下行——旅游交通基础与服务[M].天津:天津人民出版社,1993.
[49] 江振娜,谢志忠.基于农村民俗文化的创意旅游发展模式研究[J].中南林业科技大学学报(社会科学版),2012,6(2):22-26.
[50] 蒋志杰,吴国清,等.旅游地意象空间分析——以江南水乡古镇为例[J].旅游学刊,2004,19(2):32-36.

[51] 解传付.对中国风景旅游区客运索道建设若干问题的思考[J].淮南工业学院学报,2000(1):21-25.

[52] 雷明德.旅游地理学[M].西安:西北大学出版社,1988.

[53] 李保峰,等.王屋山世界地质公园博物馆[J].建筑学报,2007(1):54-56.

[54] 李金玲,张忠慧,章秉辰.焦作市地质博物馆地方特色策划研究[J].安徽农业科学,2013(29):11752-11754.

[55] 李娜,汤丽青.矿山公园的改造及意义[J].山西建筑,2009,35(6):36-37.

[56] 李勤美,朱杰勇,王海波,等.新型数字地质博物馆[J].云南地质,2004,23(1):83-89.

[57] 李同德,杨海明,谢平,等."地质公园博物馆建筑——景观——展陈"一体化设计方法探讨[C]//中国地质学会旅游地学与地质公园研究分会第28届年会暨贵州织金洞国家地质公园建设与旅游发展研讨会论文集.2013.

[58] 李同德.地质公园规划概论[M].北京:中国建筑工业出版社,2007.

[59] 李文田,王振宇,王义民.河南省地质公园空间结构与发展路径研究[J].信阳师范学院学报(自然科学版),2013,26(1):89-93.

[60] 李晓琴,赵旭阳,覃建雄.地质公园的建设与发展[J].地理与地理信息科学,2003,19(5):96-99.

[61] 李秀明,武法东,王彦洁,等.地质公园解说系统的构建与应用——以泰山世界地质公园为例[J].国土资源科技管理,2015,32(4):115-120.

[62] 李渊,丁燕杰,王德.旅游者时间约束和空间行为特征的景区旅游线路设计方法研究[J].旅游学刊,2016,31(9):50-60.

[63] 梁会娟,张忠慧.嵩山地质科普旅游线路规划设计[C]//中国地质学会旅游地学与地质公园研究分会第25届年会暨张家界世界地质公园建设与旅游发展战略研讨会论文集.2010.

[64] 梁均贵,林永迪,张朝珍.薄刀峰索道引发质疑[N].湖北日报,2006-5-1(3).

[65] 林明太.地质公园解说系统的规划与建设[J].西安建筑科技大学学报(社会科学版),2007,26(2):29-33.

[66] 刘春蓁.气候变化对我国水文水资源的可能影响[J].水科学进展,1997,8(3):220-225.

[67] 刘法建,章锦河,陈冬冬.旅游线路中旅游地角色分析——以黄山市屯溪区为例[J].人文地理,2009(2):116-119,111.

[68] 刘红,纪妍.我国矿区旅游资源开发研究——以鞍山齐大山矿区为例[J].煤炭经济研究,2006(5):24-25.

[69] 刘敏.泰山风景名胜区景观资源评价和景观营造研究[D].泰安:山东农业大学,2012.

[70] 刘倩.旅行社旅游线路节点设计分析——以西安"东线一日游"为例[D].西安:西北大学,2006.

[71] 刘思敏,温秀.张家界观光电梯拆与留的悬念[N].中国旅游报,2002-10-30.

[72] 刘晓燕.旅行社旅游线路设计初探[J].成功(教育),2010(3):214-215.

[73] 刘训,程慧敏.关于建立国家地质公园一些问题的探讨[C]//全国第17届旅游地学年会暨

河南修武旅游资源开发战略研讨会论文集. 2002.
[74] 刘一玲. 浅谈地质公园博物馆建设——以南充嘉陵江地质博物馆公园为例[J]. 四川地质学报,2009,29(S2):272-274.
[75] 刘子剑. 黄石公园:道路融于自然的典范[N]. 中国交通报,2008-10.
[76] 卢志明,郭建强. 地质公园的基本概念及相关问题思考[J]. 四川地质学报,2003,23(4):236-239.
[77] 罗能辉,郭福生,黄宝华. 龙虎山世界地质公园"生命进化史"科普线路设计理念与教育意义[J]. 东华理工大学学报(社会科学版),2013,32(3):280-283.
[78] 马勇. 区域旅游线路设计初探[C]//旅游开发与旅游地理. 1989.
[79] 麦克哈格. 设计结合自然[M]. 天津:天津大学出版社,2006.
[80] 孟聪龄,赵姗. 浅析山西省地质博物馆展示空间设计[J]. 山西建筑,2010,36(29):9-10.
[81] 潘懋,李铁峰. 灾害地质学[M]. 北京:北京大学出版社,2012.
[82] 庞规荃. 旅游开发与旅游地理[M]. 北京:旅游教育出版社,1992.
[83] 庞淑英. 三江并流带旅游地质景观数据挖掘及旅游价值评价研究[D]. 昆明:昆明理工大学,2008.
[84] 彭永祥,曹小曙,吴成基. 地质公园的旅游者收益及其核心影响力:以河南云台山世界地质公园为例[J]. 地理研究,2012,31(9):1722-1735.
[85] 钱小梅,赵媛,夏梦. 地质公园景区解说系统规划初探[J]. 河北师范大学学报,2006,30(2):236-239,244.
[86] 邱海莲. 风景道路侧游憩服务设施规划设计[D]. 北京:北京交通大学,2012.
[87] 饶伟志,张忠慧,李明. 地质公园建设与管理[M]. 广州:华晖出版社,2013.
[88] 戎贵文,王来斌. 淮北市矿山公园总体规划[J]. 地质灾害与环境保护,2006,17(4):57-60.
[89] 史春云,张宏磊,朱明. 国内旅游线路模式的空间格局与特征分析[J]. 经济地理,2011,31(11):1918-1922,1936.
[90] 疏梅. 基于儿童用户体验的地质博物馆数字化展示设计——以安徽地质博物馆为例[J]. 兰州工业学院学报,2016,23(1):87-91.
[91] 宋伟. 基于博弈均衡理论的泰山索道问题分析[J]. 时代经贸旬刊,2008,6(7):38-39.
[92] 孙潇. 基于地质公园博物馆建筑设计研究[D]. 西安:西安建筑科技大学,2014.
[93] 孙振鲁,郝杨杨. 从欧洲地质公园建设看我国地质遗迹的开发与保护[J]. 台声:新视角,2005(4):84-85.
[94] 汤士东. 浅谈地质博物馆的展示空间设计[J]. 美术观察,2009(7):78-79.
[95] 陶慧. 地质公园硬质景观规划的理论与实践研究[D]. 西安:长安大学,2008.
[96] 王聪. 地质公园景区旅游交通建设研究[D]. 石家庄:河北师范大学,2007.
[97] 王芳,王力. 绿色生态策略在传统生土建筑改造中的应用——以郑州邙山黄河黄土地质博物馆建筑设计为例[J]. 建筑科学,2014,30(2):24-29.
[98] 王飞,王玮. 当代地质遗迹博物馆建筑形态设计理念探析[J]. 城市建筑,2011(7):125-126.
[99] 王力. 窑洞式博物馆设计研究[D]. 武汉:华中科技大学,2006.

[100] 王立武.风景区:炸山伐林修索道的是与非[N].中国改革报,2007-11-29.
[101] 王荣红,邱正英,李云.关于老年人旅游线路设计的思考[J].大舞台,2010(7):237-238.
[102] 王同文,田明中.地质公园可持续发展模式创新研究[J].资源开发与市场,2007,23(1):62-64.
[103] 王同文,田明中.中国国家矿山公园建设的问题与对策研究[J].矿业研究与开发,2007,27(2):76-78.
[104] 王昕.关于旅游线路设计的思考[J].重庆师范大学学报(自然科学版),2000(S1):34-36,46.
[105] 王艳.地质公园旅游解说系统研究——以广西鹿寨香桥喀斯特生态国家地质公园为例[J].青岛酒店管理职业技术学院学报,2010(1):19-23,27.
[106] 王永生.地质旅游漫谈[J].南方国土资源,2005(5):30-32.
[107] 王淑华.嵩山世界地质公园旅游开发与可持续发展[J].国土与自然资源研究,2009(2):83-85.
[108] 韦冠俊.矿山环境工程[M].北京:冶金工业出版社,2001.
[109] 魏民,陈战是.风景名胜区规划原理[M].北京:中国建筑工业出版社,2008.
[110] 吴东晓.对泰山风景区内修建索道的几点思考[J].中国园林,2001,17(4):29-31.
[111] 吴人韦.旅游规划原理[M].北京:旅游教育出版社,1999.
[112] 肖胜和.徒步旅游线路的选取及生态开发[J].浙江农林大学学报,2008,25(4):513-516.
[113] 谢凝高.索道对世界遗产的威胁[J].旅游学刊,2000,15(6):57-60.
[114] 谢深洪.岳麓山风景名胜区旅游线路设计研究[D].长沙:湖南师范大学,2013.
[115] 徐恒力.环境地质学[M].北京:地质出版社,2009.
[116] 徐柯健,郭薇,范晓.地质公园解说标识牌设计方法研究——以新疆喀纳斯国家地质公园为例[J].资源与产业,2010,12(6):73-79.
[117] 徐钰,张朝珍.大别山薄刀峰索道徘徊利弊间[N].中国旅游报,2006-05-22.
[118] 薛力,顾海燕.环境对形式的作用,空间对流线的引导——以山西平顺天脊山地质博物馆的设计为例[J].华中建筑,2008,26(2):61-67.
[119] 严国泰.国家地质公园解说规划的科学性[J].同济大学学报(自然科学版),2007,35(8):1133-1137.
[120] 阎友兵.旅游线路设计学[M].长沙:湖南地图出版社,1996.
[121] 杨博超.山岳类风景名胜区入口服务区规划研究[D].武汉:华中科技大学,2012.
[122] 杨洁明.基于可持续发展思想的地质公园规划设计研究——以陕西柞水溶洞地质公园为例[D].西安:长安大学,2007.
[123] 杨丽.旅游设施的生态性评价与规划设计研究[D].上海:同济大学,2007.
[124] 杨前进,周善怡,付海龙.基于游客视角的国家地质公园解说系统评价——以重庆武隆国家地质公园为例[J].重庆师范大学学报(自然科学版),2011,28(3):69-73,84.
[125] 杨晓国.旅游经济活动中的旅游地理因素与旅游线路组织[J].经济问题,1996(4):62-63.
[126] 姚影.城市交通基础设施对城市聚集与扩展的影响机理研究[D].北京:北京交通大学,2009.

[127] 俞孔坚.景观:文化、生态与感知[M].北京:科学出版社,1998.
[128] 翟巧绒,叶存旺.高速公路服务区景观绿化的探索[J].山西建筑,2009,35(34):356-357.
[129] 张朝枝,保继刚,徐红罡.旅游发展与遗产管理研究:公共选择与制度分析的视角——兼遗产资源管理研究评述[J].旅游学刊,2004,19(5):35-40.
[130] 张晨日.基于山地自然空间特征的风景区景点规划设计研究[D].西安:西安建筑科技大学,2011.
[131] 张大鹏.泰山风景游憩林景观质量与游憩承载力研究[D].泰安:山东农业大学,2008.
[132] 张芳芳.交通旅游产品设计研究[D].青岛:中国海洋大学,2008.
[133] 张禾裕,赵艳玲,王煜琴,等.生态艺术公园——我国废弃矿区治理新模式研究[J].金属矿山,2007,V37(12):122-125.
[134] 张宏宇.旅游交通规划的理论与方法研究[D].大连:大连交通大学,2010.
[135] 张华,王倩.来自大地的建筑——天津蓟县国家地质博物馆设计[J].建筑学报,2010(11):67-68.
[136] 张忠慧.地质公园科学解说[M].香港:香港天马出版有限公司,2013.
[137] 张祖陆.地质与地貌学[M].北京:科学出版社,2012.
[138] 章秉辰,王永成,李金玲.云台山世界地质公园新建地质博物馆布展方案研究[J].价值工程,2013(25):1-4.
[139] 章秉辰.如何策划具有特色的地质博物馆——以郑州黄河国家地质公园地质博物馆为例[J].价值工程,2012,31(17):316-318.
[140] 赵荣.人文地理学[M].2版.北京:高等教育出版社,2006.
[141] 赵鑫,吴展昊.介入的态度——深圳大鹏半岛国家地质公园地质博物馆建筑设计[J].建筑技艺,2016(9):62-67.
[142] 赵逊,赵汀.从地质遗迹的保护到世界地质公园的建立[J].国土资源情报,2003,49(6):390-399.
[143] 赵梅红,万敏.浅议游线基础设施规划设计对地质景观脆弱性的保护[J].城市发展研究,2017,24(1):15-18.
[144] 赵梅红,万敏,李珎.基于地质景观保护的地质公园建筑规划设计研究——以葡萄牙盆哈-加西亚化石足迹公园为例[J].华中建筑,2017(3):80-84.
[145] 郑扬燕.基于"慢旅游"理念的旅游线路设计研究——以武汉市黄陂区为例[D].武汉:湖北大学,2014.
[146] 周存宇,钟振全.我国旅游线路设计研究概述[J].科技信息:科学教研,2008(20):649-650.
[147] 周洪波.山西旅游线路优化研究[D].太原:山西大学,2011.
[148] 周尚意,等.行为地理与城市旅游线路设计——以苏州一日游线路设计为例[J].旅游学刊,2002,17(5):66-70.
[149] 朱怡.地质景观对环境艺术设计的影响探究[J].中华民居(下旬刊),2014(7):134.
[150] 朱志澄,曾佐勋.构造地质学[M].3版.武汉:中国地质大学出版社,2008.
[151] 朱忠芳.森林公园游步道产品规划设计研究[D].福州:福建师范大学,2009.

[152] AHLUWALIA A D. Indian geoheritage, geodiversity: Geosites and geoparks[J]. Current Science, 2006, 91(10): 1307.

[153] AGARWAL S. Restructuring seaside tourism: The resort lifecyle[J]. Annals of Tourism Research, 2002, 29(1): 25-55.

[154] Ammerican association of state highway and transportation officials. A guide for transportation landscape and environmental design[S]. 1991: 15-16.

[155] GIBSON A, DODDS R, JOPPE M, et al. Ecotourism in the city? Toronto's green tourism association[J]. International Journal of Contemporary Hospitality Management, 2003, 15(6): 324-327.

[156] BRADSHAW A. Restoration of mined lands-using natural processes[J]. Ecological Engineering, 1997, 8(4): 255-269.

[157] BAKER D A, CROMPTON J L. Quality, satisfaction and behavioral intentions[J]. Annals of Tourism Research, 2000, 27(3): 785-804.

[158] LANE B. Sustainable rural tourism strategies: A tool for development and conservation [J]. Journal of Sustainable Tourism, 1994, 2(1-2).

[159] BOYD S W, BUTLER R W. Seeing the forest through the trees: Using GIS to identify potential ecotourism sites in northern ontario[M]. Canada: Practicing Responsible Development, 1996.

[160] BOYD S W, BUTLER R W, HAIDER W, et al. Identifying areas for ecotourism in Northern Ontario: Application of a geographical information system methodology[J]. Journal of Applied Recreation Research, 1994.

[161] PRIDEAUX B. The role of the transport system in destination development[J]. Tourism Management, 2000, 21(1): 53-63.

[162] BURSH R, CENOWETH R E, Barman T. Group difference in the enjoyability of driving through rural landscapes[J]. Landscape & Urban Planning, 2000, 47(1): 39-45.

[163] BUTLER R W. The concept of a tourist area cycle of evolution: Implications for management of resources[J]. Canadian Geographer, 1980, 24(1): 5-12.

[164] CAMPBELL C K. An approach to research in recreational geography [M]. British Columbia: Department of Geography, University of British Columbia, 1967.

[165] CHOONG Ki L. Valuation of nature-based tourism resources using dichotomous choice contingent valuation method[J]. Tourism Management, 1997, 18(8): 587-591.

[166] CHOWDHARY N, PRAKASH M. Service quality: Revisiting the two factors theory [J]. Journal of Services Research, 2005(4-9).

[167] ROGERSON C M. Tourism routes as vehicles for local economic development in South Africa: The example of the magaliesberg meander[J]. Urban Forum, 2007, 18(2): 49-68.

[168] CLAY G R, SMIDT R K. Assessing the validity and reliability of descriptor variables used in scenic highway analysis[J]. Landscape & Urban Planning, 2004, 66(4): 239-255.

[169] CROUCH G I. Demand elasticities for short-haul versus long-haul tourism[J]. Journal of Travel Research, 1994.

[170] DALY H E, COBB J B. For the common goods: Redirecting the economy towards community, the environment and a sustainable future[J]. Ecological Economics, 1989, 2(4): 346-347.

[171] NEWSOME D, DOWING R, LEUNG Y F. The nature and management of geotourism: A case study of two established iconic geotourism destinations[J]. Tourism Management Perspectives, 2012.

[172] HALL D R. Conceptualising tourism transport: Inequality and externality issues[J]. Journal of Transport Geography, 1999, 7(3): 181-188.

[173] GOSLING D, MAITLAND B. Concepts of urban design[M]. London: St Martin's Press, 1984.

[174] APLIN G. World heritage cultural landscapes[J]. International Journal of Heritage Studies, 2007, 13(6): 427-446.

[175] CONESA H M, SCHULIN R, NOWACK B. Minging landscape: A cultural tourist opportunity or an environmental problem? The study case of the Cartagena-La Unión Mining Distric SE Spain[J]. Ecological Economics, 2008, 64(4): 690-700.

[176] KOMOO I. Geoheritage conservation and its potential for Geopark development in Asia-Oceania[R]. Bangi Malaysia: Institute for Environment and Development (LESTARI) National University of Malaysia, 2005.

[177] WILKS J, WATSON B, FAULKS I J. International tourists and road safety in Australia: Developing a national research and management programme [J]. Tourism Management, 1999, 20(5): 645-654.

[178] ADRIAN L, KEN F. Landscape Design Guide, Volume 1, Soft Landscape[M]. Great Britain: BPPC Wheatons Ltd, Exeter, 1999.

[179] LIU Jingyan, QU Hailin, HUANG Danyu, et al. The role of social capital in encouraging residents' proenvironmental behaviors in community-based ecotourism[J]. Tourism Management, 2014, 41: 190-201.

[180] CONNELL J. Environmental management for rural tourism and recreation[J]. Tourism Management, 2002, 23(4): 422-424.

[181] SIMONDS J O. Earthscape: A manual of environmental planning and design[M]. New York: Van Nostrand Reinhold Company, 1978.

[182] MCCLELLAND L F. Building the national parks: Historic landscape design and construction[M]. Baltimore: Johns Hopkins University Press, 1998.

[183] LIU Min, ZHAO Taidong, PIAO Yongji. Research on evaluation and application of landscape resource in mountain scenic area[J]. Journal of the Korean Society of Plant and Environmental Design, 2011, 7(1): 41-52.

[184] FUJITA M, Hu D, Regional disparity in China 1985-1994: The effects of globalization and economic liberalization[J]. Annals of Regional Science, 2001, 35(1): 3-37.

[185] MARTIN C A, WITT S F. Substitute prices in models of tourism demand[J]. Annals of Tourism Research, 1988, 15(2): 255-268.

[186] GRAY M. Geodiversity and geoconservation: what, why, and how? [J]. George Wright Forum, 2005, 22(3): 151-155.

[187] GRAY M. Geodiversity: Valuing and conserving abiotic nature[M]. 2th ed. John Wiley and Sons, Ltd, 2013: 175-316.

[188] Meihong Zhao, Xiaofanli. The clay mine landscape ecological restoration of Zhong Zhan in jiaozuo. The Society for Ecological Restoration. 5th World Conference on Ecological Restoration. 2013. 10. P: 32.

[189] Meihong Zhao. The landscape regeneration and design of YanHuang abandoned mine of SanMengXia. The Conference Df D-Design for Desertification C Ć₵ mara Municipal de Idanha-a- Nova Avenida Joaqim Mour Ć£o. 2013. 6. P: 7.

[190] FARSANI N T, COELHO C, COSTA C. Geotourism and geoparks as novel strategies for socio-economic development in rural areas[J]. International Journal of Tourism Research, 2011, 13(1): 68-81.

[191] KRÜGER O. The role of ecotourism in conservation: Panacea or Pandora's box? [J]. Biodiversity & Conservation, 2005, 14(3): 579-600.

[192] PERALES R M Y. Rural tourism in Spain[J]. Annals of Tourism Research, 2002, 29(4): 1101-1110.

[193] KRUGMAN P. Increasing returns and economic geography[J]. Journal of Political Economy, 1991, 99(3): 483-499.

[194] MARTIN P, ROGERS C A. Industrial location and public infrastructure[J]. Journal of International Economics, 1995, 39(3-4): 335-351.

[195] COMBES P P, MAYER T, THISSE J F. Economic geography: The integration of regions and nations[M]. Princeton: Princeton University Press, 2008.

[196] BACHLEITNER R, ZINS A H. Cultural tourism in rural communities[J]. Journal of Business Research, 1999, 44(3): 199-209.

[197] WARMAN P R. The Gays River mine tailing revegetation study[J]. Landscape & Urban Planning, 1988, 16(3): 283-288.

[198] GOBSTER P H. Yellowstone hotspot: Reflections on scenic beauty, ecology, and the aesthetic experience of landscape[J]. Landscape Journal, 2008, 27(2): 291-308.

[199] REID D, MAIR H, TAYLOR J. Community participation in rural tourism development [J]. World Leisure Journal, 2000, 42(2): 20-27.

[200] RITTER W. Styles of tourism in the modern world[J]. Tourism Recreation Research, 1987, 12(1): 3-8.

[201] BARRO R J. Government spending in a simple model of endogeneous growth[J]. Journal of Political Economy,1990,98(5):103-125.

[202] ITAMI R M. Estimating capacities for pedestrian walkways and viewing platforms[J]. A Report to Parks Victoria,2002.

[203] BOUGHEAS S,DEMETRIADES P O,MORGENROTH E L. International aspects of public infrastructure investment[J]. Canadian Journal of Economics, 2003, 36(4): 884-910.

[204] ZEUGNER S. Endogenous transport investment,geography,and growth take-offs[R]. 2011.

[205] PAGE S J, MEYER D. Tourist accidents: An exploratory analysis[J]. Annals of Tourism Research,1996,23(3):666-690.

[206] BECKEN S,SIMMONS D G,FRAMPTON C. Energy use associated with different travel choices[J]. Tourism Management,2003,24(3):267-277.

[207] JAMAL T,STRONZA A. Collaboration theory and tourism practice in protected areas: Stakeholders,structuring and sustainability[J]. Journal of Sustainable Tourism,2009,17(2):169-189.

[208] SANDERS T I. Strategic thinking and the new science:Planning in the midst of chaos, complexity and change[M]. Oxford:Free Press,1998.

[209] THOMPSON K,SCHOFIELD P. An investigation of the relationship between public transport performance and destination satisfaction[J]. Journal of Transport Geography, 2007,15(2):136-144.

[210] WEI F Q,HU K H,CUI P,et al. A decision support system for debris-flow hazard mitigation in towns based on numerical simulation:A case study at Dongchuan,Yunnan Province[J]. International Journal of Risk Assessment and Management,2008,8(4): 373- 383.

[211] EDER W,PATZAK M. Geoparks-geological attractions: A tool for public education, recreation and sustainable economic development[J]. 地质幕:英文版,2004,27(3):162-164.

[212] FARSARI Y, BUTLER R, PRASTACOS P. Sustainable tourism policy for Mediterranean destinations: Issues and interrelationships[J]. International Journal of Tourism Policy,2007,1(1):58-78.

后　记

地质景观是大自然赐予我们的宝贵而又不可再生的遗产，需要人类在历史发展的长河中保护及可持续合理利用。为此世界各国都很重视地质景观保护及地质公园的建设工作，许多相关专家学者都在地质景观保护及地质公园建设工作中付出辛苦和汗水，甚至付出生命。笔者多年来与奋斗在地质景观保护一线的专家及工作人员一起工作和学习，深切感受到这项工作的艰辛与伟大，这也激发我将前期的研究成果编写成书，希望为今后地质景观保护及地质公园规划设计提供参考。

该书的撰写，从一开始的迷茫，资料查阅对比的繁杂，野外一线踏勘的艰辛，国外学术考察、交流的忐忑，以及后期玩命般的写作、修改、编排等，一路走来，其间的心绪真可谓百感交集。

首先要特别感谢的是我的博士生导师万敏教授、李保峰教授、王建平教授，他们是地质与景观相结合的领域内的先驱。在本书撰写期间，无论是在生活还是学业上，他们都给了我很多指导和启发，也是在他们的指导和关怀下，我才完成了本书的撰写。尤其是万敏教授，在本书的撰写过程中，他近乎苛刻的严谨治学态度，给予我创新的科学思维，强化了我踏实勤奋的工作作风。

本书中涉及地质领域的部分，对于我这个“半瓶子”地质员来说，要非常感谢我的校外博士生导师、河南省地质研究院的王建平院长，在百忙之中抽出很多时间，结合他在国内外主持的地质景观保护及地质公园建设的优秀案例对本书的内容进行指导，因为他的鼓励、支持和专业指导，才使我坚定了撰写本书的信心。另外万分感谢河南省地质调查院的张忠慧、方建华、章秉辰、梁惠娟、王风云、罗志新、任丽萍等教授专家；河南省国土资源科学研究院的秦政、符光宏、曹新强、赵鸿雁、吴梅、张宏伟、方士均等教授，多年来他们不仅在我收集野外资料、实地考察等方面提供了极大的方便，在野外地质工作等各方面也给予了详细指导，并教会了我较系统的地质知识。此外，还要感谢清华大学美术学院的研究生汤畅同学，多年来一直支持并参与我的地质景观保护及地质公园建设工作，并在本书的撰写过程中参与了大量工作。

联合国教科文组织专家、英国卡迪夫大学的 Tony Ramsay 教授，英国曼彻斯特城市大学的 David Haley 教授，在本书的整个构思中均给予了具体的指导和建议，并亲自带领我考察英国地质公园和矿山公园，给予了详细的现场地质知识讲解。同时我也得到了葡萄牙 Cristina 博士的大力支持，他亲自带领我考察葡萄牙地质公园。此外我还得到了武汉大学王江平教授，中国地质大学(武汉)李江枫教授、方世明教授的鼎力相助和指导，在此向他们表示诚挚的谢意！

在本书相关项目考察、设计、实施期间，我曾多次赴焦作云台山世界地质公园、红旗渠·林虑山国家地质公园、嵖岈山国家地质公园等地进行现场踏勘和野外地质资料的收集，非常感谢焦作市自然资源和规划局的冯进城局长，林州市自然资源和规划局的张海东局长，嵖岈山国家地质公园的宋富锦董事长、尚丰民总经理等给予的大力支持和无私帮助。

在本书撰写过程中，还得到了很多师弟师妹的大力支持和帮助鼓励，感谢殷利华、杨洸、郭小龙、张春琳、季茜、翟娜娜、李敏、李梅、胡锦洲等师弟师妹，因为你们的帮助使我顺利完成了本书的撰写，这也必将成为我们共同的美好记忆！

此外，我还要感谢单位领导及同事的大力支持，感谢中国地质大学（武汉）的研究生王乐，我的研究生许咤、叶童、刘子龙、兰昕、夏晓梦、王苹、孙佳艺、解婕、燕鹏辉，感谢你们协助我收集整理本书的相关资料。

最后，衷心感谢读者阅读本书，期待您的斧正与启迪。

赵梅红